詳細解構汽車內部零件及運動原理

圖解汽車

原理與構造

快速入門

周曉飛 編著　黃國淵 審定

U0072891

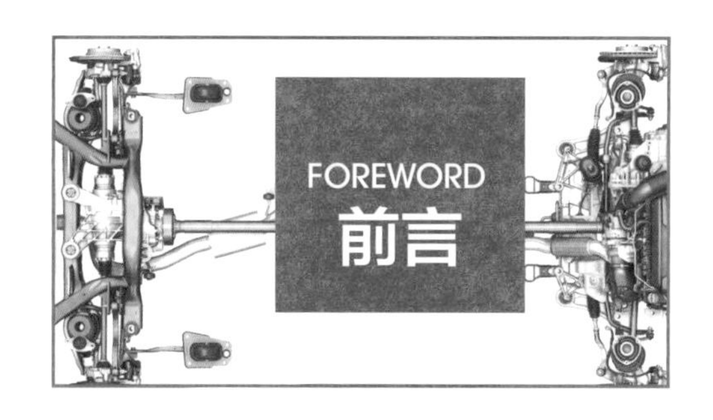

本書是汽車構造與原理知識的普及讀物，利用汽車「構造解說」和「原理解說」兩個模組，圍繞直觀的汽車圖像對汽車的構造原理知識進行簡明扼要的闡述。內容依次為瞭解汽車、汽車引擎、汽車傳動系統、汽車懸吊系統、汽車轉向系統、汽車煞車系統、汽車電氣系統、汽車車身系統。

本書不僅適合汽車維修工自學使用，也可供各類職業技術院校和企業培訓機構日常教學培訓參考，汽車駕駛、汽車愛好者甚至對汽車感興趣的中、學生也能看懂。

本書利用汽車「構造解說」和「原理解說」兩個模組，圍繞直觀的汽車圖像對汽車的構造原理知識進行扼要簡明的闡述。內容依次為瞭解汽車、汽車引擎、汽車傳動系統、汽車懸吊系統、汽車轉向系統、汽車煞車系統、汽車電氣系統、汽車車身系統。

本書在編寫過程中主要注重體現以下特色：

1.採用精美超大彩圖的方式進行表達，拋去複雜難懂的概念，力求汽車構造與原理知識一目瞭然，直觀易懂，帶給讀者朋友完美清新的視覺體驗。

2.本書是汽車構造與原理知識的普及讀物，不僅適合汽車維修工閱讀，也可供各類職業技術院校和企業培訓機構日常教學培訓參考，汽車駕駛、汽車愛好者甚至對汽車感興趣的中小學生也能看懂。

本書由周曉飛主編，同時也匯集了很多業內汽修高手的經驗，萬建才、陳曉霞、董小龍、趙朋、宋東興、邊先鋒、李新亮、李飛霞、劉振友、劉文瑞、郝建莊、王立飛、彭飛、溫雲、張建軍、宇雅慧，對本書的插圖繪制和整理也做了大量工作，在此謹向這些為本書編寫給予幫助的同志及相關文獻作者表示衷心的感謝！

由於水平所限，書中難免有不妥之處，敬請廣大讀者批評指正。

周曉飛

CONTENTS
目錄

第一章　瞭解汽車

第二章　汽車引擎

第三章　汽車傳動系統

第四章　汽車懸吊系統

第五章　汽車轉向系統

第六章　汽車煞車系統

第七章　汽車電氣系統

第八章　汽車車身系統

參考文獻

Chapter 01

第一章
瞭解汽車

Chapter 01 第一章 瞭解汽車

第一節　汽車文化概覽

一、汽車的始祖

1678年，55歲的比利時籍傳教士南懷仁，研造出衝動式蒸氣汽車模型，成為汽車的始祖。

來華傳教的「汽車人」（圖1-1）

南懷仁（Ferdinand Verbiest），1623年10月9日出生於比利時，1658年來華，是清初最有影響的來華傳教士之一，1678年研造出蒸氣汽車模型。南懷仁為中國近代西方科學知識的傳播做出了重要貢獻，他精通天文曆法、擅長鑄炮，是欽天監（類似現在國家天文台）業務上的最高負責人，官至工部侍郎，正二品。著有《康熙永年曆法》等。

圖1-1

南懷仁研造的蒸氣汽車模型（圖1-2）

南懷仁研造的這輛蒸氣汽車現存北京汽車博物館，只有2尺長（約67cm），4個輪子，重要的是中部的火爐和氣鍋。銅制的氣鍋猶如現在的水壺，下平上圓，頂上有一噴氣的壺嘴，壺加熱後，蒸氣從小嘴裡噴吐而出，產生很大能量，射在渦輪葉片上，像水車產生動力，帶動汽車後輪，驅動小車行走。車輛前部有手動輪，控制行走方向。實實在在的是個模型，無實用價值，但也是一種創舉。

(a)

(b)

圖1-2

二、世界上第一輛蒸氣汽車

1769年，44歲的法國陸軍技術軍官、炮兵大尉尼古拉斯· 古諾成功製造出世界上第一輛完全依靠自身動力行駛的蒸氣汽車。

世界上第一輛蒸氣汽車（圖1-3）

古諾發明的這輛汽車很笨重，車長7.3m，車高2.2m，框架支撐著直徑為1.34m的梨形鍋爐，而整個車身置於一個大三輪車上，車上裝有雙活塞蒸氣機。前單輪驅動並轉向，最高速度為4km/h。每行駛15min停車1次，然後加水再產生蒸氣繼續慢慢悠悠行駛。經多次改進，車速提高了125%，可達到9km/h，可乘坐4人。

圖1-3

三、世界上第一輛三輪汽油汽車

1885年9月5日，41歲的德國人卡爾· 本茨（Karl Friedrich Benz），成功製造了三輪乘坐車。1886年1月29日，他向帝國專利局申請發明汽車的專利，這一天成為汽車的誕生日。本茨被譽為「汽車之父」，這是因為公認的汽車定義中排除了用蒸氣機驅動的各種車輛，而本茨是最早使汽油引擎汽車作為商品製造成功的人。

現存的世界上第一輛奔馳汽車（圖1-4）

奔馳的這輛三輪汽車，現珍藏在德國慕尼黑科技博物館，保存完損無缺，還可以發動，旁邊懸掛著「這是世界上第一輛汽車」的說明牌。這輛汽車1994年曾以1億馬克（折合台幣約18億元）的高價保險運到北京一研討及展覽會上展覽。

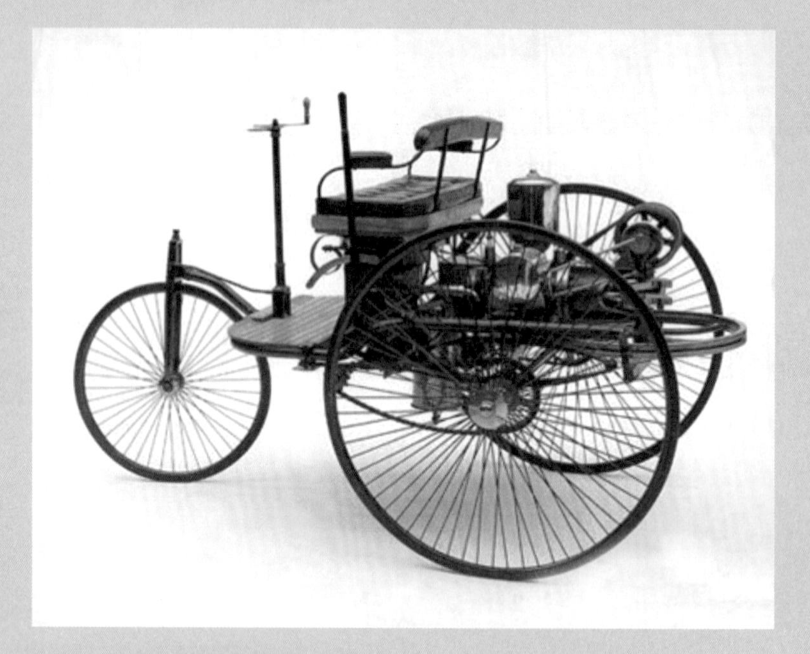

圖1-4

四、世界上第一輛四輪汽油汽車

1890年11月28日，戴姆勒在斯圖加特附近的勘斯塔特城（Bad Cannstatt）組建了戴姆勒引擎有限公司DMG（Daimler Motoren Gesellschaft），批量生產引擎和試制汽車。

1892年8月31日，戴姆勒公司正式製造出了第一輛汽車，首輛汽車買主是摩洛哥蘇丹穆萊·哈桑一世。他不僅是購買戴姆勒公司產品的第一個客戶，也是第一個擁有汽油汽車的君主。

世界上第一輛四輪汽油汽車（圖1-5）

1883年8月，德國人戴姆勒發明了一種具有高壓縮比的以汽油作為燃料的內燃式引擎，這是世界上第一台單缸四行程引擎。戴姆勒不斷改進他所設計的引擎，1886年8月，他將引擎裝到了一輛四輪馬車上，這樣就誕生了世界上第一輛四輪汽油汽車。

圖1-5

第二節　汽車組成概覽

構造解說 （圖1-6）

汽車由引擎、底盤、車身、電器設備四大部分組成。

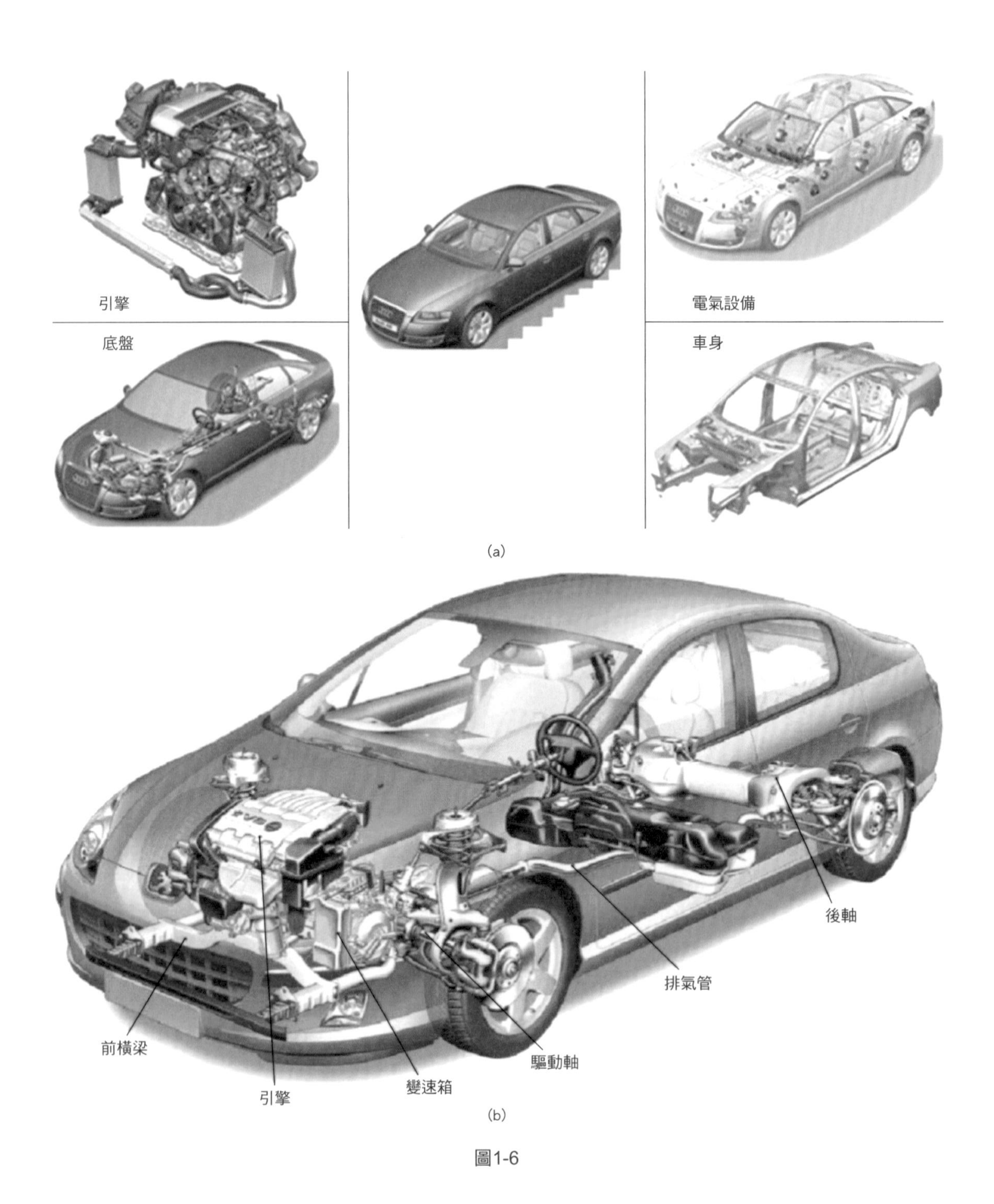

圖1-6

第三節 汽車的性能

一、汽車的動力性

1.汽車動力性定義

汽車的動力性是指汽車在良好路面上直線行駛時由汽車受到的縱向外力決定的、所能達到的平均行駛速度。汽車的動力性是汽車各種性能中最基本的、最重要的性能。

2.汽車動力性評價指標

汽車動力性主要由以下三個指標來評定。

① 汽車的最高車速：是指在水平良好的路面上汽車能達到的最高行駛速度。

② 汽車的加速時間：表示汽車的加速能力，包括原地起步加速時間和超車加速時間。

③ 汽車的最大爬坡度：是用滿載或一部分負載的汽車在良好路面上的最大爬上坡度表示的。由於減速增矩的緣故，這個爬坡度是一檔的最大爬坡度。越野車的最大爬坡度大概是60%，即角度制的31°左右。

二、汽車的安全性

汽車的安全性分為主動安全性和被動安全性。汽車的主動安全性主要是指汽車防止或減少道路交通事故發生的性能；汽車的被動安全性是指交通事故發生後，汽車減輕人員傷害程度或貨物損失的能力。

三、汽車的平順性

汽車的平順性是指汽車在一般行駛速度範圍內行駛時，能保證乘客不會因車身震動而引起不舒服和疲勞的感覺，以及保持所運貨物完整無損的性能。由於行駛平順性主要是根據乘客的舒適程度來評價，又稱為乘坐舒適性。懸吊、輪胎是影響汽車平順性的主要因素。

四、汽車的通過性

汽車的通過性是指汽車以相對平穩的速度，通過一些路況複雜的道路的能力。

五、汽車的燃油經濟性

汽車的燃油經濟性是汽車的一個重要性能，也是每個擁有汽車的人最關心的指標之一。它關係到每個人的切身利益，在汽車使用過程中，最引人注意也是燃油消耗。

第四節　電動汽車概覽

電動汽車包括純電動汽車和插電式（含增程式）混合動力汽車，都是以電動方式行駛，使用動力電池（不包括鉛酸電池），而且有外部充電插口。另外，包含其中的燃料電池汽車，也是以電能驅動車輛行駛的。

構造解說　（圖1-7）

混合動力車型分為串聯、並聯和複聯三種形式。其中在串聯形式中，內燃機引擎並不直接提供動力，也不能單獨帶動車輪，而僅僅帶動發電機為電池充電，提供電動機運行的電能。

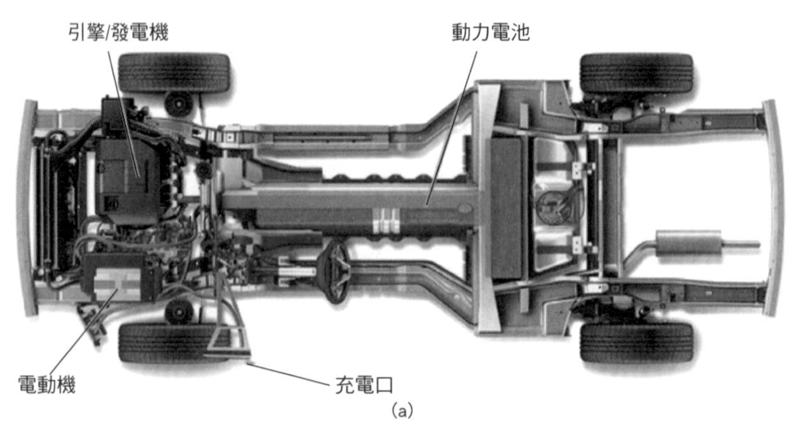

(a)

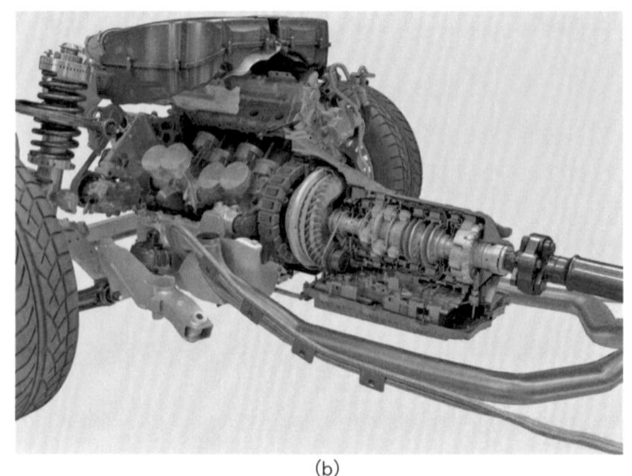

(b)

圖1-7

構造解說 （圖1-8）

串聯結構的動力來源於電動機，引擎只能驅動發電機發電，並不能直接驅動車輛行駛。因此，串聯結構中電動機功率一般要大於引擎功率，這樣才能滿足車輛的行駛需求。通俗地講，串聯混動結構即電動機＋引擎＝串聯。

構造解說 （圖1-9）

並聯結構汽車靠引擎或電動機的某一個，或引擎和電動機共同驅動。並聯結構保留了變速箱。通俗地講，並聯混動結構即普通汽車＋電動機＝並聯。

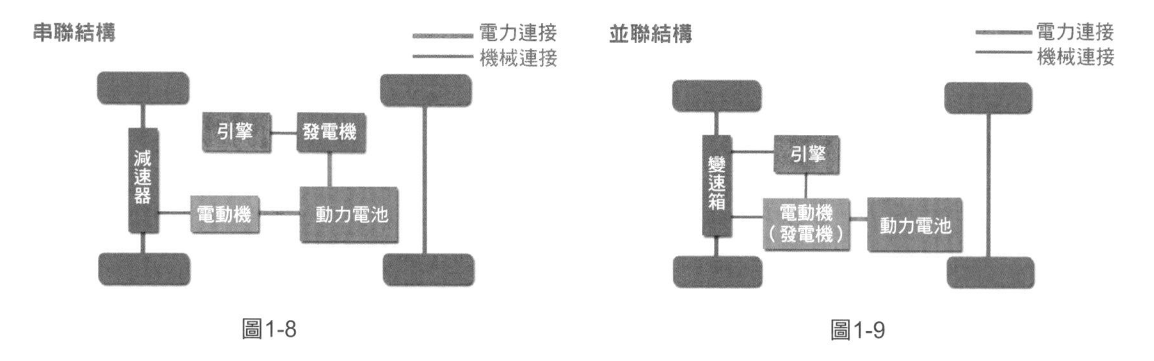

圖1-8 圖1-9

構造解說 （圖1-10）

複聯結構在引擎和電動機協同驅動汽車行駛的同時，引擎還能帶動發電機為電池充電，不再像並聯結構中單一電動機需要身兼二職，並且理論上它能夠實現引擎帶動發電機發電，電動機驅動汽車的模式。當然，兩個動力單元也能夠單獨驅動車輛。

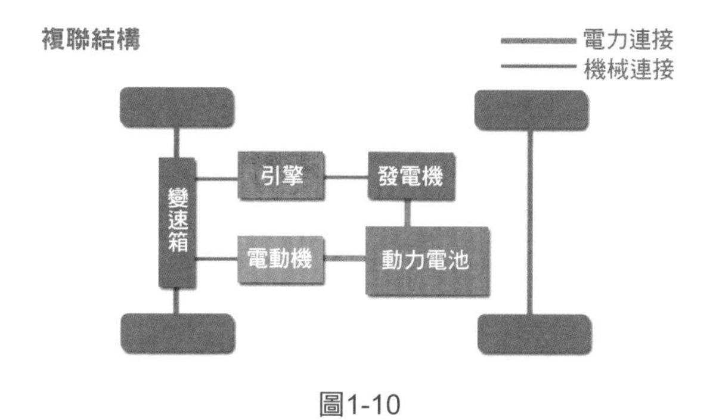

圖1-10

Chapter 02

第二章
汽車引擎

第一章
瞭解汽車

Chapter 02 第二章 汽車引擎

第三章
汽車傳動系統

第四章
汽車懸吊系統

第五章
汽車轉向系統

第六章
汽車煞車系統

第七章
汽車電氣系統

第八章
汽車車身系統

第一節　引擎類型及組成

一、引擎類型

引擎類型見表2-1。

表2-1　引擎類型

類型		說明	圖示
按使用燃料的不同分類	汽油引擎	汽油的沸點低、容易汽化。汽油引擎通過汽缸壓縮，將吸入的汽油汽化，並與缸內空氣相混合，形成可燃混合氣，由火星塞放電點燃氣體推動汽缸活塞動力。	
	柴油引擎	柴油的特點是自燃溫度低，所以柴油引擎不需要火星塞之類的點火裝置，它採用壓縮空氣的方法提高空氣溫度，使空氣溫度超過柴油的自燃溫度，這時再噴入柴油，霧狀柴油和空氣混合的同時自行燃燒。	
	CNG引擎	引擎的燃燒系統增強缸內擠流和紊流，提高天然氣燃燒速度，採用高能點火系統調整點火參數，提高燃燒效率。用CNG作為汽車燃料具有辛烷值高、燃燒完全、熱值高、運行成本低和對大氣的排氣污染小等特點。	

續表

類型		說明	圖示
按使用燃料的不同分類	LPG引擎	用LPG作為汽車燃料具有辛烷值高、燃燒完全、熱值高、雜質少，運行成本低和對大氣的排氣污染小等特點。	
	雙燃料引擎	作為新能源汽車之一，CNG雙燃料車的環保性能突出，污染物排放量比同類型汽油車要少得多，進而改善空氣質量，達到環保的效果。	
按行程分類	四行程引擎	活塞移動四個行程或曲軸轉兩圈汽缸內完成一個工作循環。	
	二行程引擎	活塞移動兩個行程或曲軸轉一圈汽缸內完成一個工作循環。	

續表

類型			說明	圖示
按冷卻方式分類	水冷式引擎		以水為冷卻介質，有冷卻水箱（散熱器），冷卻靠水循環實現。常見汽車為水冷引擎。	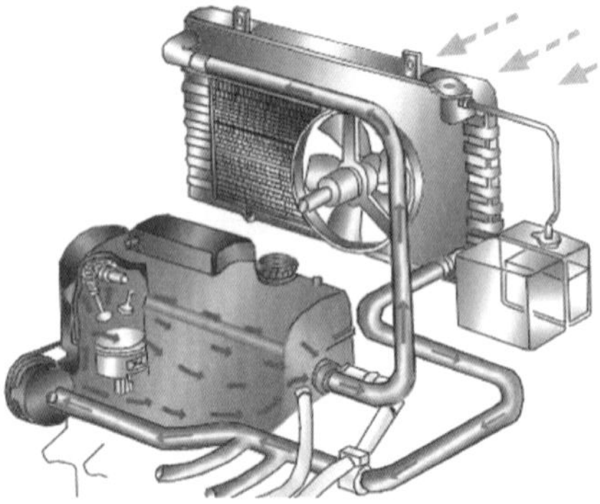
按汽缸數目及汽缸排列方式分類	單缸引擎		如除草機上的小引擎，一般採用單缸形式。	圖略（只有一個汽缸的引擎，一般車不常見）。
	多缸引擎	直列立式引擎	也稱L型引擎，所有汽缸中心線在同一垂直平面內。汽車上主要有L3、L4、L5、L6引擎。	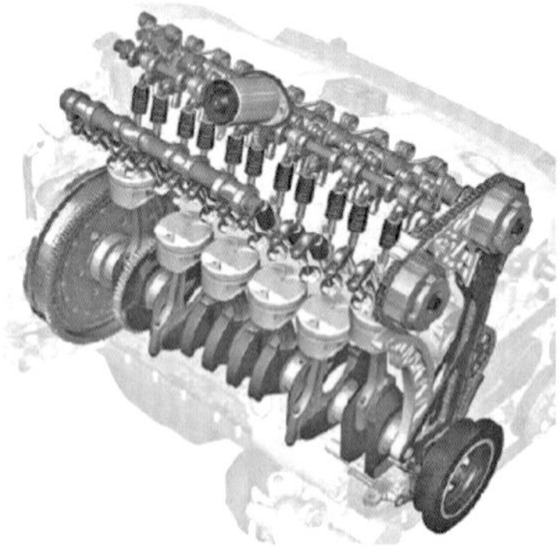
		V型引擎	是將所有汽缸分成兩組，把相鄰汽缸以一定的夾角佈置在一起，使兩組汽缸形成兩個有一個夾角的平面，從側面看汽缸呈V字形。例如，把直列6汽缸分成兩排，每排3個汽缸，然後讓這兩排汽缸成V字形佈置，這就是V6引擎。	
		W型引擎	是福斯（Volkswagen）專屬引擎技術，簡單說就是兩個V型引擎相加組成一個引擎。	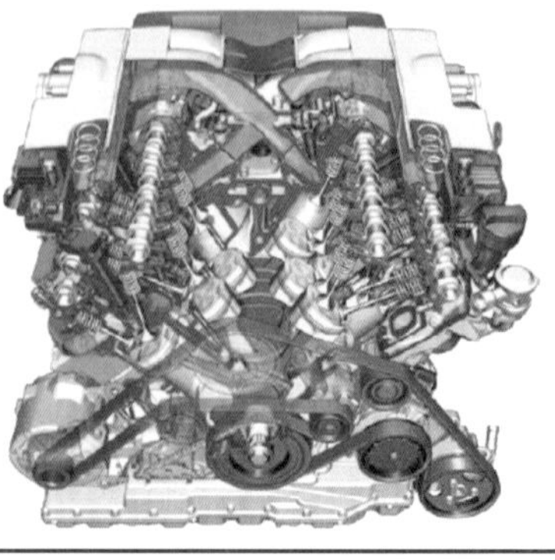

續表

<table>
<tr><th colspan="3">類型</th><th>說明</th><th>圖示</th></tr>
<tr><td>按汽缸數目及汽缸排列方式分類</td><td>多缸引擎</td><td>水平對臥式引擎</td><td>也稱H型引擎，其實也是V型引擎的一種，只不過V的夾角變成了180°，一般為4缸或6缸。
目前世界上只有保時捷和速霸陸兩家汽車製造商生產水平對臥式引擎。</td><td></td></tr>
<tr><td rowspan="2">按活塞的工作方式分類</td><td colspan="2">往復活塞式引擎</td><td>是活塞在汽缸內做往復運動的引擎。現代汽車引擎如果不加特別說明，一般都是往復活塞式引擎。</td><td></td></tr>
<tr><td colspan="2">轉子活塞式引擎</td><td>這種引擎取消了無用的直線運動，因而同樣功率的轉子活塞式引擎尺寸較小，重量較輕，而且震動和噪聲較小，具有較大優勢。三角轉子把汽缸分成三個獨立空間，三個空間各自先後完成進氣、壓縮、動力和排氣過程，三角轉子自轉一周，引擎點火動力3次。
目前只有日本馬自達汽車在應用這項技術。</td><td></td></tr>
</table>

二、引擎組成

引擎是汽車的動力裝置，其作用是使供入引擎的燃料燃燒而產生動力經傳動系統驅動汽車行駛。現代電控汽油引擎由兩大機構和六大系統組成。

構造解說 （圖2-1）

引擎兩大機構是曲軸連桿機構和汽門機構；六大系統為電控燃料供給系統、冷卻系統、潤滑系統、起動系統、點火系統、電源系統。

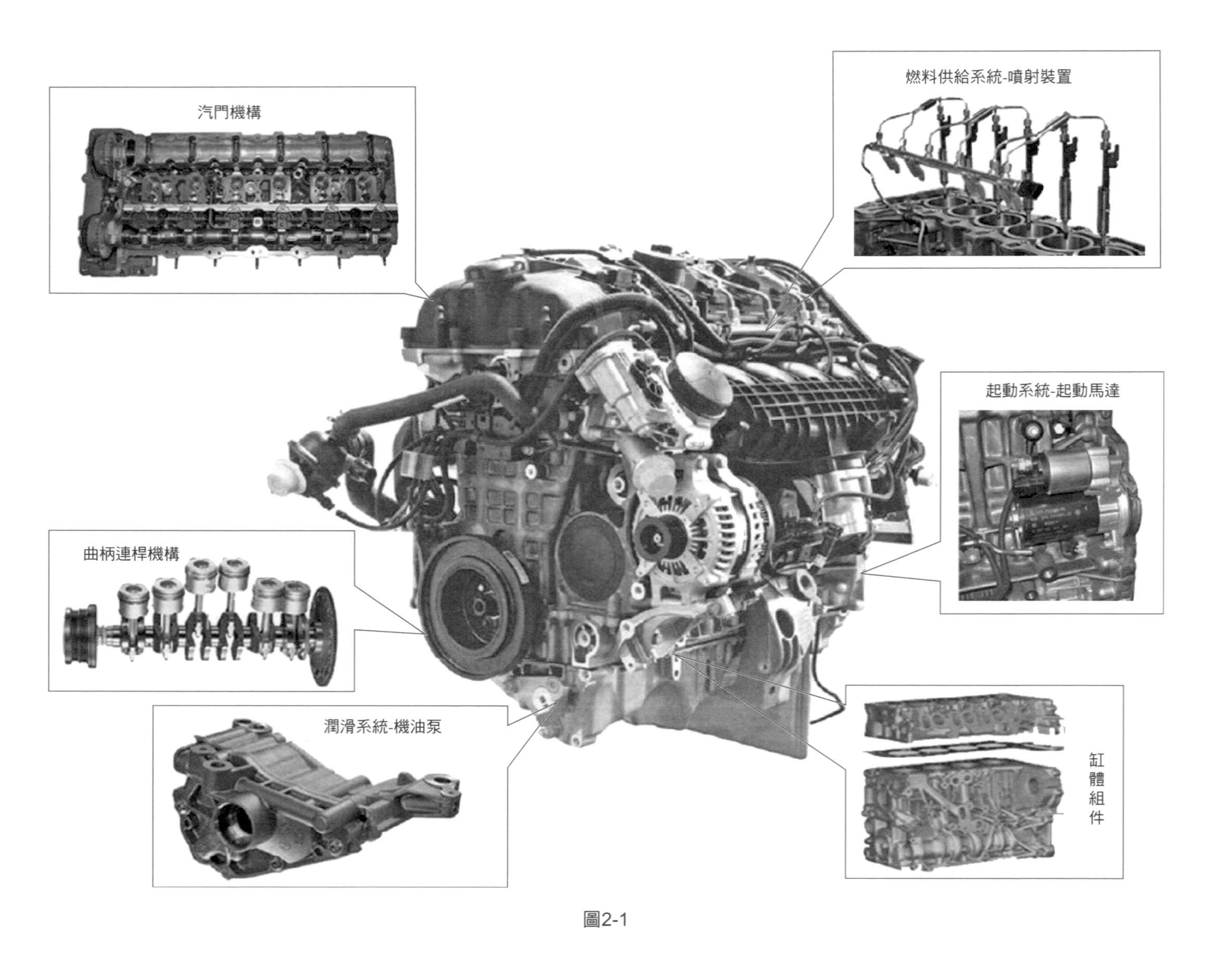

圖2-1

第二節　引擎基本工作原理與運行

一、引擎基本工作原理

引擎之所以能源源不斷地提供動力，是因為汽缸內的進氣、壓縮、動力、排氣四個行程的往復循環運作。

原理解說（圖2-2）

進氣行程：新鮮空氣或汽油空氣混合氣被吸入燃燒室內。

第一個行程進氣行程開始時，活塞位於上死點，向下死點方向移動。進汽門打開。活塞向下移動時，燃燒室容積增大。此時產生輕微真空，從而使新鮮空氣或汽油空氣混合氣通過打開的進汽門吸入燃燒室內。活塞到達下死點時，燃燒室內充滿新鮮空氣或汽油空氣混合氣。進汽門關閉。

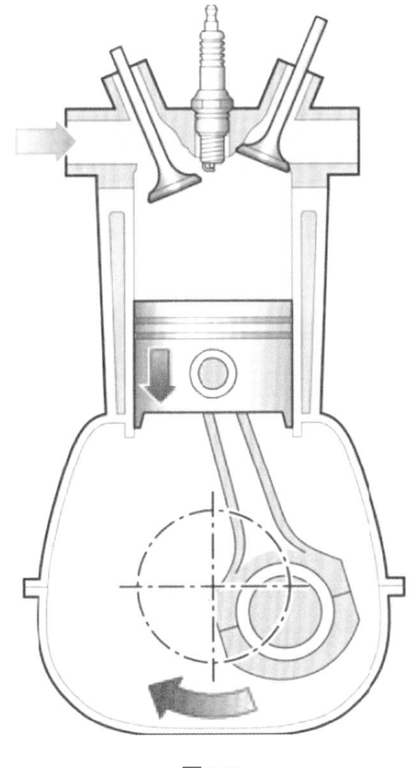

圖2-2

原理解說 （圖2-3）

壓縮行程：吸入的新鮮空氣或汽油空氣混合氣被活塞壓縮。

第二個行程壓縮行程開始，汽門都關閉時，活塞從下死點向上死點移動。由於燃燒室容積減小且新鮮空氣或汽油空氣混合氣無法排出，因此新鮮空氣或汽油空氣混合氣被壓縮，燃燒室內的壓力明顯增大。

進行快速壓縮時，燃燒室內的溫度也隨之升高。活塞即將到達上死點前，混合氣被火星塞的火花點燃，此時稱為點火時間。汽油空氣混合氣開始燃燒並釋放出熱能。溫度升高時氣體迅速膨脹，但燃燒室是一個封閉空間，氣體無法快速膨脹，因此燃燒室內的壓力急劇增大。

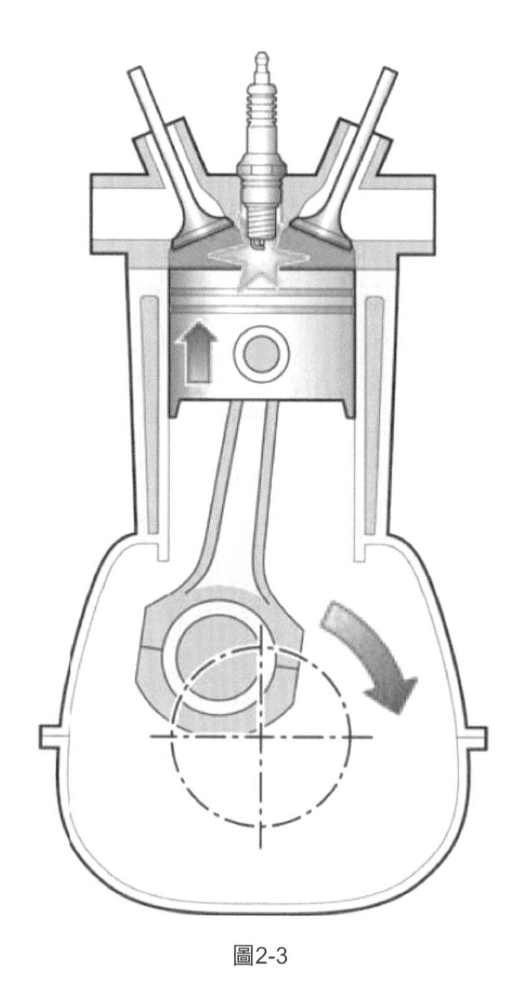

圖2-3

原理解說　（圖2-4）

動力行程：汽油空氣混合氣開始燃燒，產生的壓力促使活塞向下移動。

第三個行程動力行程開始，燃燒室內的高壓向其邊界面（燃燒室壁、燃燒室頂和活塞）施加作用力。活塞在作用力下向下死點方向移動。此時容積增大，氣體膨脹動力，燃燒室內的壓力減小。燃油內儲存的化學能轉化為機械功。氣體膨脹還導致燃燒室內的溫度下降。活塞到達下死點時排汽門打開，壓力值降至環境壓力。

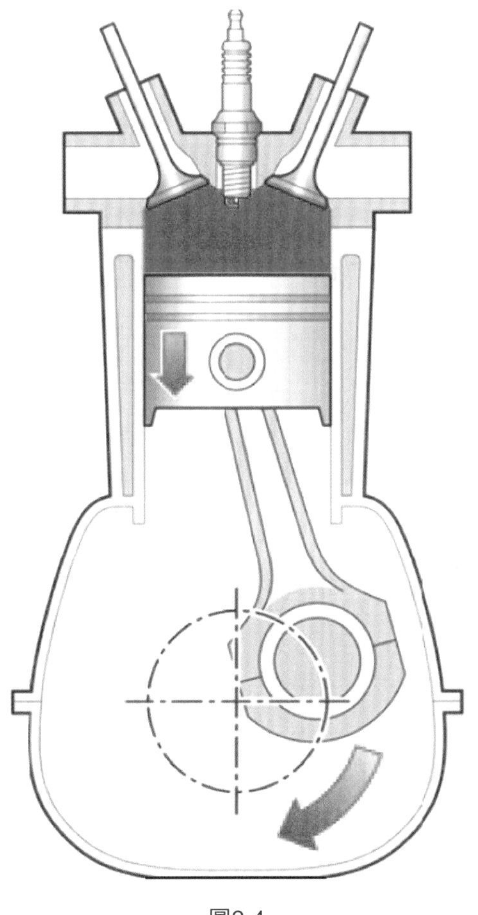

圖2-4

原理解說 （圖2-5）

排氣行程：排出燃燒室內的廢氣。

第四個行程排氣行程開始，活塞從下死點向上死點移動。

燃燒室容積減小。通過打開的排汽門排出燃燒空氣。燃燒室內的壓力短時稍稍增大，最後重新降至環境壓力。

第四個行程結束且活塞到達上死點時，排汽門關閉。

排氣行程結束，進氣行程開始。四行程過程重新開始循環作業。

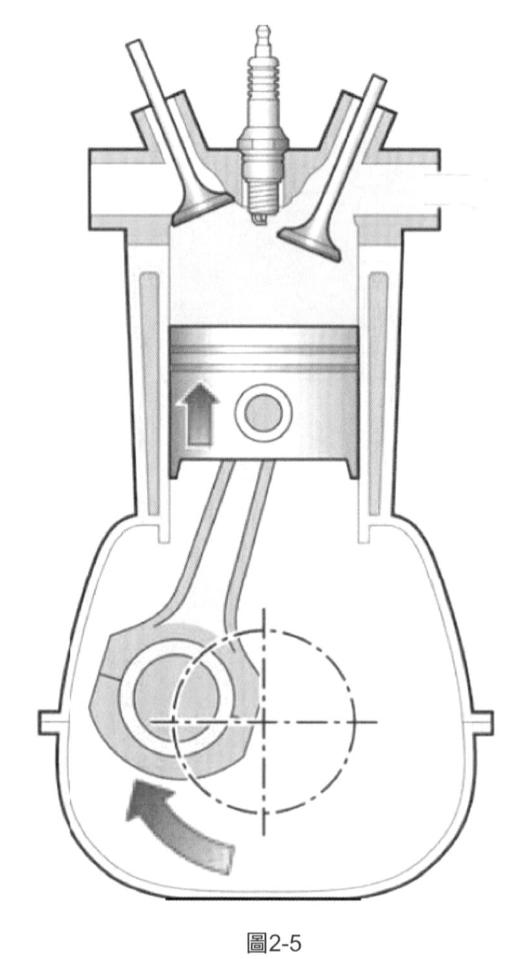

圖2-5

二、引擎運行

原理解說 （圖2-6）

汽油引擎採用火花點火方式，即混合氣通過火星塞點燃。引擎通過循環燃燒汽油空氣混合氣產生熱能。在密閉的汽缸燃燒室內，火星塞將一定比例汽油空氣混合氣在合適的時刻瞬間點燃，就會產生一個巨大的爆炸力，而燃燒室頂部是固定的，巨大的壓力迫使活塞向下運動，通過連桿推動曲軸，在此過程中將活塞的直線運動轉化為轉動，再通過一系列機構把動力傳到驅動輪上，最終推動汽車。

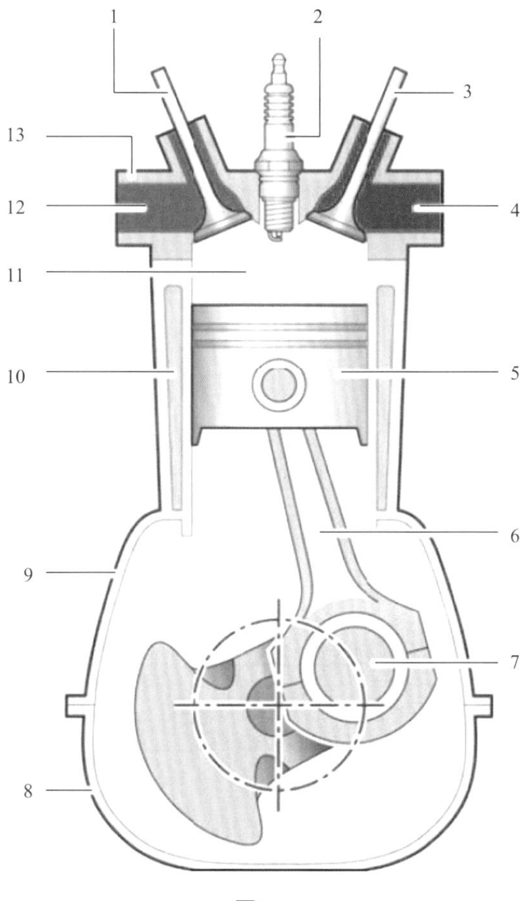

圖2-6

1—進汽門；2—火星塞；3—排汽門；4—排氣通道；5—活塞；
6—連桿；7—曲軸；8—油底殼；9—曲軸箱；10—水套；
11—燃燒室；12—進氣通道；13—汽缸蓋

三、汽缸直接噴射

構造解說 （圖2-7）

在傳統汽油引擎中，汽油空氣混合氣在燃燒室外部混合隨後進入燃燒室內。而在現代直噴汽油引擎中，直接在燃燒室內形成汽油空氣混合氣。

圖2-7

第三節　引擎本體

引擎本體（機體、殼體）起到與外界隔離密封，並吸收引擎運轉過程中的各種作用力的作用，具體功用為以下三方面：

① 引擎殼體吸收引擎運行過程中產生的各種作用力。
② 引擎殼體對燃燒室、引擎機油和冷卻水起到密封作用。
③ 引擎殼體固定曲軸傳動機構、汽門機構以及其他部件。

構造解說 （圖2-8）

引擎本體由搖臂室蓋（凸輪軸室蓋、汽缸蓋罩）、汽缸蓋、曲軸箱、油底殼等構成。此外，為了確保引擎本體完成其工作任務，還需要密封墊和螺栓。

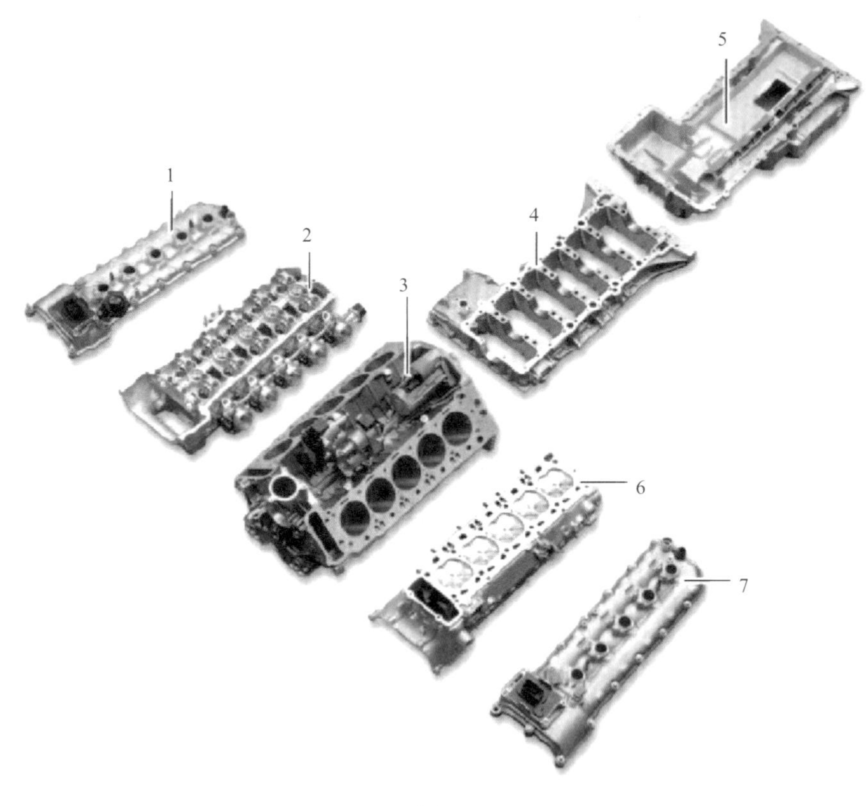

圖2-8

1—汽缸列1的汽缸蓋罩；2—汽缸列1的汽缸蓋；
3—曲軸箱；4—底板；5—油底殼；
6—汽缸列2的汽缸蓋；7—汽缸列2的汽缸蓋罩

第四節　曲軸連桿機構

一、曲軸連桿機構作用和原理

曲軸連桿機構是引擎實現工作循環，完成能量轉換的主要運動零件。在動力行程中，活塞承受燃氣壓力在汽缸內做直線運動，通過連桿轉換成曲軸的旋轉運動，並從曲軸對外輸出動力。而在進氣、壓縮和排氣行程中，飛輪釋放能量又把曲軸的旋轉運動轉化成活塞的直線運動。

二、曲軸連桿機構組成

構造解說 （圖2-9）

曲軸連桿機構由汽缸體、活塞連桿組和曲軸飛輪組等組成。

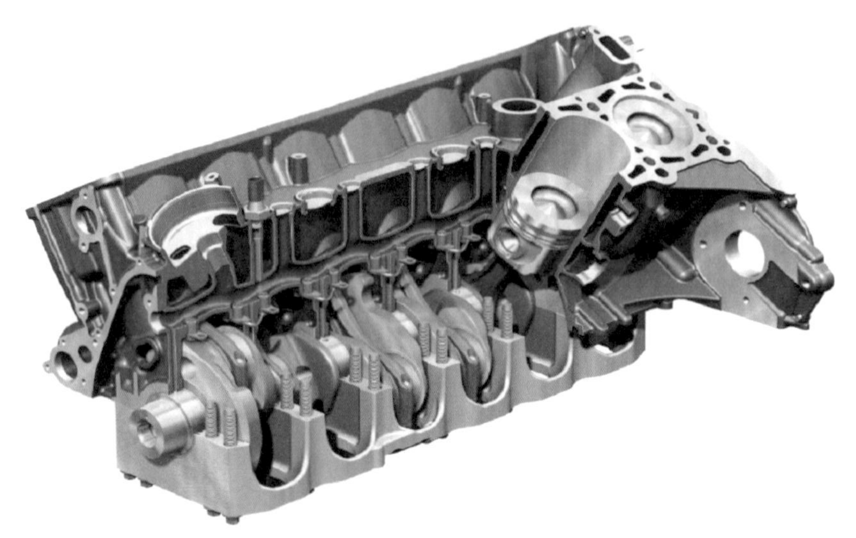

(a)曲軸連桿機構剖視圖（缸體內）

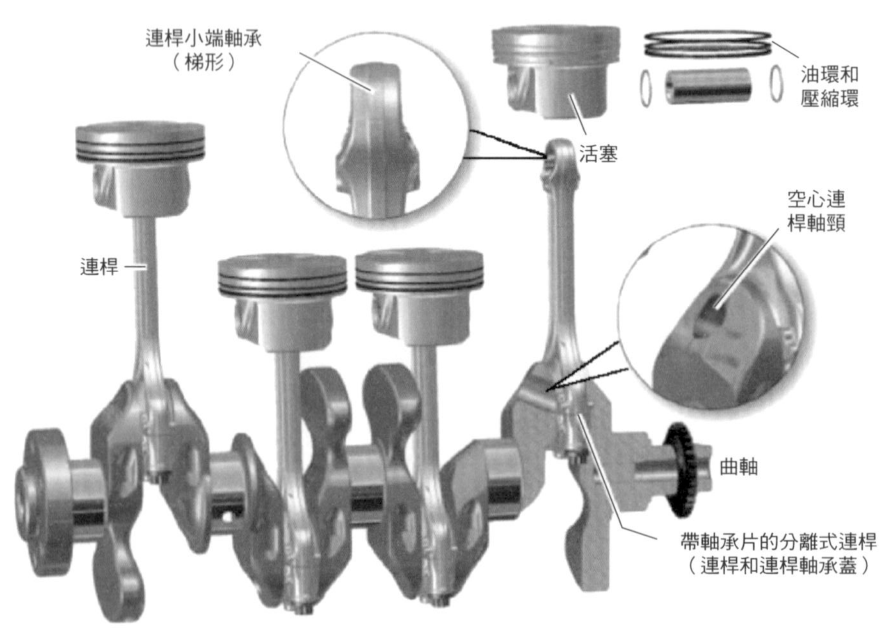

(b)曲軸連桿機構組成

圖2-9

1.曲軸傳動機構

構造解說 （圖2-10）

曲軸傳動機構是一個將燃燒室壓力轉化為動能的功能分組。在此過程中，活塞的往復運動轉化為曲軸的轉動。

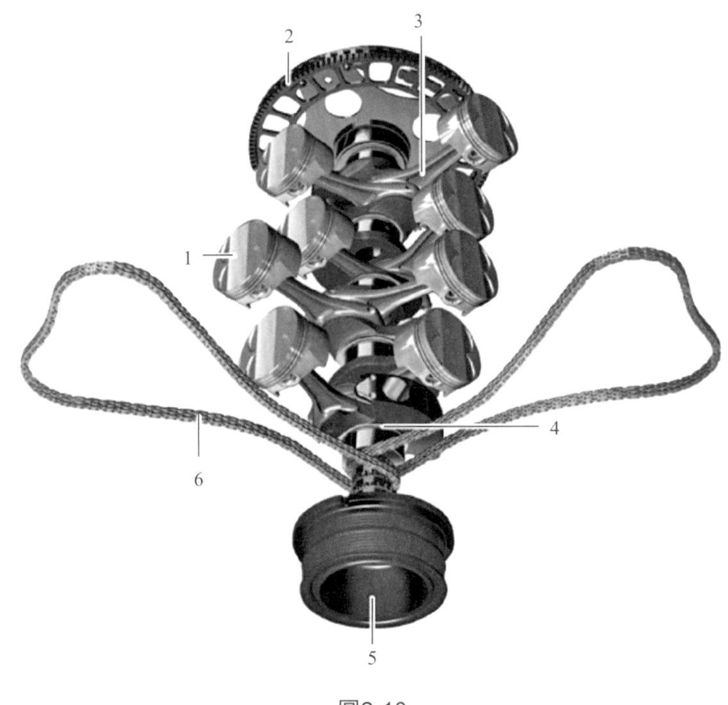

圖2-10

1—活塞；2—飛輪；3—連桿；4—曲軸；5—皮帶盤（內含減震器）；6—正時鏈條

曲軸傳動機構負責將燃燒過程中產生的壓力轉化為有效動能。在此過程中活塞進行線性加速運動。連桿將該動能傳遞給曲軸，曲軸將其轉化為轉動形式。

原理解說 （圖2-11）

曲軸傳動機構各部分的運動方式不同。

① 活塞在汽缸內上下運動（往復運動）。

② 連桿通過連桿小頭以可轉動方式連接在活塞銷上，也進行往復式運動。連桿大端連接在曲軸銷上並隨之轉動。連桿在曲軸圓周平面內擺動。

③ 曲軸圍繞自身軸線轉動（旋轉）。

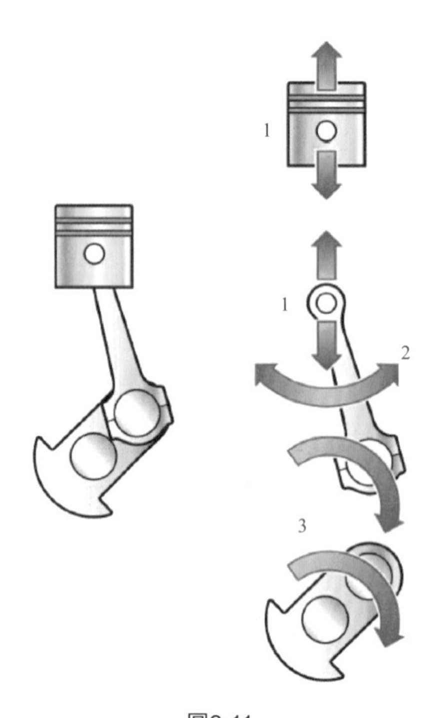

圖2-11

1—往復運動；2—擺動；3—旋轉

2.汽缸體

構造解說 （圖2-12）

汽缸體是曲軸箱最主要的部分，是引擎的核心部件。汽缸體包括曲軸箱、汽缸、冷卻水套和曲軸傳動主軸承座。

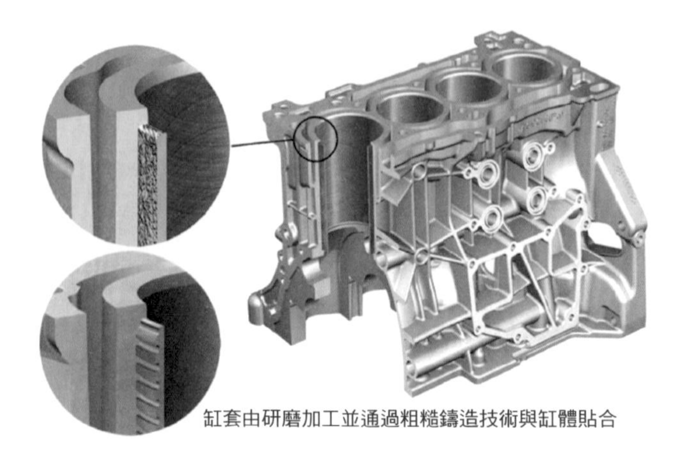

圖2-12

原理解說

汽缸內裝有活塞，汽缸是活塞的主要運行通道。它們與活塞環相互配合主要起到滑動和密封的作用。此外還將熱量傳給曲軸箱或直接傳給冷卻水。

3.曲軸箱

引擎運行時，曲軸箱空間內的氣體始終保持運動狀態。活塞運動對氣體產生的作用就像泵裝置一樣。為了減少泵動作用造成的能量損耗，現在許多引擎的主軸承座內都有通道，這樣可以使整個曲軸箱內達到壓力平衡。

構造解說 （圖2-13）

曲軸箱與油底殼之間的分界面構成了油底殼凸緣。在此分為兩種不同的結構。

一種結構形式是分界面位於曲軸中心。雖然這種結構便於製造，但在剛度和噪聲方面存在明顯不足，因此高階車引擎一般不採用這種結構。

另一種結構形式是油底殼凸緣位於曲軸中心下方。這種曲軸箱又分為側壁向下延伸的曲軸箱和包括上下部件的曲軸箱，其中曲軸箱下部件稱為底板。

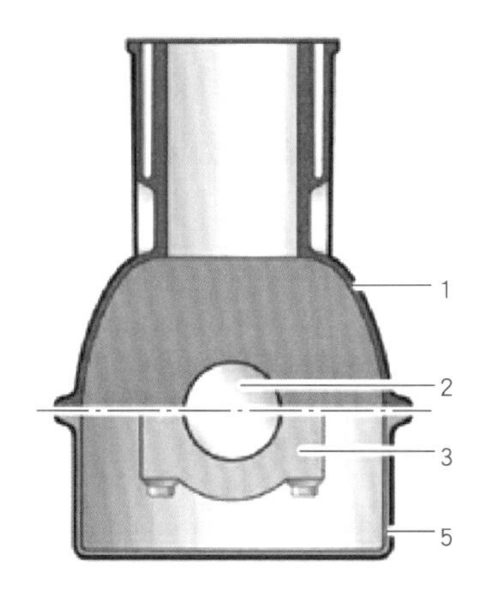

（a）曲軸箱的分界面在曲軸中心上

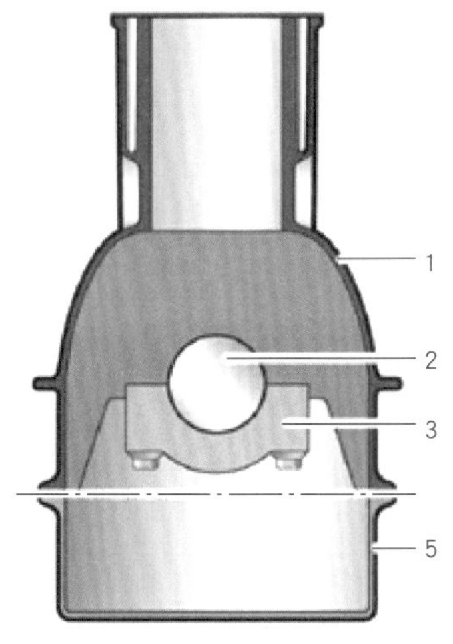

（b）曲軸箱的側壁向下延伸

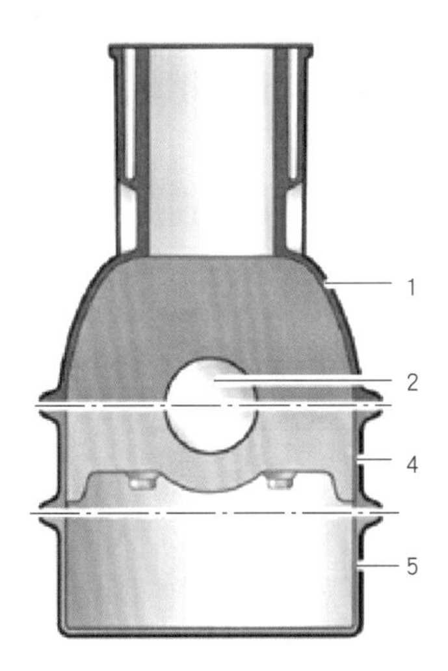

（c）分為上下部件的曲軸箱

圖2-13

1—上曲軸箱；2—用於曲軸的開孔；3—主軸承蓋；

4—曲軸箱下部件（底板）；5—油底殼

4.汽缸套

構造解說 （圖2-14）

汽缸套構成了活塞和活塞環的工作面及密封面。汽缸套的表面特性決定了汽缸套與活塞及活塞環之間油膜的結構和分布情況。因此，汽缸套的粗糙度在很大程度上決定著耗油量和引擎磨損程度。

濕式汽缸套與冷卻水水套即汽缸套和汽缸體構成的冷卻水是直接接觸。使用乾式汽缸套時，冷卻水水套完全封裝在汽缸體內，汽缸套不直接接觸冷卻水水套。

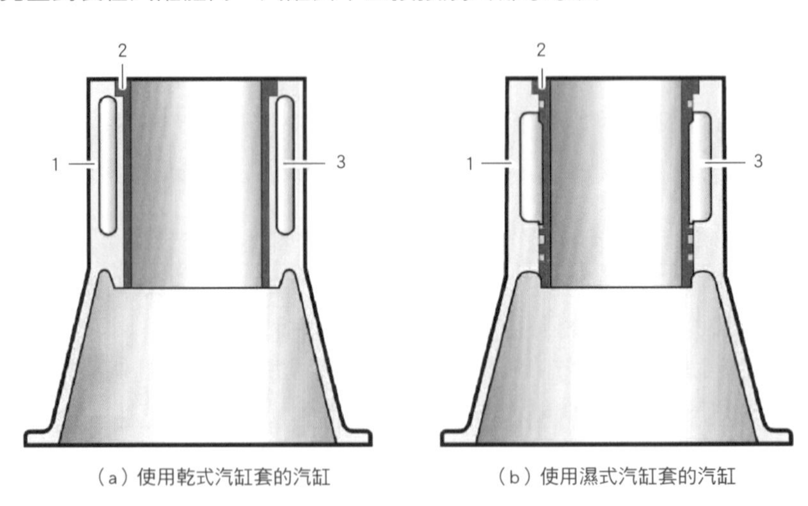

（a）使用乾式汽缸套的汽缸　（b）使用濕式汽缸套的汽缸

圖2-14

1—汽缸體；2—汽缸套；3—水套

5.油底殼

油底殼是曲軸箱的底部，有以下作用：引擎機油的收集容器；與引擎和變速箱相接；可固定相關感知器；固定機油尺導管；固定放油螺塞；隔音。

構造解說 （圖2-15）

油底殼是引擎機油的收集容器。可由壓鑄鋁合金製成或採用雙層鋼板結構。雙層鋼板結構具有較好的隔聲特性。使用機油擋板（導流板）可防止油底殼內的機油接觸到曲軸傳動機構，因車輛移動造成機油外溢時可防止曲軸浸入機油內。

現在很多油底殼採用鋼制密封墊。過去使用的軟木密封墊具有收縮特性，因此可能會造成螺栓連接件鬆脫。

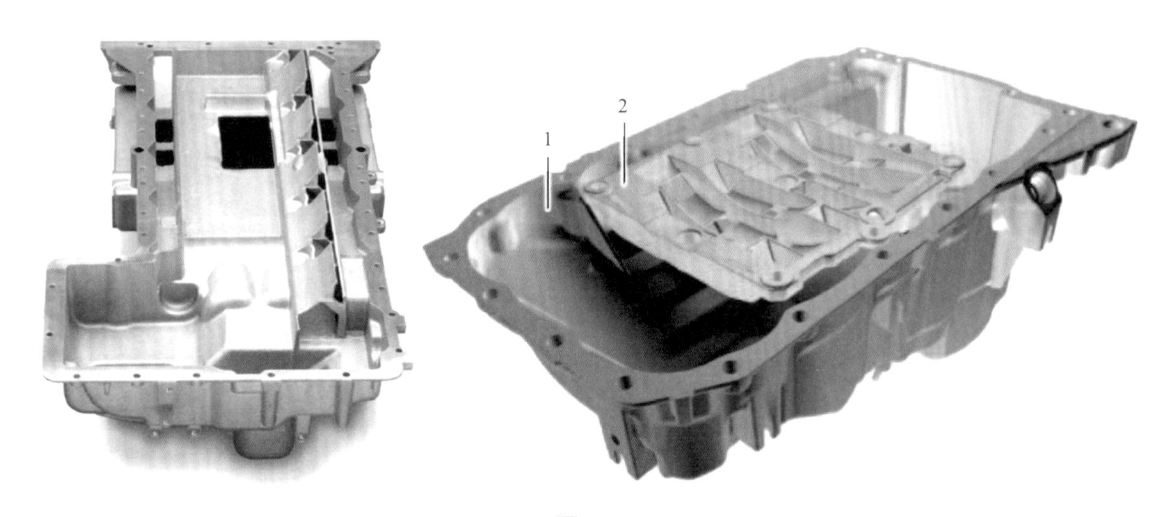

圖2-15

1—油底殼；2—導流板

6.汽缸床墊

構造解說（圖2-16）

汽缸床墊有軟材料密封墊和金屬密封墊兩種。金屬密封墊用於高負荷引擎，這種密封墊主要由多層鋼板墊片製成。金屬密封墊的主要特點是，密封作用基本上由彈簧鋼層內的集成式凸起和填充層決定。在液體通道處通過彈性橡膠層增強密封效果。

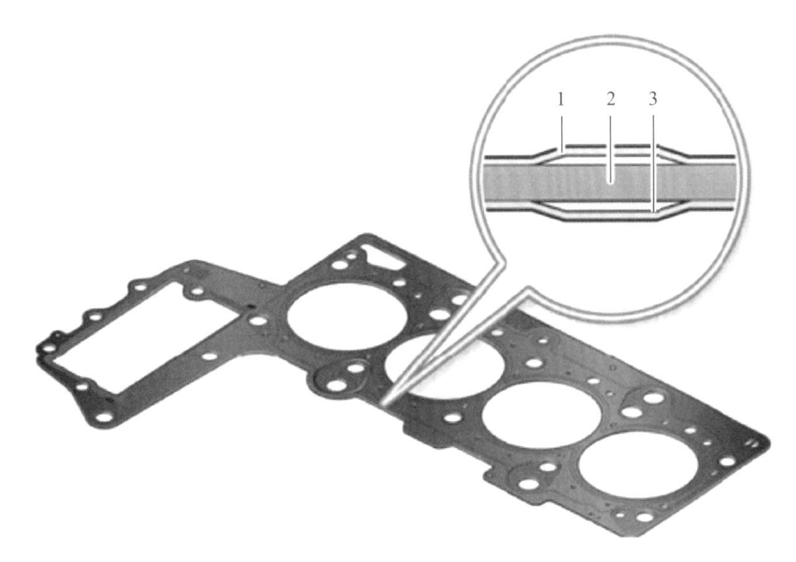

圖2-16

1,3—彈簧鋼層；2—中間層

原理解說

汽缸床墊必須能夠使燃燒室、大氣、引擎機油通道、冷卻水通道中的四種介質彼此隔離，以確保引擎內部密封性。

汽缸床墊位於汽缸體與汽缸蓋之間，要承受極大的熱負荷和機械負荷。確保該密封墊正常工作對引擎運行非常重要。所需密封墊厚度由汽缸活塞伸出量決定。

構造解說 （圖2-17）

在金屬部件之間放置絕緣密封墊可防止接觸腐蝕。這種情況包括油底殼密封墊和汽缸床墊，這些密封墊用於將鋼板油底殼和汽缸蓋與鋁合金汽缸體分隔開。

(a)帶有密封墊凸出物的油底殼密封墊

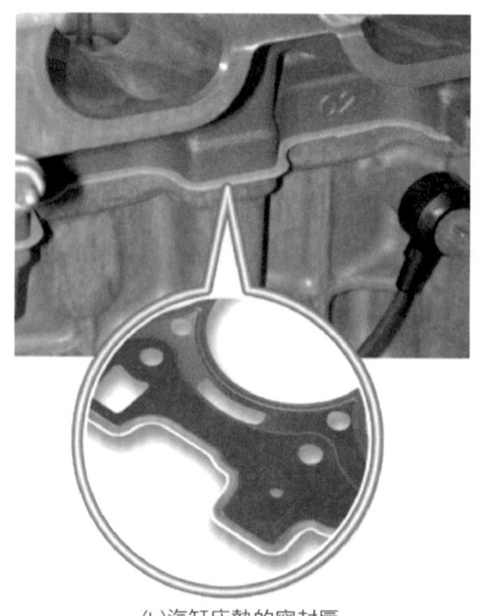

(b)汽缸床墊的密封唇

圖2-17

7.曲軸

構造解說 （圖2-18）

曲軸由一個單一部件構成，但可以分為多個不同的部分。主軸頸（曲軸頭）位於曲軸箱內的主軸承座上。曲軸銷與主軸頭通過曲柄臂連接起來。

引擎的每個曲軸銷旁都有一個主軸頸（曲軸頭）。在直列引擎上每個曲軸銷上都有一個連桿，V型引擎上有兩個。就是說，一個直列6缸引擎的曲軸有7個主軸頸，與一個V型12缸引擎的主軸頸數量正好相等。主軸承從前向後編號。

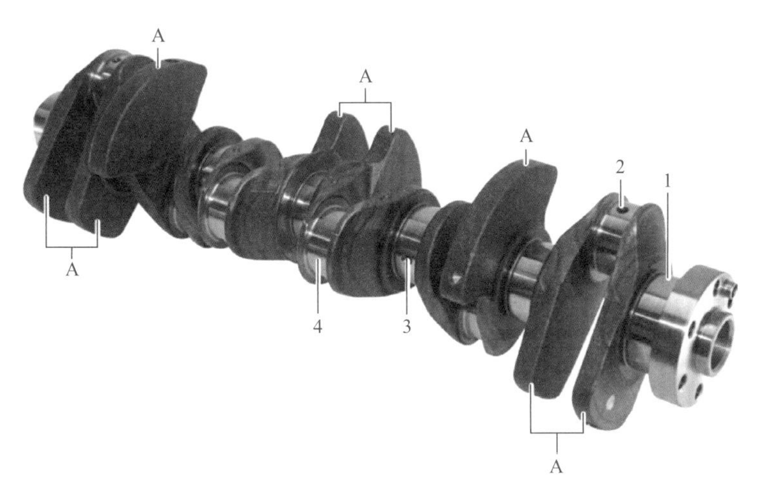

圖2-18

1—主軸頸（曲軸頸）x7；2—從曲軸銷至主軸承的機油孔；
3—從主軸承至曲軸銷的機油孔；4—6汽缸（曲軸銷x6）；A—平衡配重

原理解說（圖2-19）

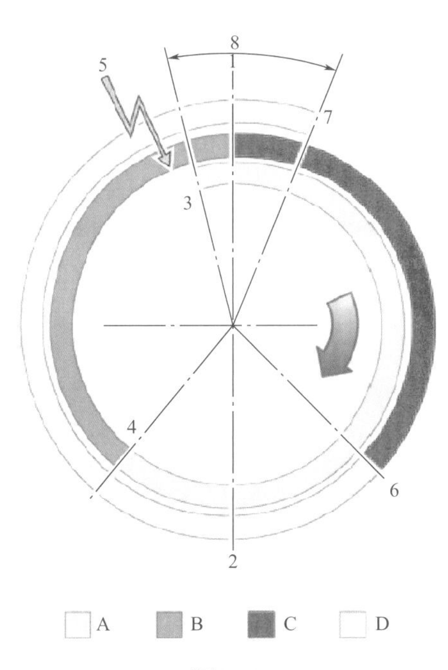

圖2-19

1—上死點（TDC）；2—下死點（BDC）；3—進汽門打開；4—進汽門關閉；5—點火時間；
6—排汽門打開；7—排汽門關閉；8—汽門重疊；A—進氣；B—壓縮；C—動力；D—排氣

曲軸銷與曲軸軸線之間的距離決定了引擎的汽缸行程。曲軸銷之間的夾角決定各汽缸的動力間隔。

每進行一個行程，曲軸旋轉180°，活塞由一個上（下）死點移動到另一個下（上）死點。因此，四行程引擎完成整個一個循環時曲軸旋轉720°即轉動兩圈。

吸入新鮮汽油空氣混合氣和排出廢氣稱為換氣。通過進汽門和排汽門控制換氣。汽門的開和關閉時間也取決於曲軸轉角。這些時間又稱為汽門正時，通過它們決定引擎的換氣控制。

活塞即將開始向下移動前進汽門打開，活塞重新開始向上移動後進汽門關閉。排汽門的運行方式相似。活塞開始向上移動前排汽門打開，活塞重新開始向下移動後排汽門關閉。

8.軸承（軸承片/軸瓦/大瓦/波司）

構造解說（圖2-20）

曲軸內帶有油孔。這些油孔為連桿軸承提供機油。油孔從主軸頸通向曲軸銷，並通過主軸承座與引擎機油迴路連接在一起。

止推軸承防止曲軸縱向移動。一個曲軸只有一個止推軸承，因為裝有多個止推軸承時會因超靜定過度限制而產生扭曲。止推軸承為曲軸提供止推面並支撐在曲軸箱內的主軸承座上。

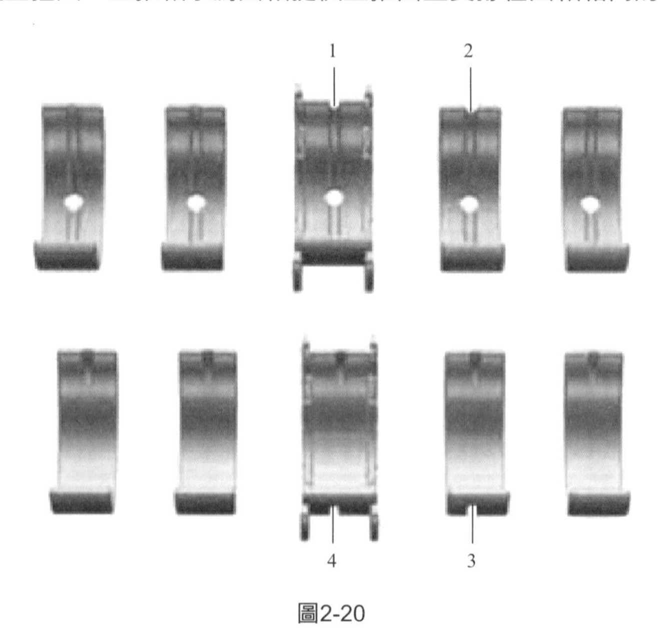

圖2-20

1—主軸承座內的止推軸承片；2—主軸承座內的軸承片；
3—主軸承蓋板內的軸承片；4—主軸承蓋板內的止推軸承片

9.連桿

構造解說　（圖2-21）

連桿小端通過活塞銷與活塞連接。由於曲軸轉動一圈期間連桿側向偏移，因此連桿必須以可轉動方式固定在活塞上。這可以通過一個滑動軸承來實現。為此將一個滑動軸承壓入連桿小頭孔內。連桿小端上的油孔為滑動軸承提供機油。

連桿大端位於曲軸側。連桿大端必須採用分離形式，以便能夠使連桿支撐在曲軸上。其功能通過滑動軸承來保證。滑動軸承由兩片軸承片構成。曲軸內的油孔為軸承提供引擎機油。

在V型引擎中，連桿大頭通常採用斜切式結構。

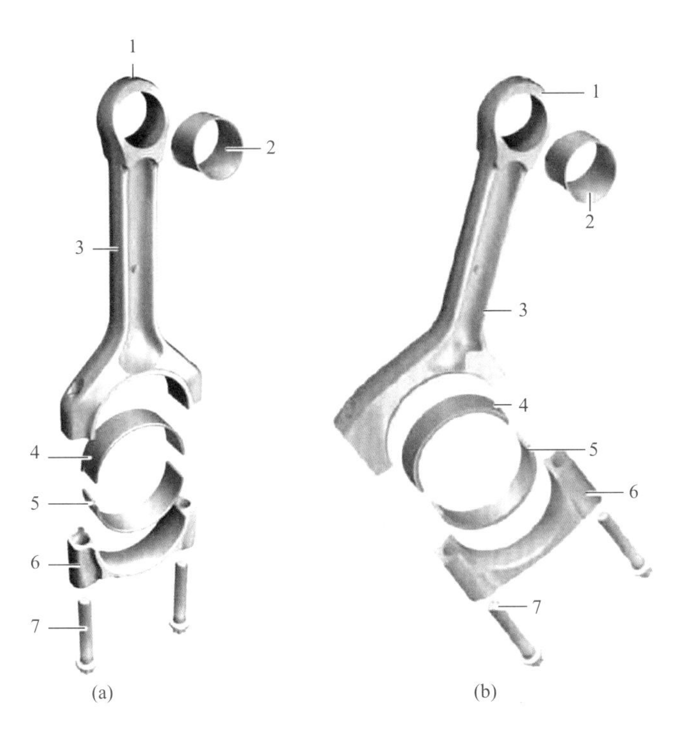

圖2-21

1—油孔；2—滑動軸承（襯套、軸襯）；3—連桿；4,5—軸承片；6—連桿軸承蓋；7—連桿螺栓

原理解說

在曲軸傳動機構中，連桿負責連接活塞和曲軸。活塞的直線運動通過連桿轉化為曲軸的轉動。此外，連桿還要將燃燒壓力產生的作用力由活塞傳至曲軸上。

作為一個加速度很大的部件，連桿的重量直接影響引擎的工作效率和運行平穩性。因此，為了獲得盡可能舒適的引擎運行特性，最重要的是優化連桿重量。

燃燒室內的氣體壓力和移動質量的慣性力（包括其自身的）使連桿承受負荷。連桿承受一個交變式拉壓負荷。

10.活塞

構造解說 （圖2-22）

活塞的主要部分包括活塞頂、帶有活塞環槽的活塞環部分、活塞銷座和活塞裙。活塞環、活塞銷和活塞銷卡環也是活塞總成的一部分。

活塞頂構成了燃燒室的下部。在汽油引擎上可以採用平頂、凸頂或凹頂活塞。

活塞環部分通常有三個用於固定活塞環的活塞環槽，其作用是防止漏氣和漏油（密封）。

活塞環岸位於環形槽之間。位於第一個活塞環上方的環岸也可稱為火力岸。一套活塞環通常包括兩個壓縮環和一個油環。

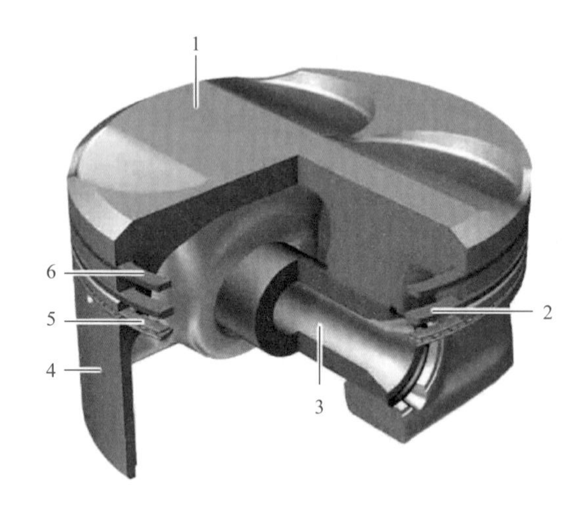

圖2-22

1—活塞頂；2,6—壓縮環；3—活塞銷；4—活塞裙；5—油環

原理解說

① 活塞是汽油引擎所有傳動部件的第一個環節。活塞的任務是吸收燃燒過程中產生的壓力，然後通過活塞銷和連桿將其傳至曲軸，也就是說要將燃燒產生的熱能轉化為機械能。活塞還用於上部連桿頭導向。

② 活塞必須與活塞環一起，在所有負荷狀態下保證燃燒室密封可靠，以防氣體洩漏和潤滑油滲透。接觸表面上的潤滑油對密封有幫助作用。往復移動部件的慣性力來自活塞自身、活塞環、活塞銷和連桿部分。慣性力與轉速的平方成正比。對於轉速較高的引擎來說，重要的是活塞、活塞環和活塞銷的重量必須很輕。

③ 連桿偏移使活塞承受垂直於汽缸軸線的側向負荷。因此，活塞向上死點和下死點運動時，就會由汽缸壁一側靠向另一側。這種運行方式稱為換側拍擊。為了減小活塞的噪聲和磨損，活塞銷通常採用偏心方式佈置（偏向動力衝擊面），由此產生的一個力矩可以優化換側時活塞的換側運行特性。

④ 活塞頂吸收的熱量大部分通過活塞環傳至汽缸壁，隨後被冷卻水吸收。一小部分在換氣過程中由活塞傳給溫度更低的新鮮空氣。剩餘熱量經噴油嘴噴射到活塞內壁上的潤滑油或冷卻油排出。

⑤ 活塞銷座是活塞內活塞銷的支撐部位。它是活塞內承受最大負荷的部分之一。

⑥ 活塞裙或多或少地圍在活塞下部，負責承受側向力和使活塞保持直線運行。對於使用鑄鐵曲軸箱的引擎來說，可根據需要通過澆鑄調節元件影響熱膨脹情況並由此減小裝配間隙。

⑦ 活塞頂構成了燃燒室的下部，因此它對燃燒室的形狀具有決定性作用。活塞頂的形狀還能決定燃燒室內的混合氣流動特性，尤其是壓縮比。

原理解說　（圖2-23）

活塞裙部分是現代活塞變化最明顯的部分。活塞裙負責使活塞在汽缸內直線運行。只有與汽缸之間的間隙足夠大時，才能完成上述任務。但是這個間隙會因連桿偏移而引起活塞擺動，從而造成活塞換側，這種情況稱為活塞二次移動。這種二次移動對於活塞環的密封性和耗油量來說也非常重要，而且還會影響活塞噪聲。許多參數都影響活塞保持直線運行，如活塞裙的長度、活塞裙形狀和裝配間隙。

活塞主要尺寸包括直徑、總長度和壓縮高度。壓縮高度是指活塞銷軸線與活塞頂上沿之間的距離。

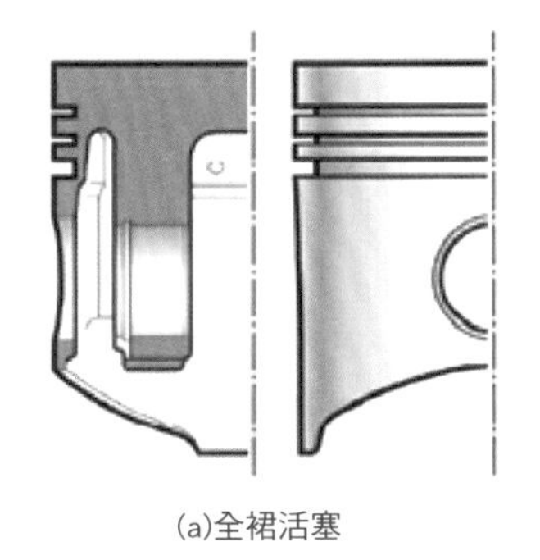
(a)全裙活塞

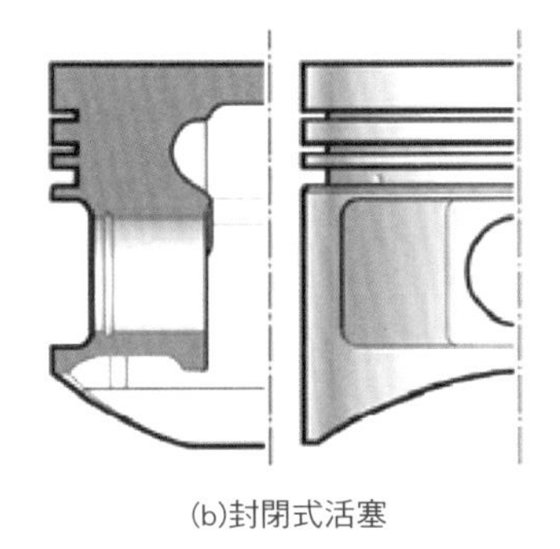
(b)封閉式活塞

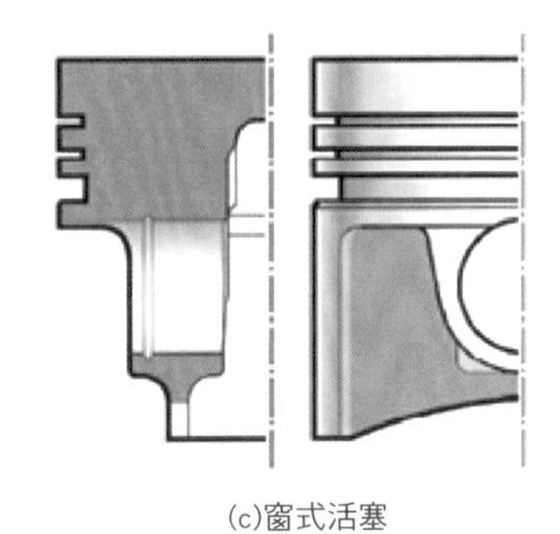
(c)窗式活塞

圖2-23

11.活塞環

活塞環是金屬密封環，負責執行以下任務：密封燃燒室，使之與曲軸箱隔開；從活塞向汽缸壁導熱；調節汽缸套的油膜。

為了完成上述任務，活塞環必須緊靠在汽缸壁和活塞環槽的側沿上。活塞環的徑向彈簧力使活塞環靠在汽缸壁上。油環通常由一個附加彈簧進一步支撐。活塞環可靠運行首先取決於活塞、活塞環和汽缸壁的表面質量以及這些部件的材料組合情況。

構造解說 （圖2-24）

活塞環根據具體功能分為壓縮環和油環兩種。

壓縮環用於確保盡可能沒有燃燒氣體從燃燒室經過汽缸壁與活塞之間的間隙進入曲軸箱內。只有這樣燃燒過程中燃燒室內才能產生足夠壓力，以使引擎達到設計功率。在壓縮行程階段，沒有壓縮環便無法達到點火所需的壓縮程度。

油環負責調節汽缸壁上的油膜。它們將汽缸壁上多餘的潤滑油刮掉並確保這些機油不會燃燒。因此，油環也決定了引擎的機油消耗量。

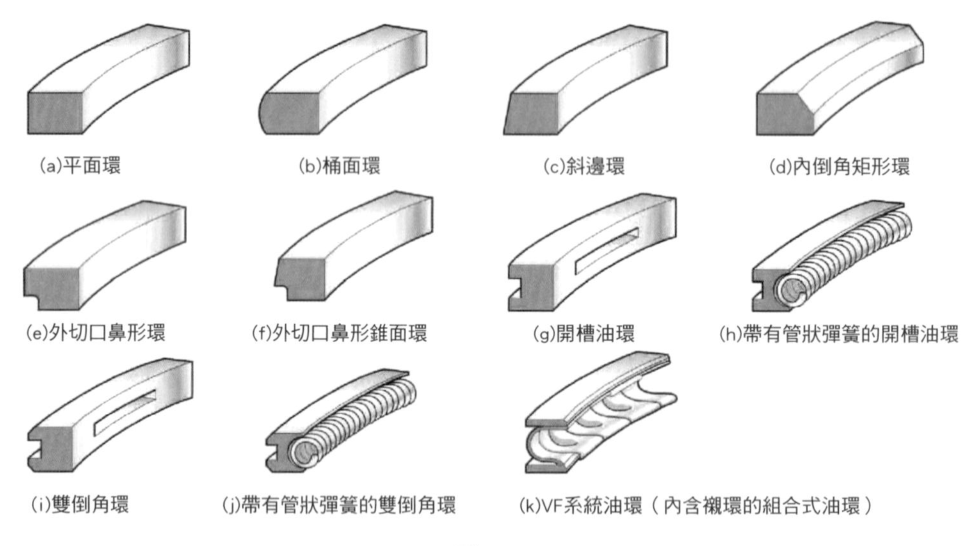

圖2-24

原理解說 （圖2-25）

活塞環在其環槽內轉動。這是因為換側時側向力作用在活塞環上。此時活塞環的轉速最高可達100r/min。這種換側作用可以清除環槽上的沉積物，還能防止活塞環切口磨入汽缸套內。

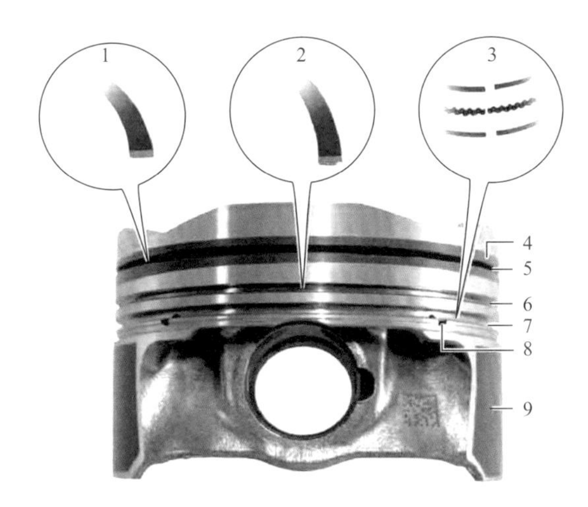

圖2-25

1—平面環；2—外切口鼻形錐面環；3—VF系統環（組合式油環）；4—第一活塞環鋼制環岸；5—第一活塞環槽；6—第二活塞環槽；7—油環環槽；8—潤滑油排出孔；9—石墨塗層

12.飛輪

構造解說 （圖2-26）

為了車輛的穩定和舒適性，很多車採用雙質量飛輪。雙質量飛輪將傳統飛輪的質量塊一分為二，一部分繼續用於補償引擎慣量，另一部分負責提高變速箱慣量，從而使共振範圍明顯低於正常運行轉速。

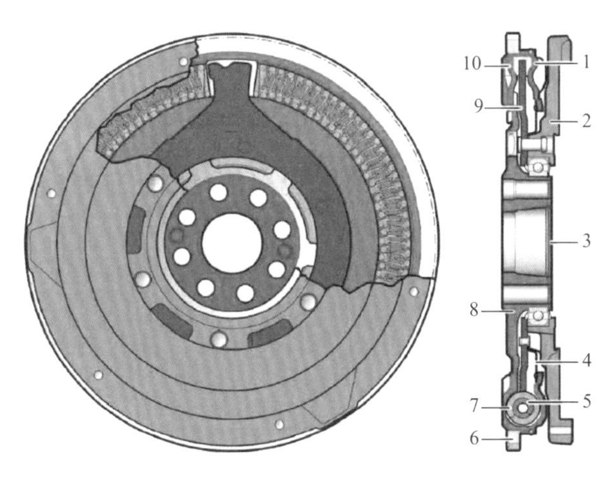

圖2-26

1—蓋罩；2—次級質量飛輪；3—蓋板；4—密封隔膜；5,7—弧形減震彈簧；6—齒環；8—主要質量飛輪；9—輪轂凸緣；10—擋板

原理解說 （圖2-27）

兩個非剛性連接的質量塊通過一個彈簧/減震系統連接起來。次級質量塊與變速箱之間不帶扭轉避震器的離合器負責與從動盤分離和接合。與引擎相連的飛輪質量塊承受引擎的不平穩運動時，在引擎轉速不變的情況下，與變速箱相連的質量塊速度保持不變。

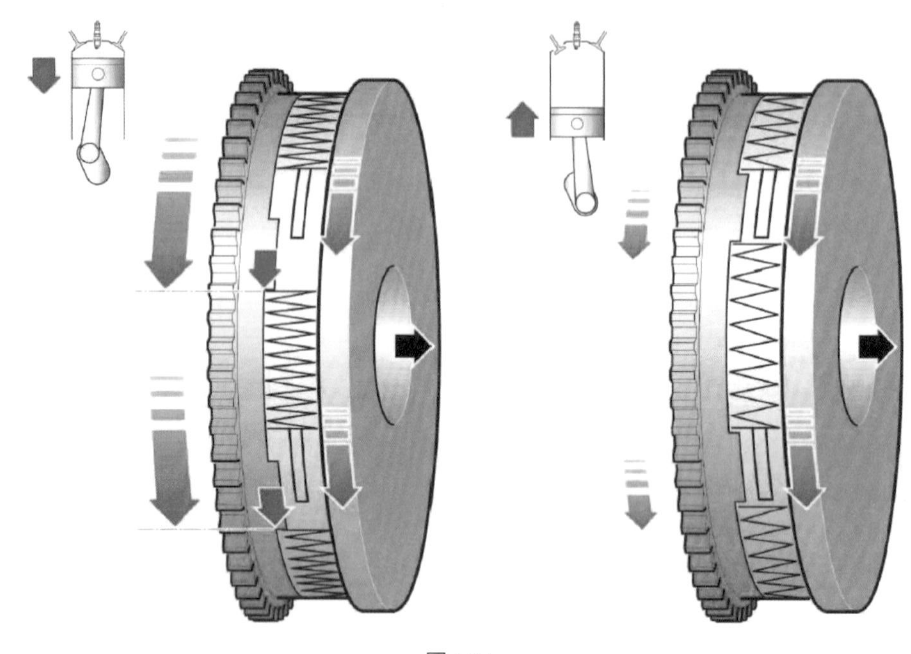

圖2-27

第五節　汽門機構

一、汽門機構原理

汽門機構的作用是根據引擎點火順序和各缸工作循環的要求，定時開啟和關閉進、排汽門，使新鮮氣體及時進入汽缸，廢氣及時排出汽缸。

二、汽門機構組成

汽門機構由汽門組和汽門傳動組兩部分組成。這兩部分機構基本都在汽缸蓋上裝配著。

構造解說（圖2-28）

汽門組包括汽門、汽門座、汽門導管、汽門彈簧、彈簧座及鎖扣等。

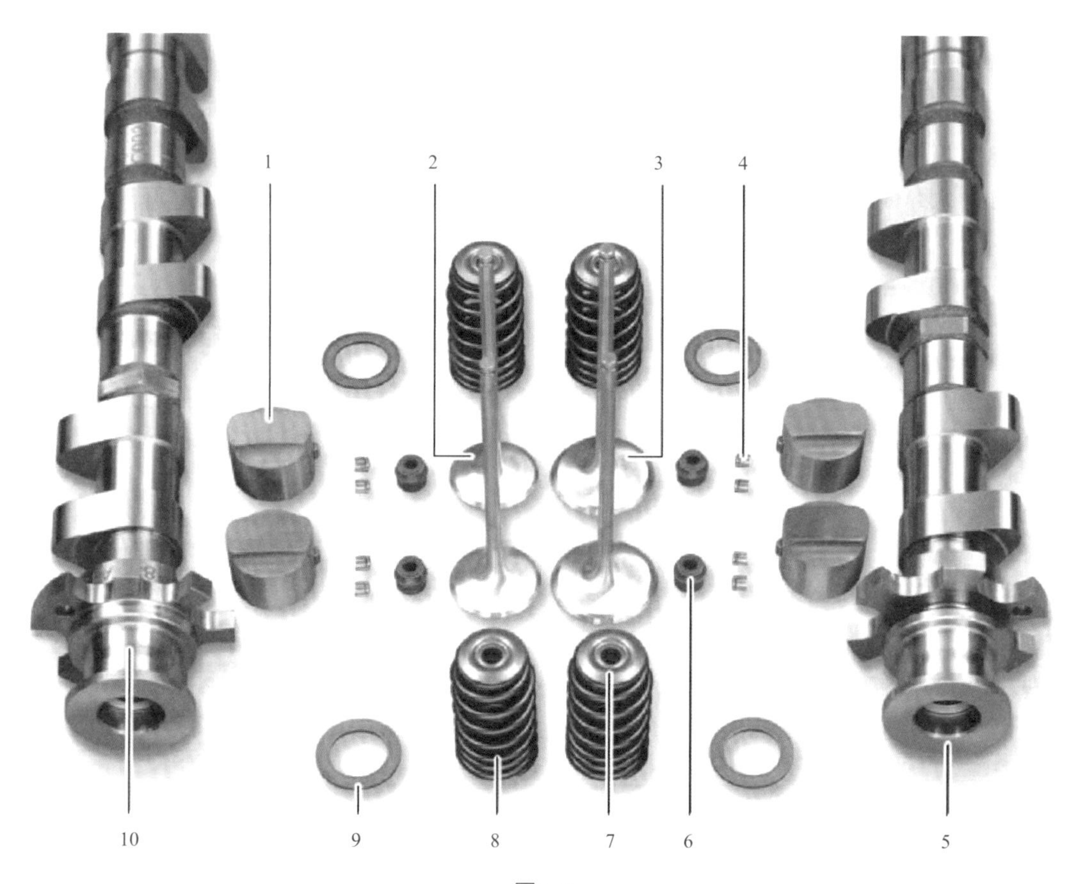

圖2-28

1—頂筒；2—排汽門；3—進汽門；4—鎖扣；
5—進氣凸輪軸；6—油封；7—上彈簧座；
8—汽門彈簧；9—下彈簧座；10—排氣凸輪軸

構造解說 （圖2-29）

汽門傳動組包括正時傳動機構和凸輪軸等。

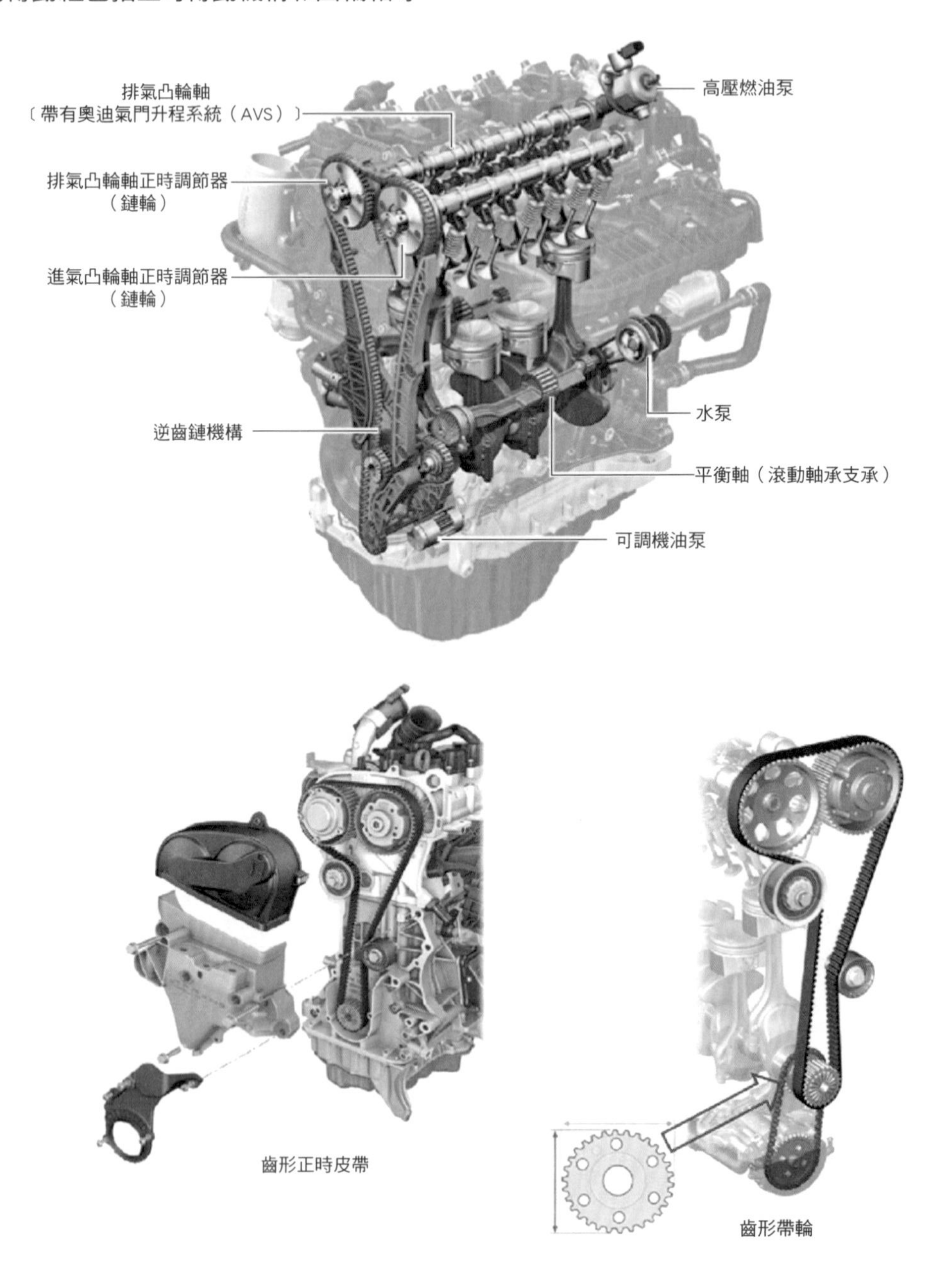

圖2-29

1.汽門機構

構造解說 （圖2-30）

汽門與汽門導管和汽門彈簧共同構成一個總成，安裝在汽缸蓋上。

進汽門和排汽門承受的負荷不同。兩個部件運動時因自身慣性力產生的負荷相同（在引擎的使用壽命內約3億次負荷變化）。但是排汽門還要承受廢氣帶來的高溫熱負荷，而進汽門則會通過流經的新鮮空氣冷卻下來。熱量還會從汽門經過汽門座以熱傳導形式擴散。

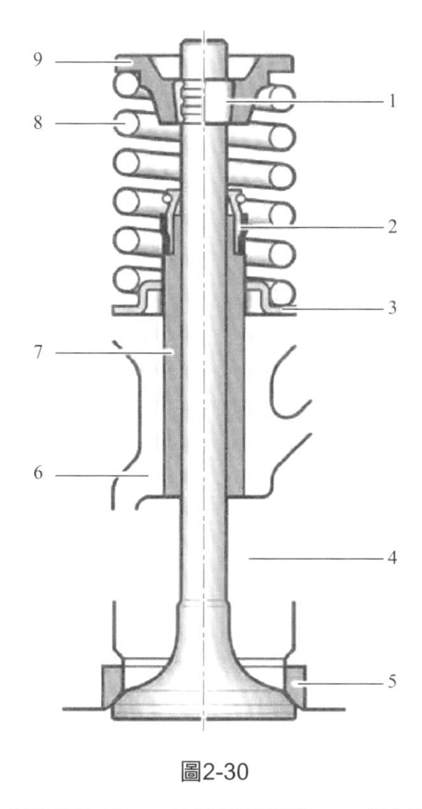

圖2-30

1—汽門鎖扣；2—汽門桿油封；3—下汽門彈簧座；4—換氣通道；5—汽門座；
6—汽缸蓋；7—汽門導管；8—汽門彈簧；9—上汽門彈簧座

構造解說 （圖2-31）

汽門分為汽門頭、汽門腳和汽門桿三部分。汽門面與汽門座共同構成一個功能單元。因此將一起介紹汽門座和汽門面。汽門頭是指汽門的整個下部區域，帶有汽門面和汽門頸。此處承受由燃燒壓力產生的作用力。設計汽門面高時考慮了這種情況。

汽門主要分為單一金屬汽門、雙金屬汽門和充鈉（空心）汽門。無論汽門是由一種還是由多種材料製成，無論採用空心還是實心形式，汽門的結構都基本相同。

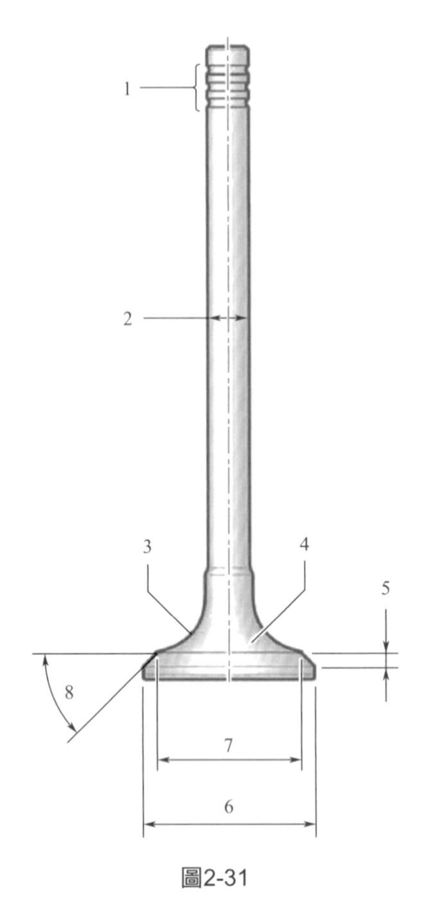

圖2-31

1—汽門腳鎖扣槽；2—汽門桿直徑；3—汽門頸；4—汽門頭；5—汽門座高；
6—汽門頭直徑；7—汽門面直徑；8—汽門面角度

(1) 汽門桿

汽門桿用於汽門在汽門導管內導向。汽門桿從固定汽門鎖扣的凹槽處直至汽門頸過渡處或刮油邊處。為避免汽門桿磨損，汽門桿採用鍍鉻表面。

如果汽門桿腳部帶有用於汽門自由轉動的凹槽，則與汽門鎖扣接觸的區域必須進行淬火處理，以免磨損。這些凹槽與汽門鎖扣形成結構連接，汽門彈簧可支撐在該部位處。

構造解說 (圖2-32)

充鈉（空心）汽門用於排汽門側，以便降低汽門頸和汽門面附近的溫度，為此汽門該區域採用中空結構。

為傳導熱量，汽門桿中空容積約60%的部分填充有可自由移動的金屬鈉。鈉在97.5℃時熔化，並根據引擎轉速在汽門空腔內產生相應的震動作用。汽門頸和汽門頭處產生的部分熱量通過液態鈉傳至汽門導管並進入冷卻循環迴路，從而顯著降低汽門溫度。充鈉汽門可採用單一金屬或雙金屬汽門結構。

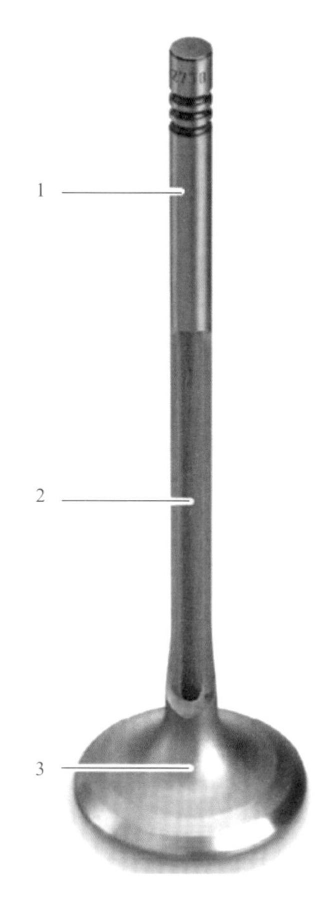

圖2-32

1—汽門桿；2—中空汽門桿；3—汽門頭

(2)汽門座

汽門座承擔隔開燃燒室與進排氣通道的作用。此外，熱量也通過此處從汽門傳至汽缸蓋。汽門處於關閉狀態時，汽門面與汽缸蓋汽門座靠在一起。汽門座表面的寬度沒有統一標準。汽門座表面較窄時可改善密封效果，但會削弱散熱能力。

構造解說

通常情況下，承受較小負荷的進汽門座比承受高負荷的排汽門座窄。汽門座寬度為1.2～2.0mm。

確保汽門座位置正確非常重要，圖2-33所示為汽門座的幾個位置。

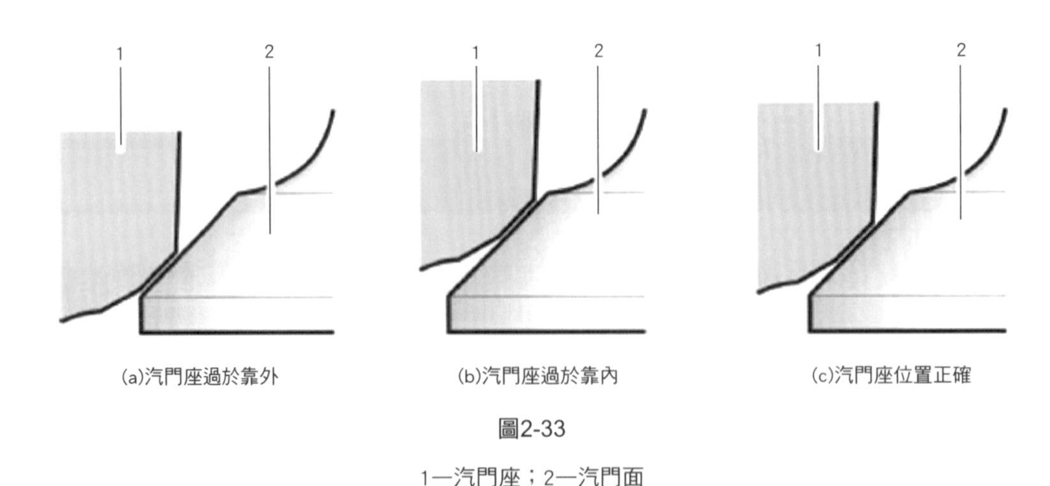

(a)汽門座過於靠外　(b)汽門座過於靠內　(c)汽門座位置正確

圖2-33

1—汽門座；2—汽門面

原理解說

汽門座角度是指汽門座與一個垂直於汽門桿的（理論）平面之間的夾角。密封效果和磨損情況也取決於汽門座角度。對於進汽門來說，汽門座角度還會影響新鮮空氣進氣量，從而影響混合氣形成過程。

為避免汽門座磨損，需在汽門座表面進行硬化處理。在此可以通過不同方法將一種硬化材料熔在汽門座上。

（3）汽門導管

汽門導管用於確保使汽門位於汽門座的中心並通過汽門桿將汽門頭處的熱量傳至汽缸蓋。為此需要在汽門導管與汽門桿之間留有最佳間隙量。間隙過小時，汽門容易卡住。間隙過大時會影響散熱效果。最好留出盡可能小的汽門導管間隙。

汽門導管以緊配合方式安裝在汽缸蓋內。汽門導管不得伸入排氣通道內，否則會因溫度較高而導致導管變寬，燃燒殘餘物可能會進入汽門導管內。

（4）汽門鎖扣

汽門鎖扣負責連接汽門彈簧座和汽門。連接方式分為夾緊式和非夾緊式。

構造解說 （圖2-34）

採用非夾緊式連接時，處於安裝狀態下的兩部分汽門鎖扣相互支撐。

採用夾緊式連接時，安裝後兩汽門鎖扣之間留有一定的間隙。汽門夾緊在汽門鎖扣之間，以防止其旋轉。夾緊式汽門鎖扣尤其適用於轉速很高的引擎。

（5）汽門彈簧

汽門彈簧負責以可控方式關閉汽門，就是說必須確保汽門隨凸輪一起運動，以使其即使在最高轉速時也能及時關閉。此外，其作用力也必須足夠大，以防止汽門關閉（又稱汽門諧震跳動）後震動。汽門開啟時，汽門彈簧必須防止汽門與凸輪脫離。

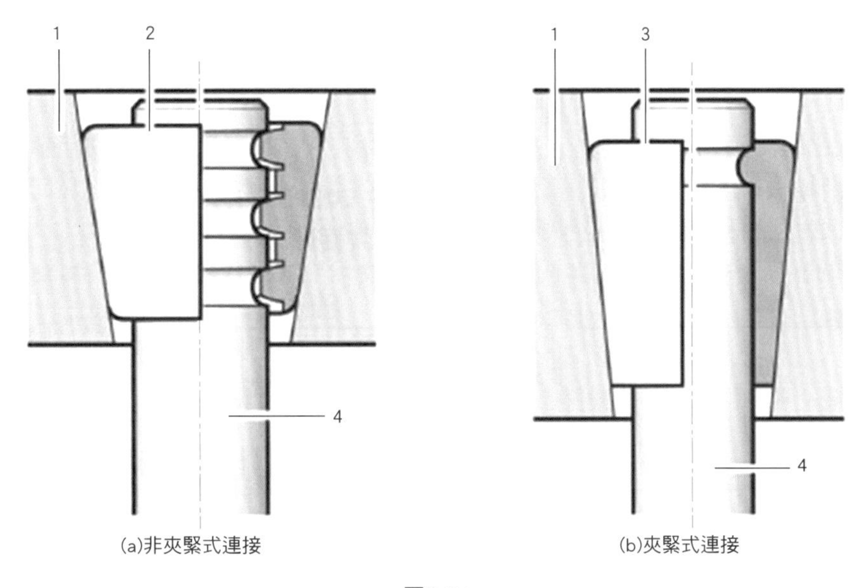

(a)非夾緊式連接　(b)夾緊式連接

圖2-34

1—汽門彈簧座；2—非夾緊式汽門鎖夾；3—夾緊式汽門鎖扣；4—汽門桿

構造解說　（圖2-35）

標準結構形式為對稱圓柱彈簧。這種彈簧的螺距在彈簧兩端是對稱的且螺旋直徑保持不變。疏密圈徑不同彈簧在彈簧壓縮過程中，簧圈部分接觸可使彈簧特性曲線產生階躍性變化（彈簧壓縮程度越大，彈簧力越大，以改善汽門諧震）。

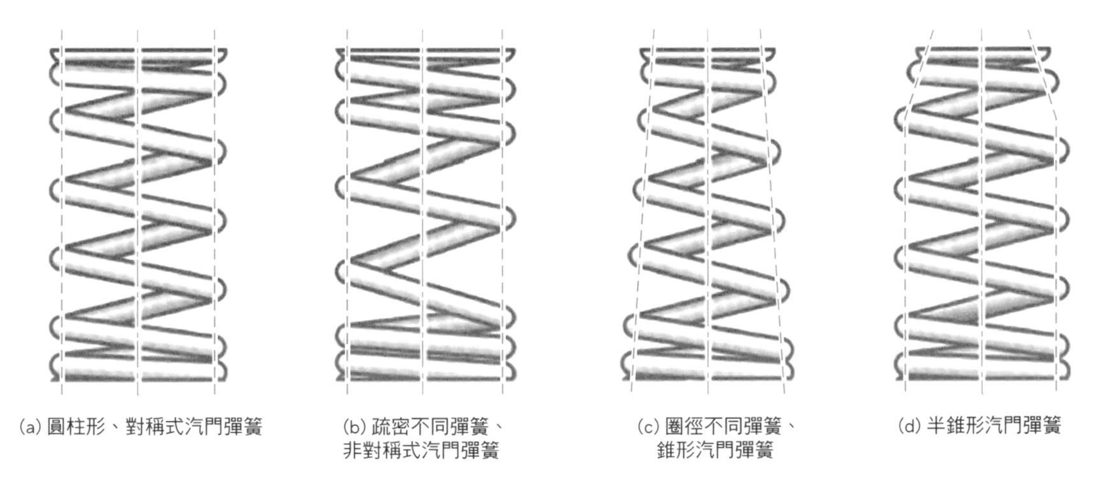

(a) 圓柱形、對稱式汽門彈簧　(b) 疏密不同彈簧、非對稱式汽門彈簧　(c) 圈徑不同彈簧、錐形汽門彈簧　(d) 半錐形汽門彈簧

圖2-35

2.凸輪軸

構造解說 （圖2-36）

凸輪軸的主要部分是圓柱形軸身。根據具體結構採用空心或實心軸身。軸身上帶有凸輪。工作作用力由凸輪軸軸承承受。引擎的凸輪軸軸身直接在軸承內運行。這個部位採用研磨加工表面。汽缸蓋內軸頸處的油孔負責進行所需的潤滑。有一個軸承負責軸向導向。

凸輪軸由曲軸通過一個鏈輪驅動。在某些引擎上使用附加鏈輪或齒輪在凸輪軸間傳輸驅動力。這些鏈輪或齒輪可與凸輪軸牢固連接在一起或通過定位凸緣（法蘭）安裝在凸輪軸上。

有些引擎凸輪軸上澆鑄有平衡重塊，以確保運行更平穩。除少數特殊情況外，凸輪軸由冷硬鑄造方式製成。軸身可採用中空鑄造工藝，以減輕重量。

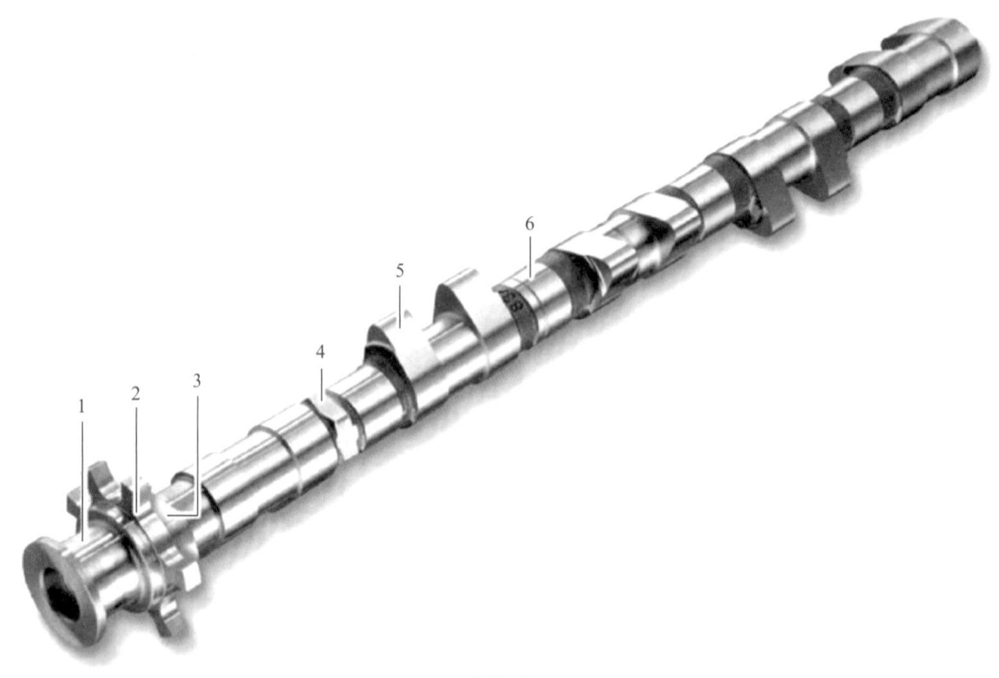

圖2-36

1—軸頸和用於軸向導向的止推面；2—凸輪軸傳知器的感應齒；3—用於安裝專用工具的雙平面；4—扳手寬度面；5—凸輪；6—軸頸

原理解說

凸輪軸控制換氣過程和燃燒過程。其主要任務是開啟和關閉進汽門和排汽門。凸輪軸由曲軸驅動。其轉速與曲軸轉速之比為1：2，即凸輪軸轉速只有曲軸轉速的一半。這可以通過鏈輪傳動比實現。凸輪軸相對於曲軸的位置也有明確規定。現在很多引擎凸輪已不再採用固定傳動方式，而是可以進行可變調節，如BMW引擎VANOS系統。

3.搖臂、壓桿和挺桿

搖臂、壓桿、挺桿負責將凸輪運動傳給汽門，因此這些元件也稱為傳動元件。傳動元件沿凸輪輪廓移動，直接或間接傳遞運動。這些元件的特點是採用剛性傳動和重量較輕，這樣可確保汽門按規定的行程曲線運動，能準確控制最佳汽缸進氣。

構造解說

壓桿也是採用間接傳動方式的汽門機構元件。但是它不支撐在軸上，而是一端直接支撐在汽缸蓋上或一個HVA（液壓式汽門間隙補償器）元件上，另一側靠在汽門上。凸輪軸的凸輪從上面壓向壓桿中部。壓桿的慣性矩和剛度在很大程度上取決於壓桿的結構形式。圖2-37所示為滾子式汽門壓桿。

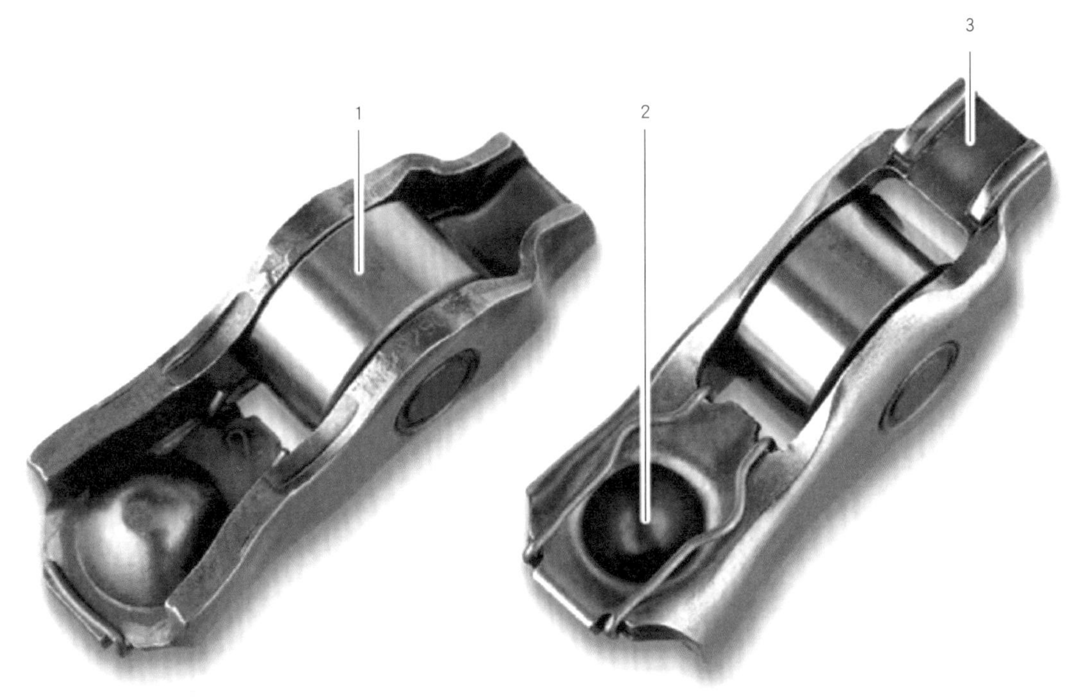

(a) 滾子式汽門壓桿上側　　(b) 滾子式汽門壓桿下側

圖2-37

1—用於隨凸輪移動的滾針軸承滾子；2—用於支撐HVA元件的半球；
3—壓在汽門上的接觸面

構造解說

頂筒（挺桿）是進汽門和排汽門的直接傳動裝置，因為它不改變凸輪的運動或傳動比。這種直接傳動裝置始終具有很高的剛度，移動質量相對較小且所需安裝空間較小。挺桿用於傳遞直線運動，其導向部件位於汽缸蓋內。圖2-38所示為BMW某型號引擎的中空頂筒。

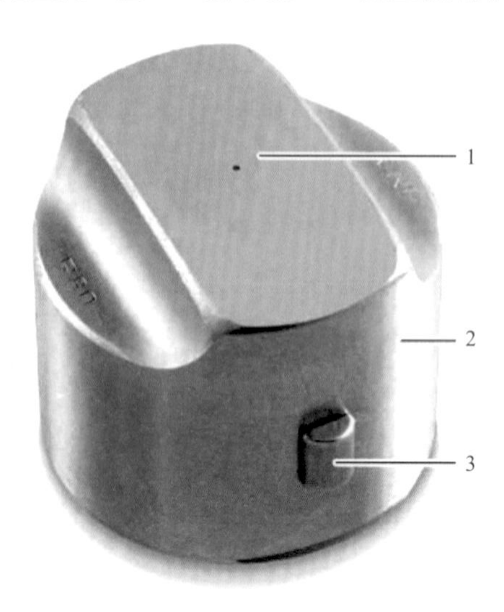

圖2-38

1—球形接觸面；2—頂筒；3—導向凸緣

原理解說

頂筒（挺桿）採用桶狀結構，以倒置方式靠在汽門腳。

為確保凸輪接觸面均勻磨損，桶狀頂筒應能旋轉，為此可使凸輪相對於桶狀頂筒稍稍偏移（朝凸輪軸軸線方向）。

桶狀頂筒的接觸面略呈球形，這樣可使凸輪與挺桿之間的接觸點在整個運動過程中更接近桶狀頂筒表面的中心，因為此時槓桿作用較小，所以可減小桶狀挺桿的傾斜趨勢，從而可將汽門接觸面的磨損程度降至最低。但是，球面弧度也會影響汽門行程曲線以及凸輪與桶狀頂筒之間的摩擦力。

構造解說（圖2-39）

液壓式汽門間隙補償器（HVA）執行下列任務：在所有運行條件下確保汽門間隙始終為零，即使引擎長時間運行後也無需進行汽門間隙調節。

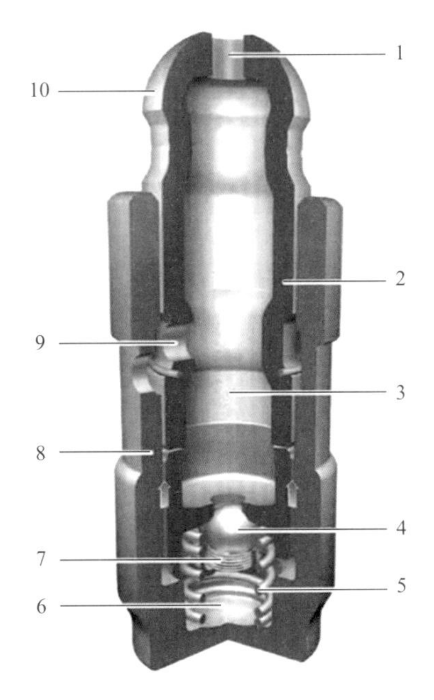

圖2-39

1—通風孔；2—活塞；3—儲油室；4—閥球；5—活塞彈簧；6—壓力室；
7—閥球彈簧；8—壓力缸；9—供油孔；10—球頭

原理解說

汽門間隙影響引擎正時時間，從而影響引擎功率、行駛性能、耗油量和廢氣排放量。
汽門間隙過大會縮短正時時間，即汽門延遲開啟、提前關閉。
汽門間隙過小會延長正時時間，即汽門提前開啟、延遲關閉。

4.凸輪軸傳動裝置（鏈條傳動機構）

構造解說　（圖2-40）

各種鏈條傳動機構主要區別通常僅在於鏈條的結構形式和佈置方式。無論採用何種結構形式，鏈條傳動機構都包括一個曲軸鏈輪、鏈條導軌、帶有張力導軌的鏈條張力器、一個供油裝置、至少一個凸輪軸上一個鏈輪以及正時鏈自身。在某些情況下還需要改變正時鏈的方向，以便留出其他部件的安裝空間或安裝僅使用一條正時鏈的V型引擎。這項任務可通過一個附加鏈輪或最好通過一個導軌實現。

通常情況下鏈條的非導向長度要盡可能短。鏈條未承受負荷的一側稱為鬆弛側。必須在鬆弛側張力鏈條。鏈條張力器通過張力導軌張緊鏈條。

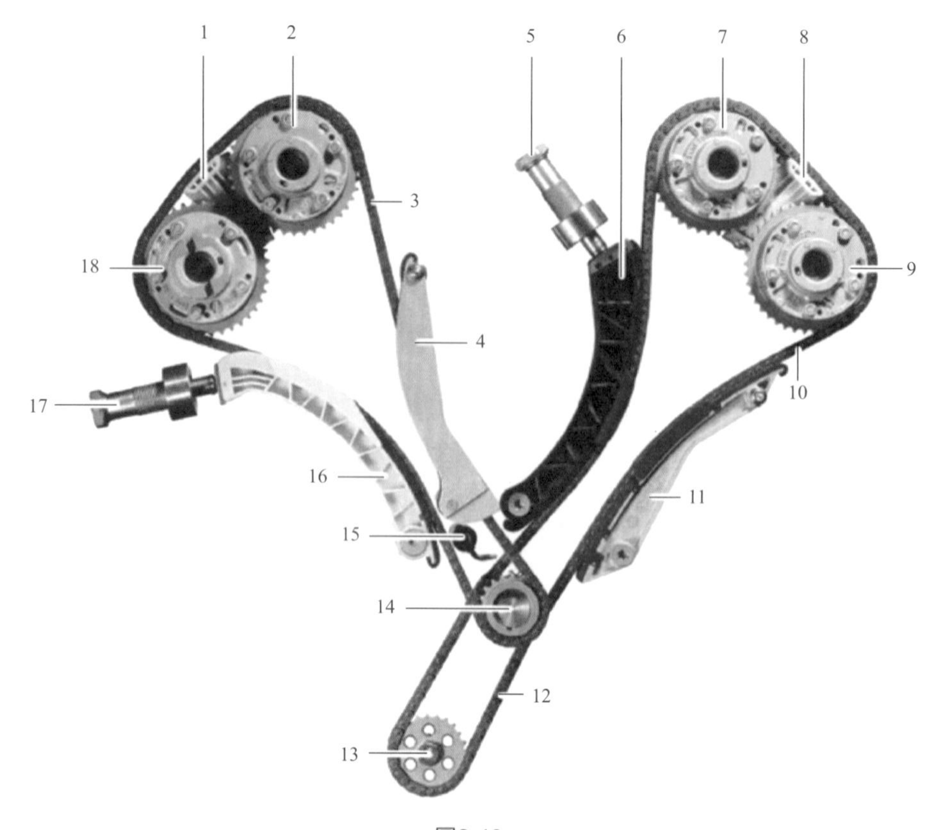

圖2-40

1—汽缸列1的上部導軌；2—汽缸列1進氣凸輪軸的VANOS元件（可變凸輪軸正時控制器）；3—汽缸列1的正時鏈條；4—汽缸列1的導軌；5—汽缸列2的鏈條張力器；6,11—汽缸列2的導軌；7—汽缸列2進氣凸輪軸的VANOS單元；8—汽缸列2的上部導軌；9—汽缸列2排氣凸輪軸的VANOS元件；10—汽缸列2的正時鏈條；12—機油泵傳動鏈條；13—機油泵鏈輪；14—曲軸鏈輪；15—噴油嘴；16—汽缸列1的張力導軌；17—汽缸列1的鏈條張力器；18—汽缸列1排氣凸輪軸的VANOS單元

原理解說

噴油嘴將引擎機油噴到鏈條上或由導軌上的油孔為鏈條供油。在許多引擎上機油泵由曲軸通過鏈條驅動。

構造解說

圖2-41所示為汽油引擎的幾種正時機構。

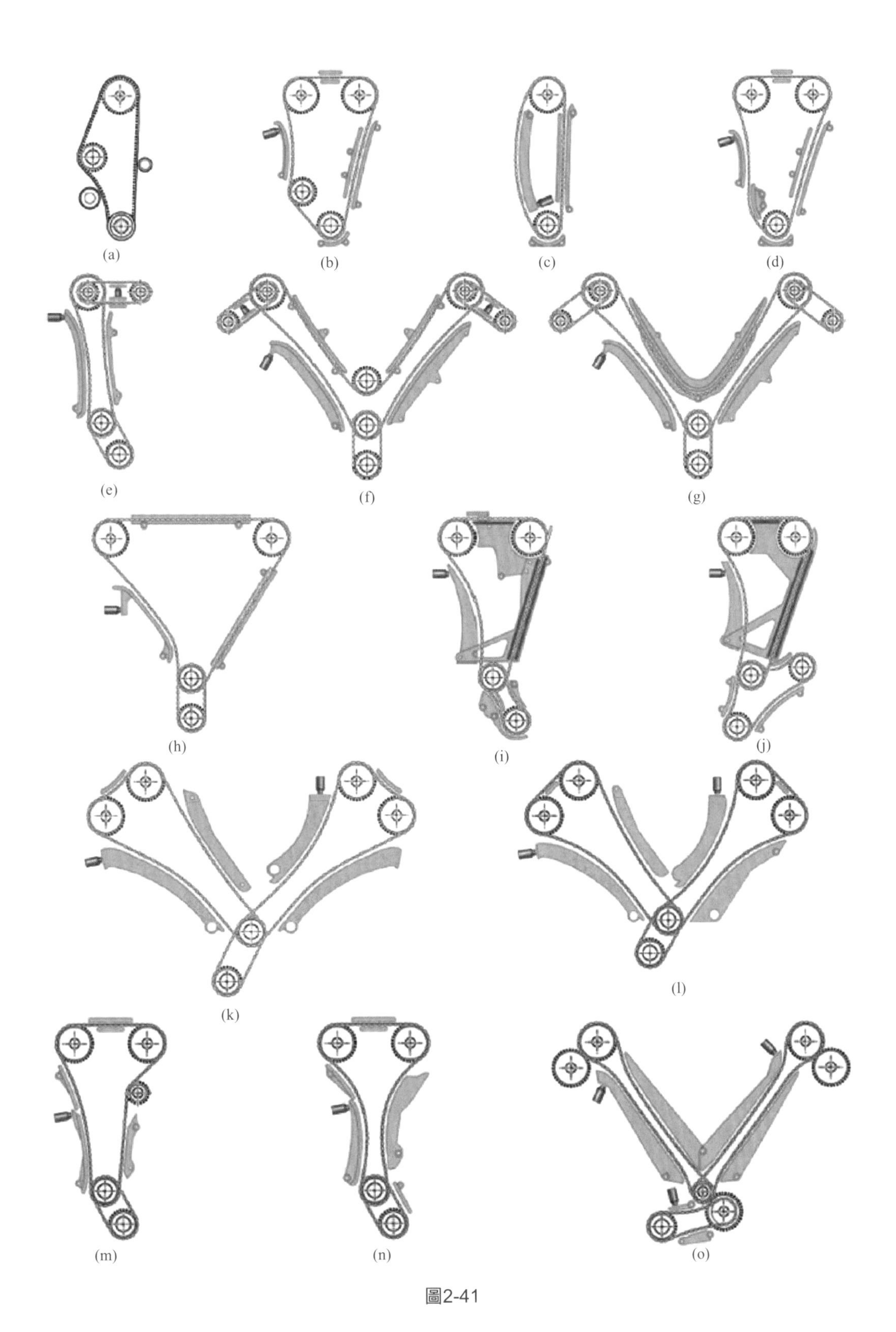

圖2-41

第六節　潤滑系統

一、潤滑系統作用

1.潤滑

潤滑油不斷地供給各零件的摩擦表面，形成潤滑油膜，減小零件的摩擦、磨損和功率消耗。

簡單來說，潤滑就是使相互摩擦的表面分離。通過機油泵向潤滑部位輸送機油。機油的任務是降低相對移動表面之間的摩擦並減少或完全避免產生磨損和能量損耗。

2.清潔

潤滑系統通過潤滑油的流動，將摩擦中的雜質沖洗下來，帶回到油底殼。

冷引擎啟動時會產生一定磨損，因為軸承、活塞、活塞環和汽缸以及挺桿和搖臂的相對移動面尚未通過引擎機油完全分離。此時首先產生的不是液體摩擦，而是混合摩擦。所產生的磨損顆粒必須立即通過機油從潤滑間隙處衝刷出去，以免這些微小的金屬顆粒產生磨蝕作用。這些磨蝕顆粒不得與燃燒產生的碳煙顆粒一起沈積在機油迴路內。因此機油必須能夠使這些磨蝕顆粒保持懸浮狀態並將其輸送至機油濾清器內。

3.冷卻

潤滑油流經零件表面，吸收其熱量並將其部分帶回到油底殼散入大氣中，起到冷卻的作用。

摩擦產生的熱量由引擎機油吸收並通過油底殼擴散到外界空氣中。燃燒產生的部分熱量也以同樣方式排出。現代高功率引擎還通過一個引擎機油冷卻器來防止引擎機油過熱。

4.密封

潤滑油可以補償零件表面配合的微觀不均勻性。例如，可以減小汽缸的漏氣量，增大壓力，起到密封作用。引擎機油在活塞環與汽缸壁之間形成一層油膜，因此在燃燒室與曲軸箱之間起到密封的作用。

5.防蝕

潤滑油在零件表面形成油膜，防止零件生鏽。

空氣濕度和溫度不斷變化會造成腐蝕（通過氧氣和濕氣產生腐蝕），如黑色金屬鏽蝕。此外，燃燒過程中還會產生具有腐蝕作用的物質，如亞硫酸。引擎機油通過形成覆蓋層來防止這些物質的損壞作用。引擎機油的中和能力可進一步提高這種防腐作用，也可中和掉酸性成分。

6.傳力

引擎機油還具有傳遞作用力的功能。例如，液壓汽門間隙補償器內充有引擎機油，通過引擎機油將作用力從凸輪軸傳遞到汽門處。

二、潤滑系統結構和原理

構造解說

機油迴路是包括所有潤滑部位和用電器的系統。圖2-42展示了六缸直列引擎的機油迴路。

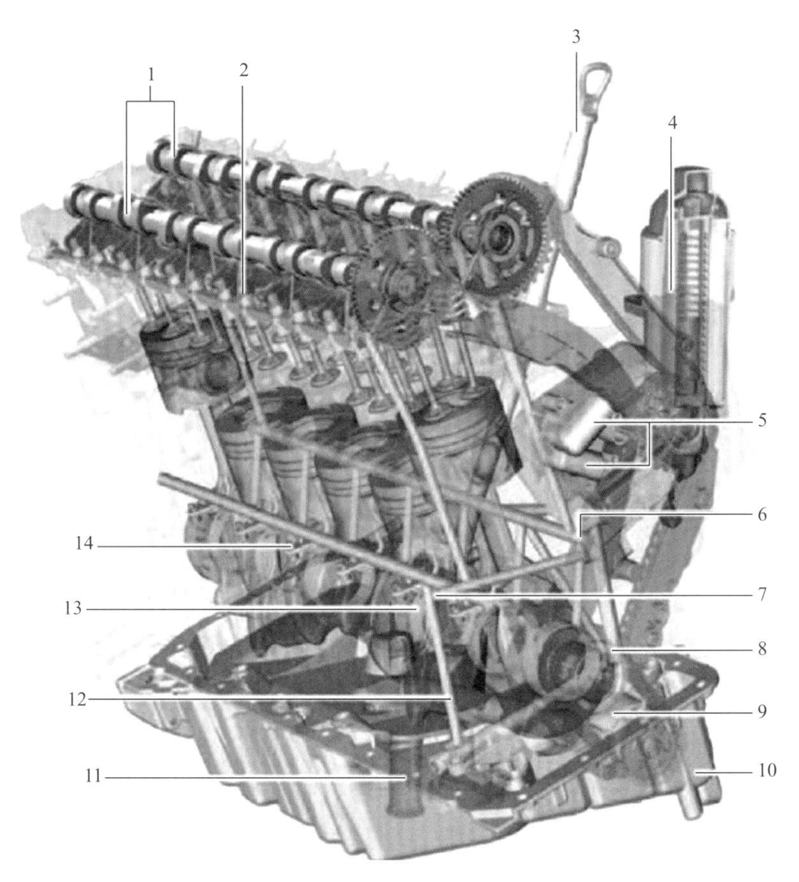

圖2-42

1—凸輪軸軸承；2—液壓汽門間隙補償裝置；3—機油尺；4—機油濾清器；5—鏈條張力器；6—主機油通道；7—渦輪增壓器供油裝置；8—未過濾機油通道；9—機油泵；10—油底殼；11—帶有機油濾網的抽吸管；12—機油噴嘴通道；13—曲軸軸承；14—機油噴嘴

構造解說

福斯1.4T引擎機油迴路，如圖2-43所示。

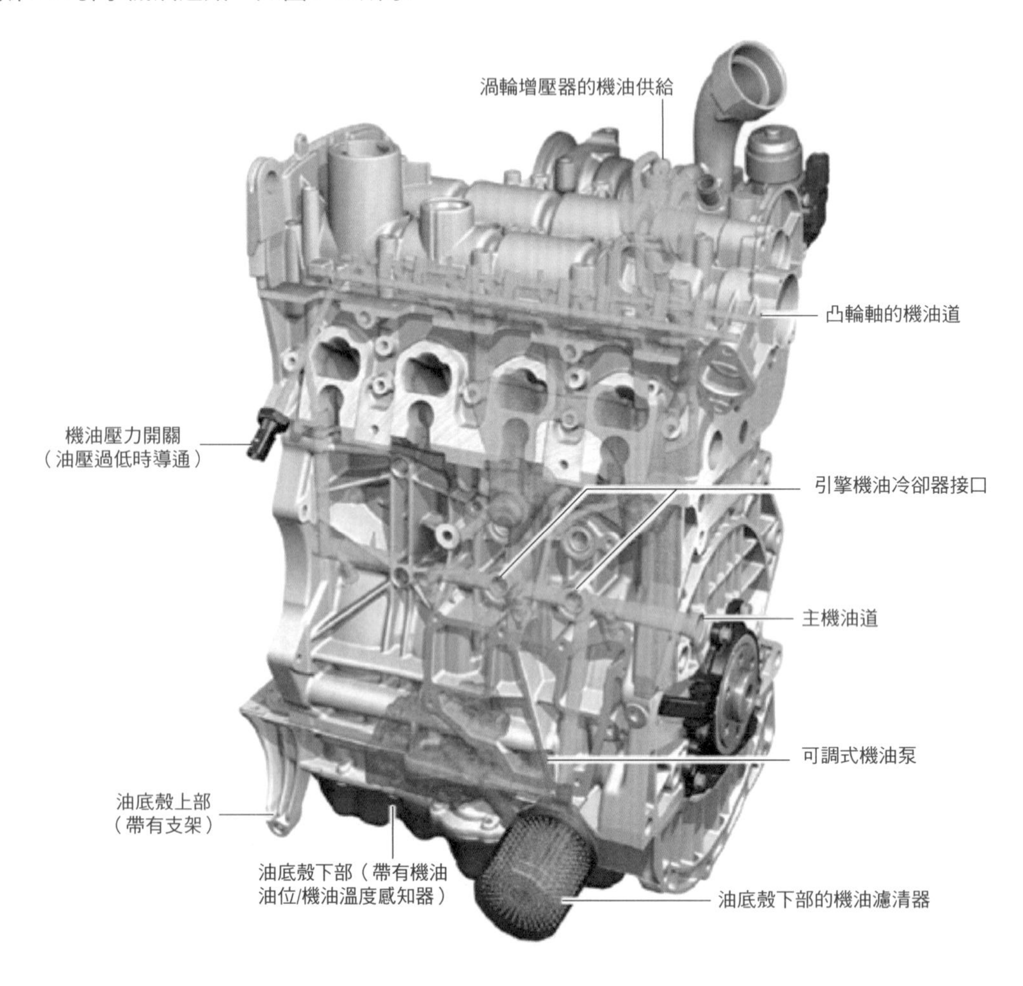

圖2-43

原理解說

引擎潤滑系統是全流式過濾、強制供油系統。機油在機油泵的作用下通過抽吸管從油底殼內的儲油罐抽出並輸送至機油迴路內。機油首先通過機油濾清器，隨後經引擎缸體內的機油通道輸送至潤滑部位。分支通道通向曲軸主軸承。機油從潤滑部位滴落後回流至油底殼內。

構造解說

潤滑系統迴路框圖如圖2-44所示，包括潤滑系統各部件。

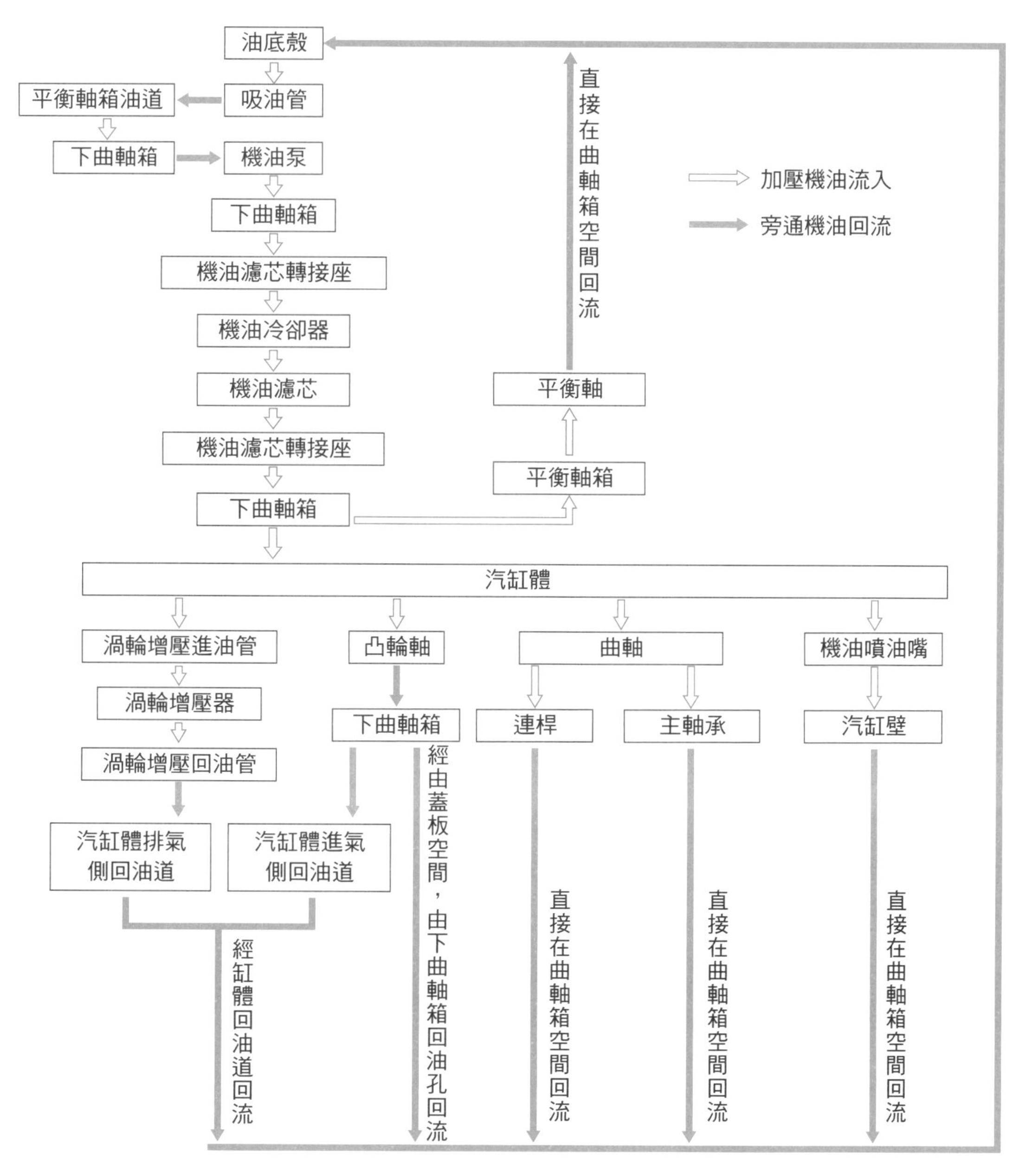

圖2-44

1.機油泵

構造解說 （圖2-45）

機油泵的任務是在機油迴路內輸送引擎機油。輸送量較高時，機油泵必須確保機油壓力是否充足。

機油泵通常由曲軸通過鏈條或齒輪進行驅動。在這種機油泵中兩個外嚙合齒輪相互嚙合在一起，其中一個是驅動齒輪。未嚙合輪齒的齒頂沿機油泵殼體滑動，並將機油從抽吸室輸送至壓力室。

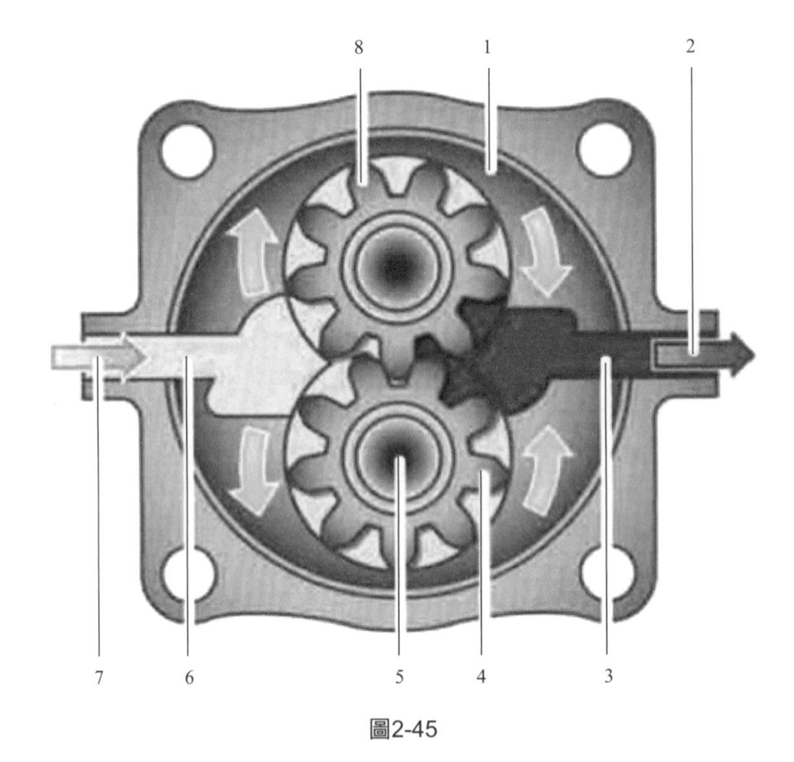

圖2-45

1—機油泵殼體；2—壓力油；3—壓力室；4,8—齒輪；5—驅動軸；6—真空室；7—抽吸油

原理解說

機油泵的輸送功率由引擎轉速決定。為了能夠在引擎轉速較低時產生足夠的引擎機油壓力，必須確保相應較大的機油泵設計尺寸，其缺點在於高轉速時會輸送過多機油。雖然這種情況並不危險（因為多餘壓力可以排出），但是機油泵消耗的引擎功率超出所需範圍。因此現代引擎的機油泵輸送功率可以改變。

構造解說

福斯1.4T引擎機油供給系統兩級調節可變機油泵如圖2-46所示。

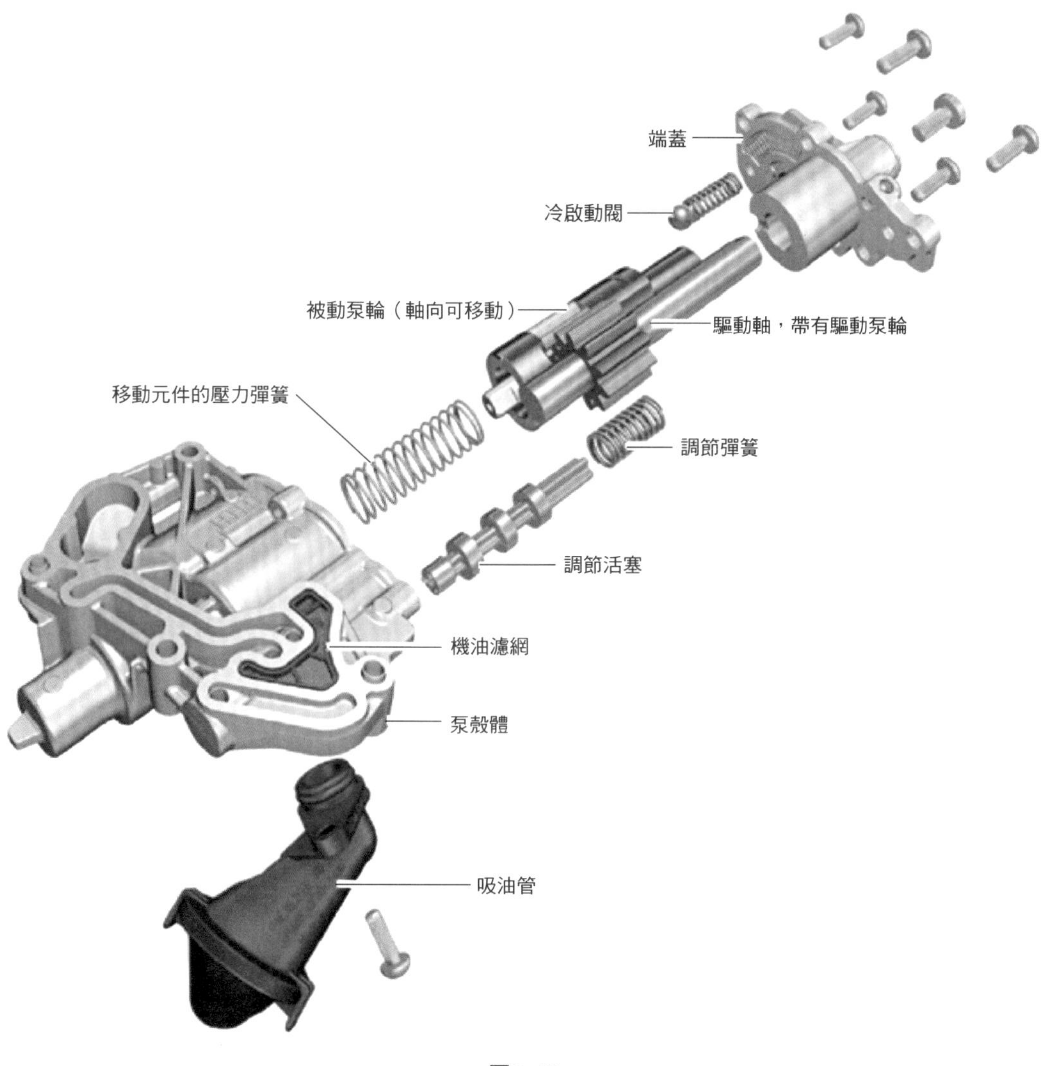

圖2-46

2.油底殼

構造解說

福斯1.4T引擎機油供給系統油底殼如圖2-47所示。

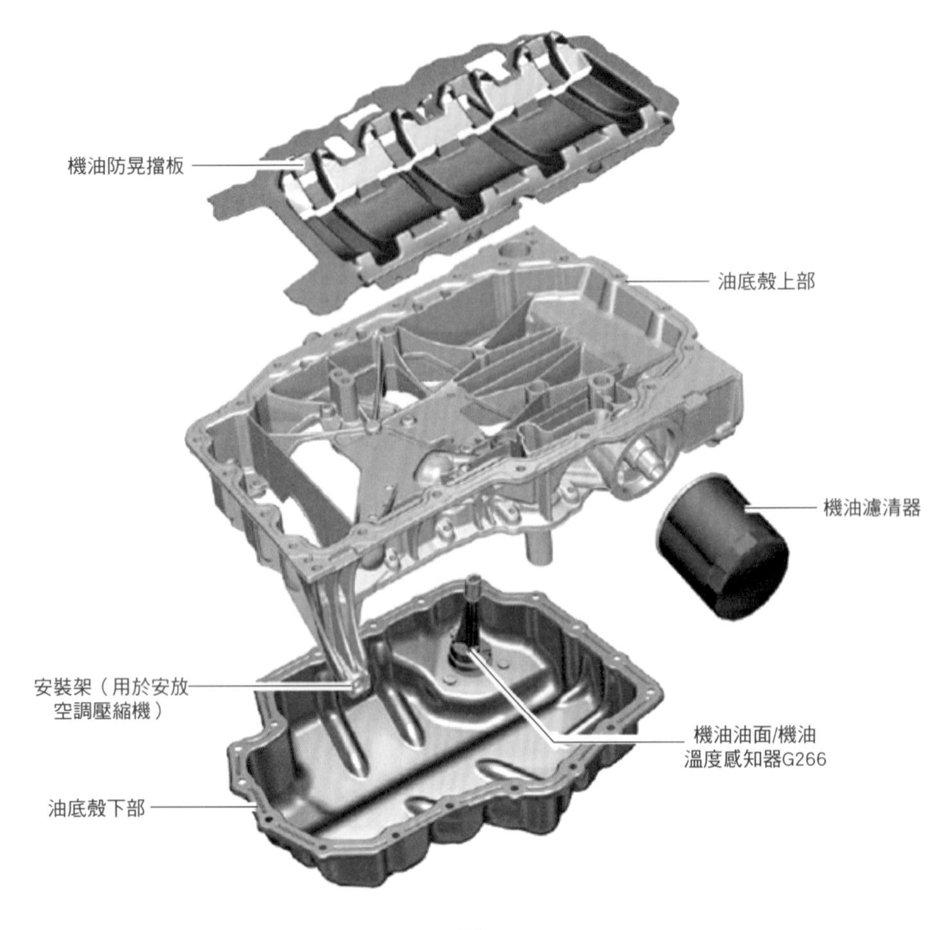

圖2-47

3.機油濾清器（機油濾芯）

構造解說

機油濾清器就是通常講的機油濾芯，圖2-48所示為帶有濾清器旁通閥的機油濾清器。機油濾清器位於機油泵與引擎潤滑部位之間的主機油流道內。也就是說，機油泵輸送的全部機油在到達潤滑部位前都要通過該濾清器，使潤滑部位獲得清潔的機油。

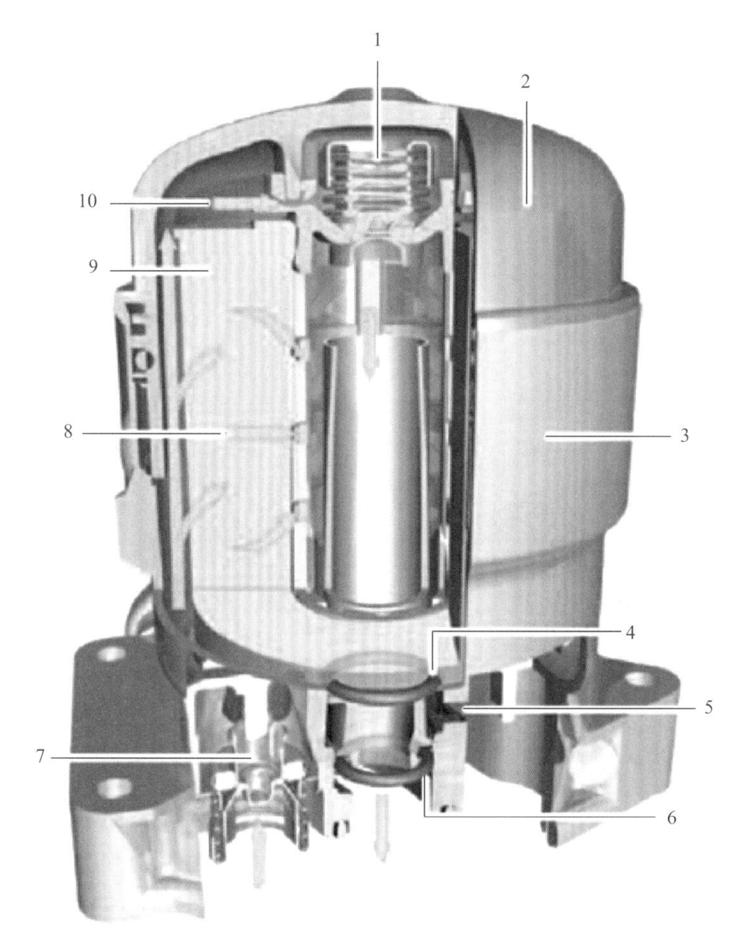

圖2-48

1—濾清器旁通閥；2—機油濾清器端蓋；3—機油濾清器殼體；4,6—O形環；
5—用於更換濾清器的放油口；7—止回閥；8—機油流；
9—機油濾清器；10—通過濾清器旁通閥的機油流

原理解說

機油濾清器用於清潔機油，防止污物顆粒進入機油迴路並因此進入軸承部分，還可以避免引擎機油因固體雜質（如金屬磨損顆粒、碳煙或灰塵顆粒）提前變質。

為了在主流道機油濾清器已污染的情況下仍能確保為潤滑部位供油，與濾清器並聯安裝了一個濾清器旁通閥（短路閥）。因濾清器堵塞而導致機油壓力增大時就會開啟該閥門，從而確保（未經過過濾的）潤滑油到達潤滑部位。

構造解說 （圖2-49）

止回閥（回流關斷閥）用於防止機油濾清器或機油通道排空機油。在此使用的是單向閥。這些閥門只允許機油朝一個方向流動，防止機油朝相反方向流動。

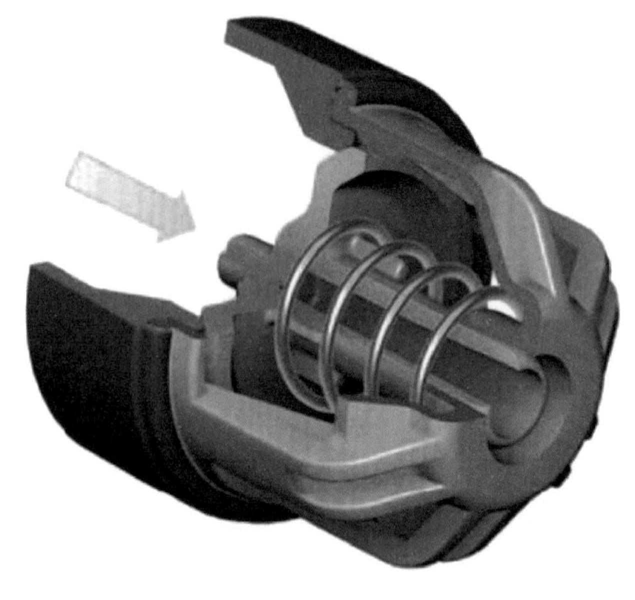

圖2-49

原理解說

如果沒有單向止回閥，在引擎靜止期間機油濾清器和機油通道就會排空機油。尤其在引擎長時間靜止後，只有引擎啟動一段時間後，才能為潤滑部位提供引擎機油。

4.機油噴嘴

機油噴嘴用於將機油輸送到移動部件的指定部位（通過機油通道無法到達這些部位），以便進行潤滑和冷卻。

構造解說 （圖2-50）

機油噴嘴為活塞頂部提供冷卻油。機油可準確噴入冷卻通道內並在此聚集。

活塞運動可確保機油循環運行。此時機油在通道內震動並由此改善冷卻效果。通過其他開孔可使機油重新流出。

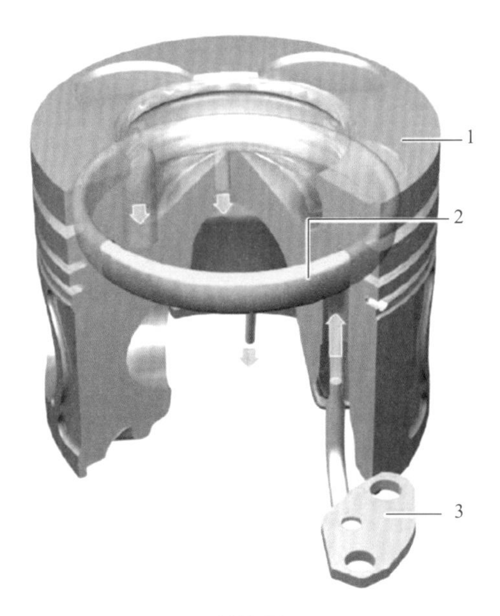

圖2-50

1—活塞；2—冷卻通道；3—機油噴嘴

5.機油冷卻器

構造解說

機油冷卻器如圖2-51所示。

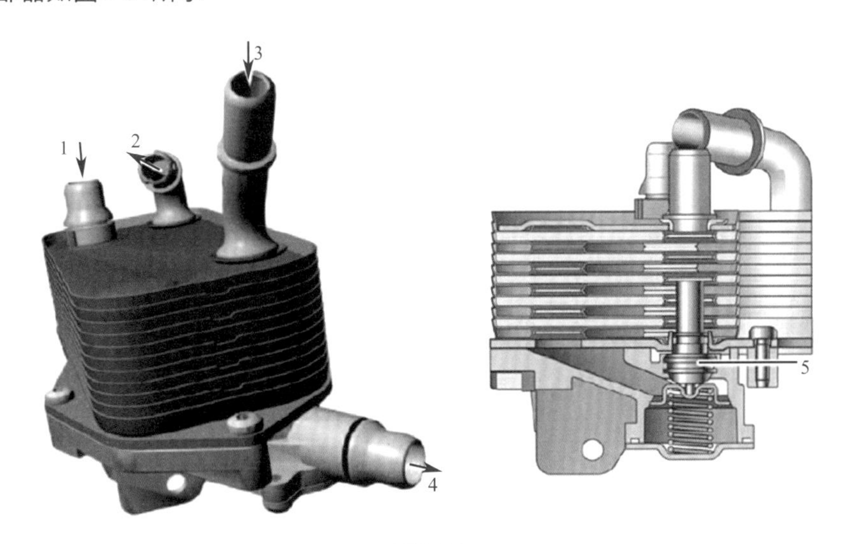

圖2-51

1—冷卻水入口；2—機油出口；3—機油入口；4—冷卻水出口；5—機油節溫器

原理解說

在功率較大且熱負荷較高的引擎上，行駛過程中潤滑油有過熱的危險，在這種情況下，機油過稀、潤滑能力下降且機油消耗量增加，燃燒室內會出現沈積物並產生燃燒問題，油膜可能會破裂，軸承和活塞可能會損壞。使用機油冷卻器可避免上述這些問題。引擎處於冷態時不需要該冷卻器，因此只有機油溫度達到約90℃時才會接通該冷卻器。冷卻作用通過空氣或冷卻水來實現。

6.機油壓力開關

構造解說 （圖2-52）

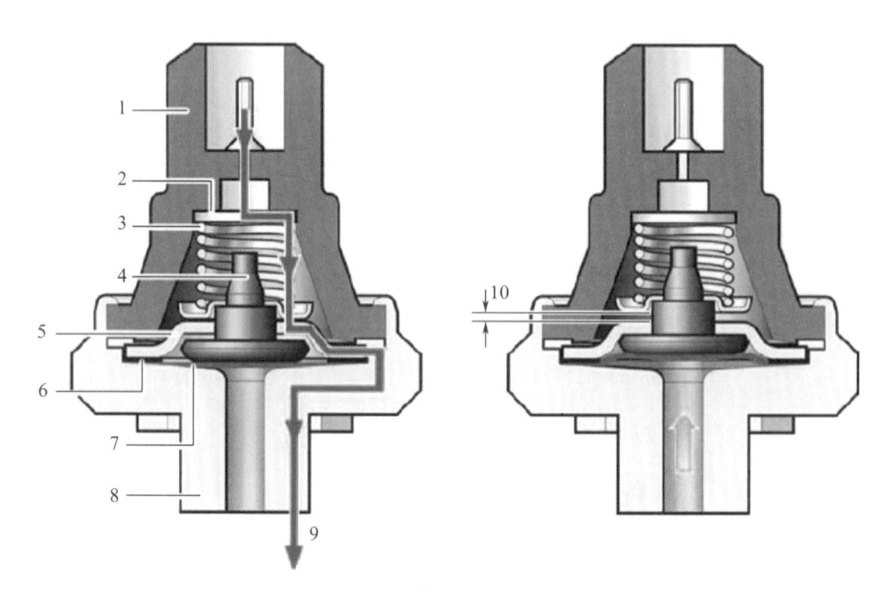

圖2-52

1—由塑料製成的殼體上部件；2—觸點頂端；3—彈簧；4—壓板；5—隔板；6—密封環；7—隔膜；8—由金屬製成的殼體；9—觸點閉合時的電流；10—觸點打開時的間隙

原理解說

機油壓力開關用於監控潤滑系統。引擎處於靜止狀態且點火開關打開時，機油壓力指示燈通過機油壓力開關搭鐵，指示燈亮起。啟動引擎後，機油壓力使接地觸點克服彈簧力打開，指示燈熄滅。機油壓力降至某一限值以下時，彈簧力就會閉合觸點且機油壓力指示燈再次亮起。

第七節　冷卻系統

一、冷卻系統作用

啟動冷引擎時，只有引擎部件達到特定溫度時才能以最佳比例形成混合氣，而且此時引擎內的摩擦也較小，該溫度稱為工作溫度。冷卻系統的作用是使引擎盡快達到工作溫度。

二、冷卻系統組成

構造解說 （圖2-53）

引擎冷卻系統一般包括水泵、水箱（散熱器）、冷卻風扇、節溫器、水管、副水箱（膨脹水箱），還有引擎機體上的水道（水套）、汽缸蓋上的水套及其他附加裝置等。

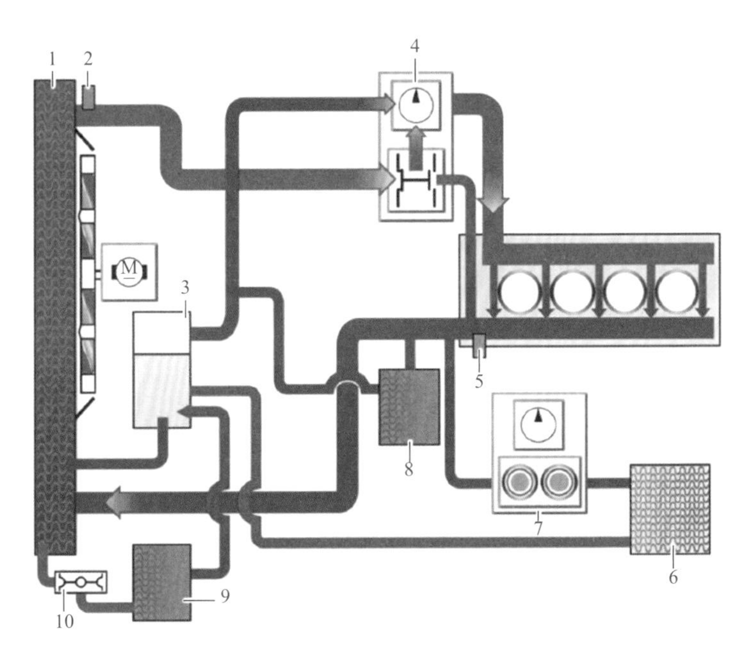

圖2-53

1—水箱（散熱器）；2,5—冷卻水溫度感知器；3—副水箱（膨脹水箱）；4—節溫器；6—暖風裝置熱交換器；7—暖風調節閥；8—機油冷卻器；9—變速箱油冷卻器；10—控制閥

構造解說

福斯1.4T引擎冷卻系統佈局如圖2-54所示。

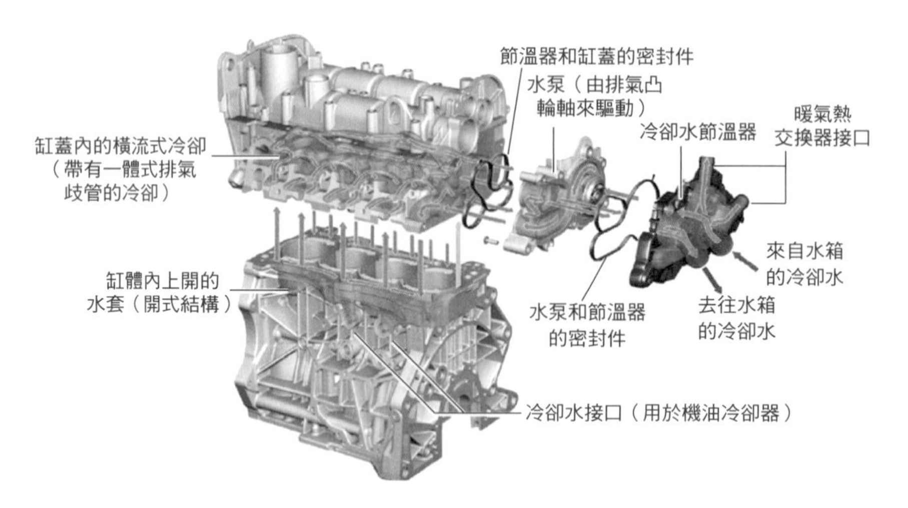

圖2-54

1.節溫器

構造解說

福斯1.4T引擎雙迴路冷卻系統節溫器（冷卻水調節器）如圖2-55所示。。

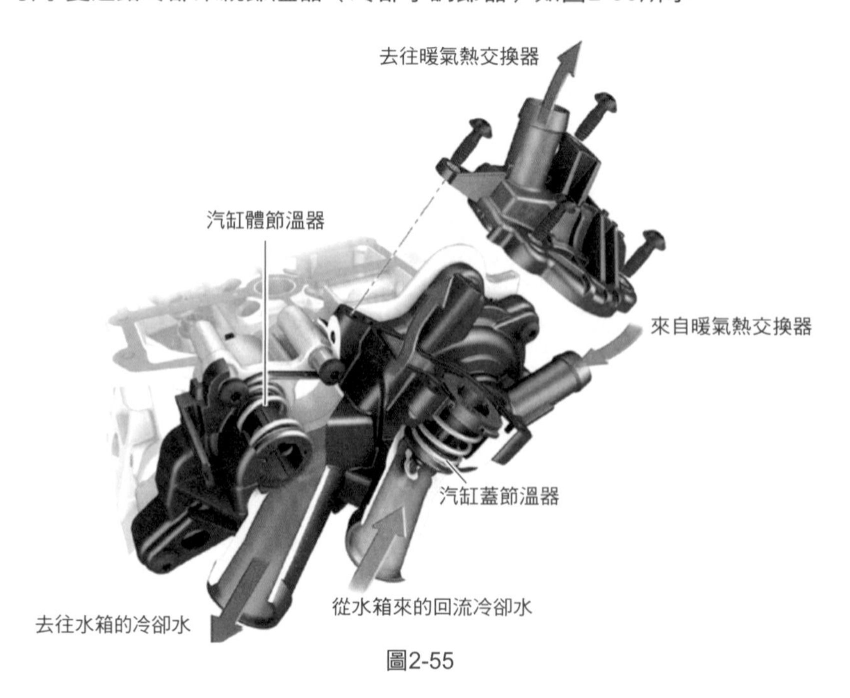

圖2-55

原理解說

節溫器安裝在冷卻水循環的通路中，根據引擎負荷大小及冷卻水溫度高低來改變冷卻水的流動路線及流量，自動調節冷卻系統的冷卻強度，使冷卻水溫度保持在最適宜的範圍內。

構造解說

電子節溫器如圖2-56所示。

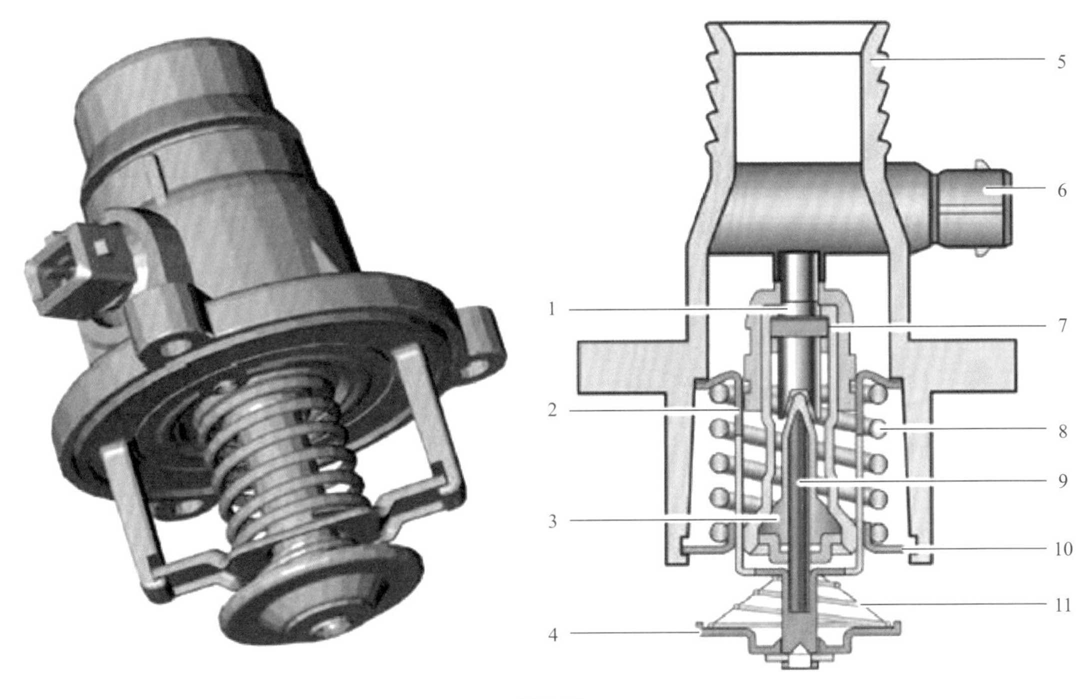

圖2-56

1—加熱電阻；2—主閥；3—橡膠嵌入件；4—旁通閥；5—殼體；6—插頭；7—工作元件殼體；8—主彈簧；9—工作活塞；10—橫桿；11—旁通彈簧

原理解說

引擎全負荷運行時，較高的運行溫度會帶來不利影響（如因爆震趨勢造成點火延遲）。因此，全負荷運行時將通過電子節溫器有效降低冷卻水溫度。

2.水泵

構造解說

福斯1.4T引擎冷卻系統水泵如圖2-57所示。

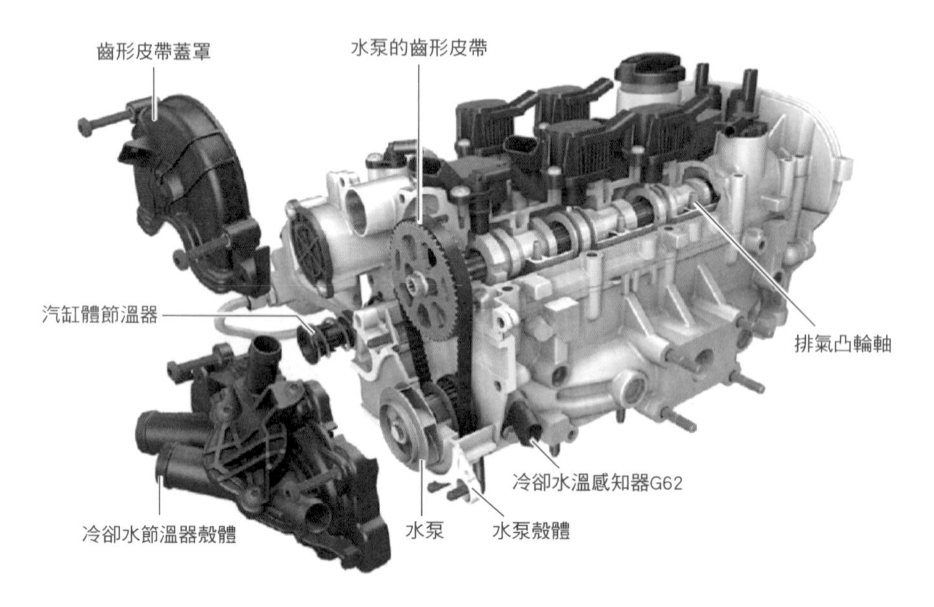

圖2-57

構造解說

福斯引擎冷卻系統機械水泵如圖2-58所示。

圖2-58

原理解說

水泵對冷卻水加壓，強製冷卻水在冷卻系統中循環流動。常見的水泵安裝在引擎前端，通過帶傳動機構進行驅動，使來自各個冷卻迴路部件的冷卻水循環。

構造解說

圖2-59所示為BMW電動冷卻水泵，這是一種電力驅動的離心泵。

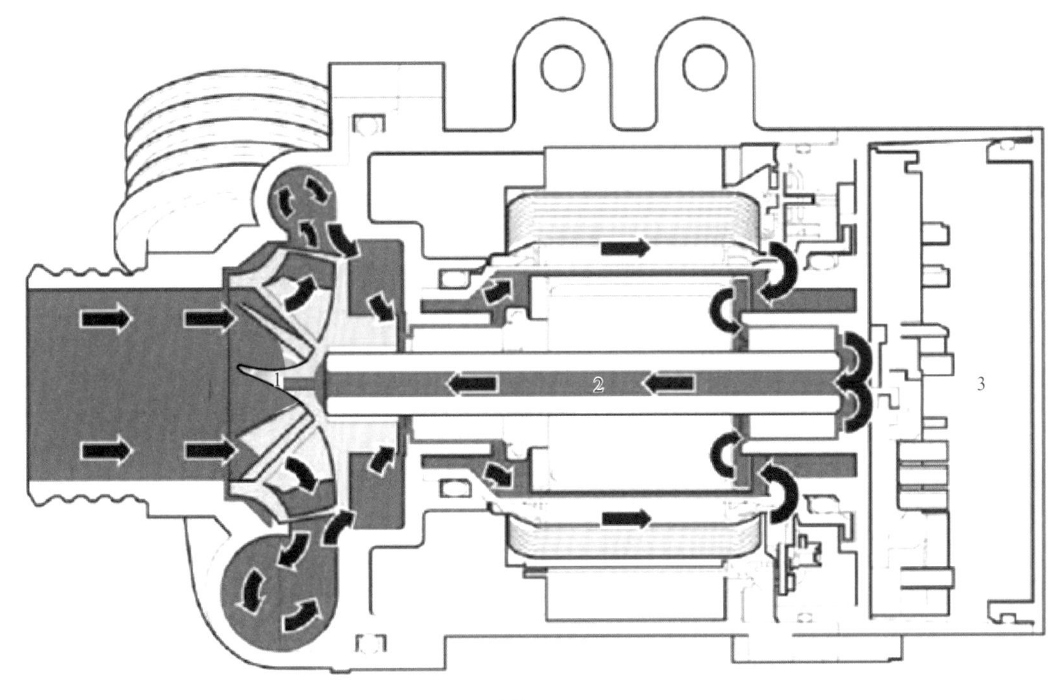

圖2-59

1—泵；2—引擎；3—電子模組（EWPU）

原理解說

電動泵濕式轉子電動機的輸出功率由安裝在電動機線路接頭蓋下的電子模組進行電子控制。這種電子模組（EWPU）通過數位串行數據接口與引擎控制單元連接。引擎控制單元根據引擎載荷、工作模式和溫度感知器給出的數據來確定所需的冷卻能力，並為EWPU控制單元發出相應的指令。系統內的冷卻水流過冷卻水泵的電動機，因此對電動機和電子模組都進行了冷卻。冷卻水同時對電動冷卻水泵的軸承提供潤滑。

3.副水箱蓋（膨脹水箱蓋）

構造解說

膨脹水箱蓋如圖2-60所示，在蓋頂部和底部都注有表示相應開啟壓力的數字「140」，表示開啟壓力為140kPa表壓力。在當前車型的膨脹水箱蓋上最高注有200kPa表壓力。

圖2-60

原理解說

膨脹水箱蓋用於確保產生壓力並使冷卻循環迴路內的壓力不受環境壓力影響。這樣可以避免空氣壓力較低時（如在山裡）冷卻水沸點較低。

4.冷卻水水箱

構造解說 （圖2-61）

冷卻水水箱的設計要求確保可以在所有運行和環境條件下將引擎產生的餘熱有效釋放到環境空氣中，為此必需根據車輛和配置調整冷卻水水箱尺寸。

冷卻水以水平方式多次從冷卻水水箱的一端流向另一端。

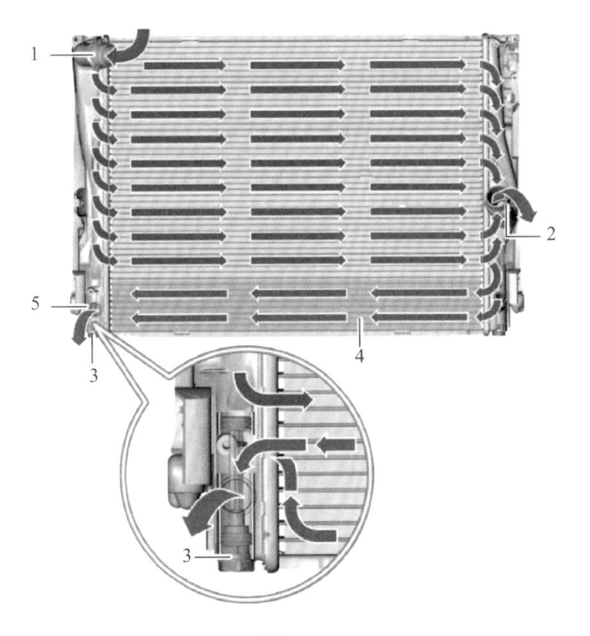

圖 2-61

1—冷卻水入口；2—冷卻水出口；3—調節套管；
4—低溫區域；5—變速箱油冷卻器

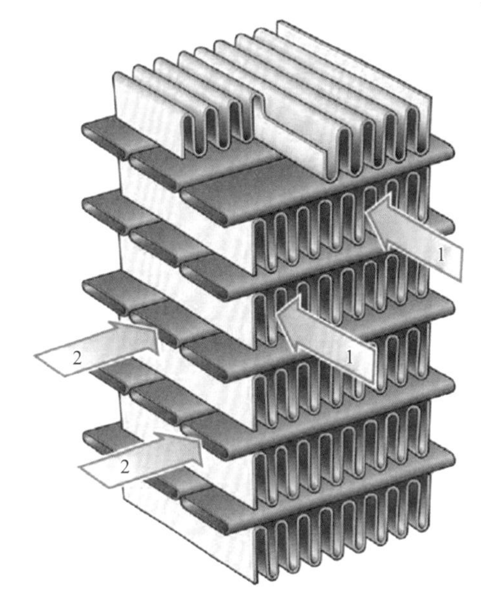

圖 2-62

1—空氣；2—冷卻水

原理解說 （圖2-62）

冷卻水的熱能必須傳輸給水箱殼體，即熱傳導。金屬將熱量從水箱內側傳至外側，在外側將熱能釋放到環境空氣中，該過程也是熱傳導過程。從冷卻水傳至金屬的熱量明顯高於從金屬傳至環境空氣的熱量。為此通過散熱片增大了金屬向環境空氣傳導熱量的面積，因為傳導面越大通過熱傳導傳遞的越多。

5.冷卻水

冷卻水通常由軟水、防凍劑和防腐添加劑混合而成。

許多引擎都使用含矽酸鹽的冷卻水。這種冷卻水的顏色為藍色/綠色。含矽酸鹽的冷卻水在部件表面形成一層矽酸鹽成分保護層，從而對部件提供保護。

只有使用新冷卻水時才能形成這種保護層結構。更換冷卻水泵、水箱、汽缸蓋密封墊等部件時通常也需更新冷卻水，以確保形成新的保護層。

有些引擎使用以有機酸為基礎的冷卻水。這種冷卻水的顏色為粉紅色。使用以有機酸為基礎的冷卻水時，部件表面受腐蝕形成氧化層，從而起到保護層的作用。

特別提示

如果將含有矽酸鹽或是含有有機酸的冷卻水混合，混合液就會失去防腐特性並變為棕色。

第八節　進氣和排氣系統

一、進氣和排氣系統作用

進氣和排氣系統通常被視為關聯繫統。一方面，氣體先後以新鮮空氣和廢氣形式經過整個系統；另一方面，某些引擎的系統存在內在聯繫（如廢氣渦輪增壓器）。進氣系統負責為引擎提供新鮮空氣，排氣系統則負責運走燃燒廢氣。

構造解說

如圖2-63所示，BMW N63引擎進、排氣系統的顯著特徵是進、排氣側位置互換。因此，排氣歧管、廢氣渦輪增壓器和觸媒轉換器位於引擎的V形區域。這使帶有渦輪增壓系統的N63引擎結構仍然非常緊湊。另一個創新之處是通過引擎上的增壓空氣冷卻器進行間接增壓空氣冷卻。

二、進氣系統結構

進氣系統負責提供經過清潔的所需進氣量。該系統用於確保盡可能低的流動阻力，以使引擎能夠「自由呼吸」並產生最大功率。

構造解說

圖2-64所示為福斯/奧迪EA211 1.4T橫置引擎空氣進氣系統。

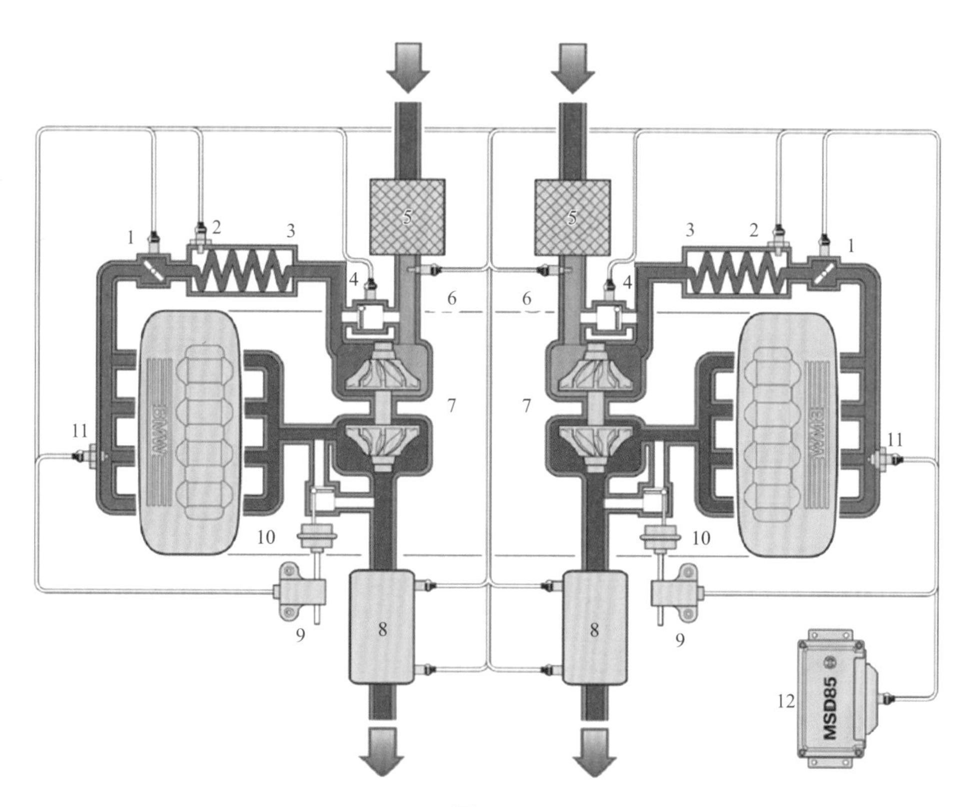

圖2-63

1—節汽門；2—增壓空氣溫度和壓力感知器；3—增壓空氣冷卻器；4—進氣洩壓分流閥（內循環）；
5—進氣消音器； 6—熱膜式空氣質量流量計；7—廢氣渦輪增壓器；8—觸媒轉換器；
9—電氣動壓力轉換器（EPDW）；10—廢氣旁通閥（排氣洩壓閥）；11—進氣歧管壓力感知器；
12—數位式引擎電子系統（DME）

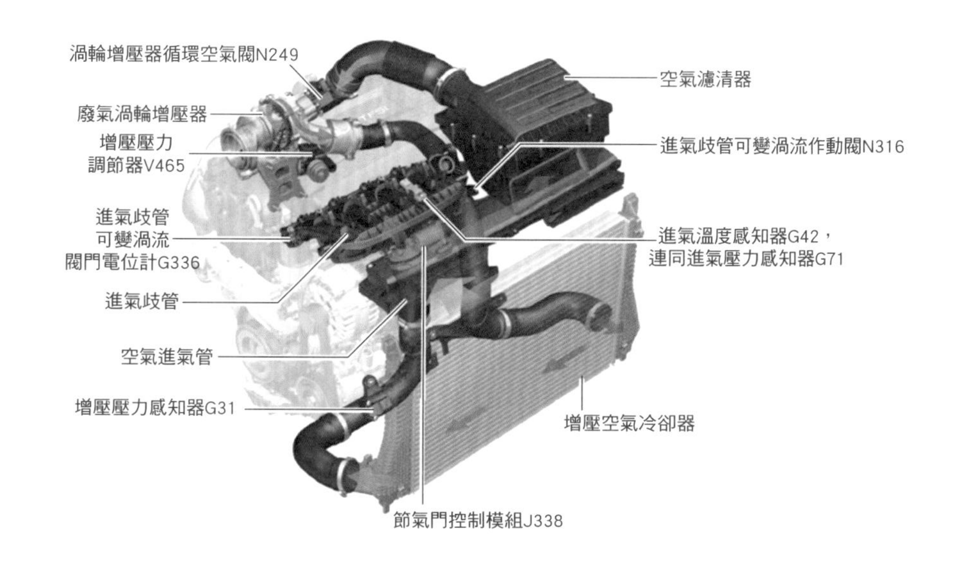

圖2-64

構造解說

圖2-65所示為大眾/奧迪EA211 1.4T縱置引擎空氣進氣系統。

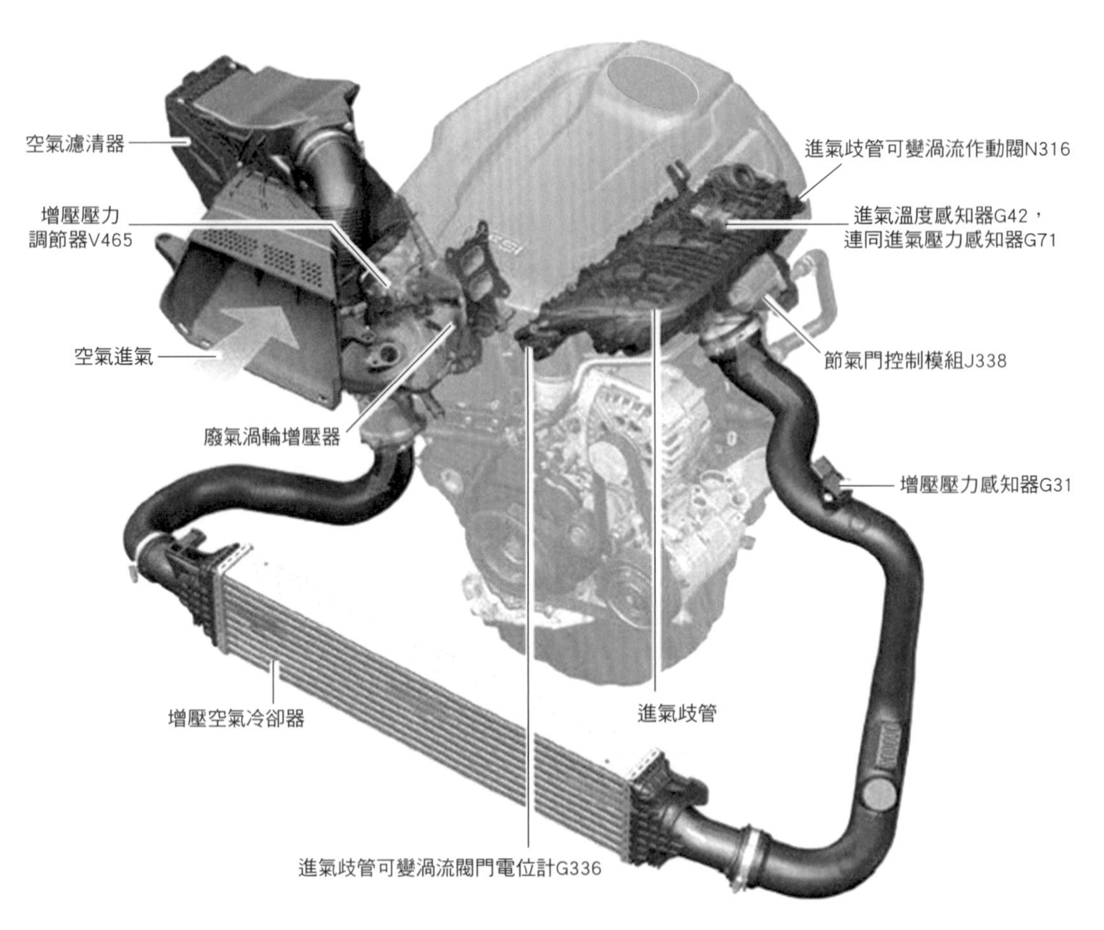

圖2-65

構造解說

圖2-66所示為EA211 1.4T縱置引擎進氣歧管。

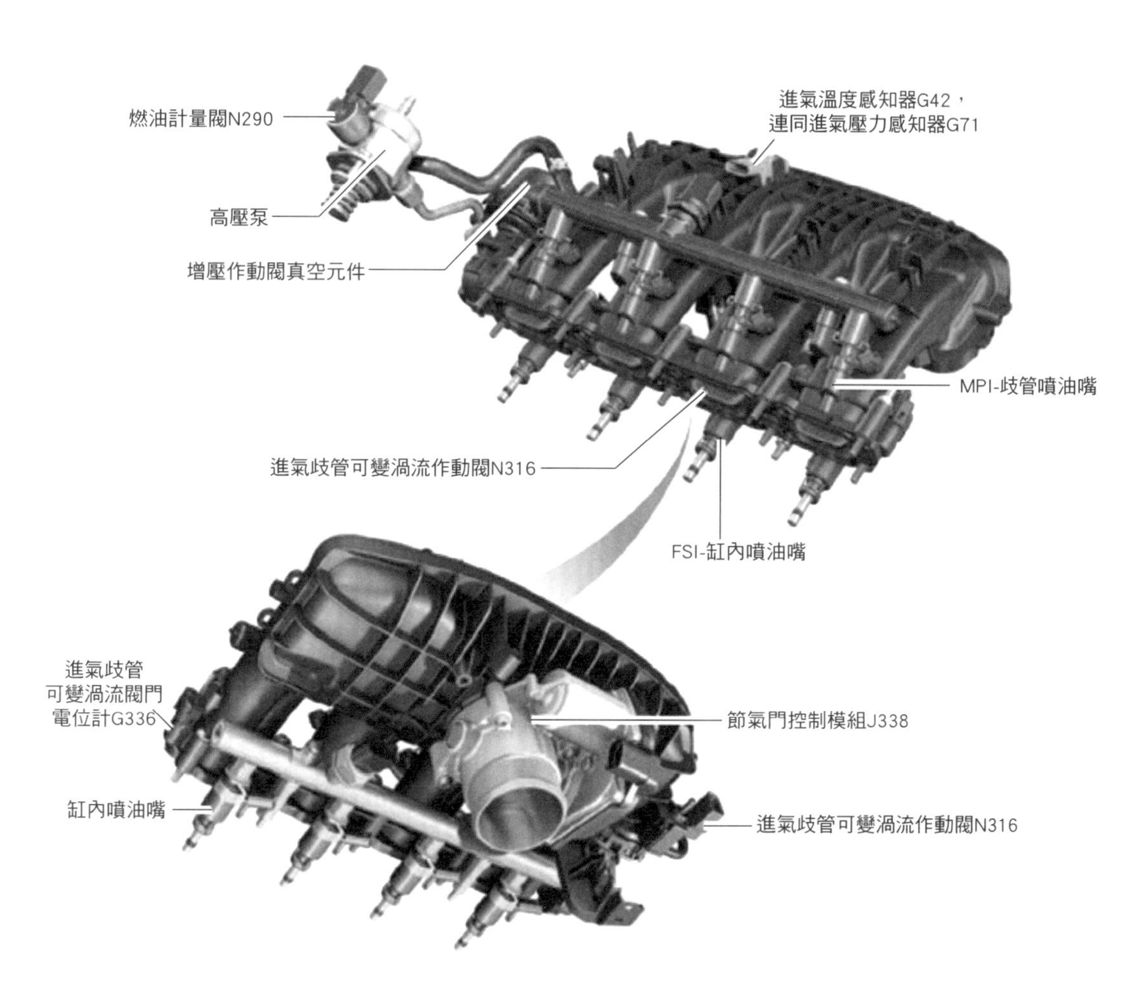

圖2-66

構造解說

圖2-67所示為N63引擎的進氣系統。

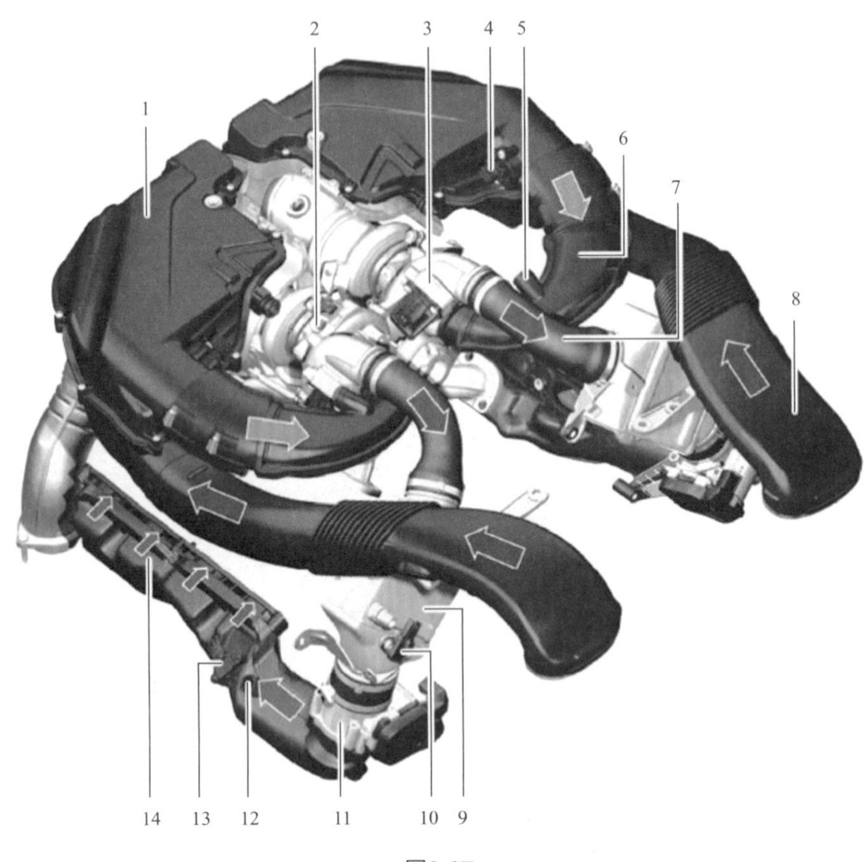

圖2-67

1—進氣消音器；2—廢氣渦輪增壓器；3—進氣洩壓分流閥；4—熱膜式空氣質量流量計；
5—用於增壓運行模式的曲軸箱通風接頭；6—潔淨空氣管；7—增壓空氣管；
8—未過濾空氣管；9—增壓空氣冷卻器；10—增壓空氣溫度和壓力感知器；
11—節汽門；12—用於自然進氣引擎運行模式的曲軸箱通風接頭；
13—進氣管壓力感知器；14—進氣裝置

三、排氣系統結構

排氣系統通過廢氣再處理還可清除廢氣中的污染物成分。廢氣再處理方式取決於引擎類型。此外還能通過消音器將燃燒噪聲有效降為可接受的引擎噪聲。

排氣系統也用於確保盡可能低的流動阻力，以使引擎產生最佳功率。排氣尾管內的排氣風門負責在引擎處於冷態或怠速運行模式時減小風噪。

構造解說

圖2-68所示為N63引擎的排氣系統。

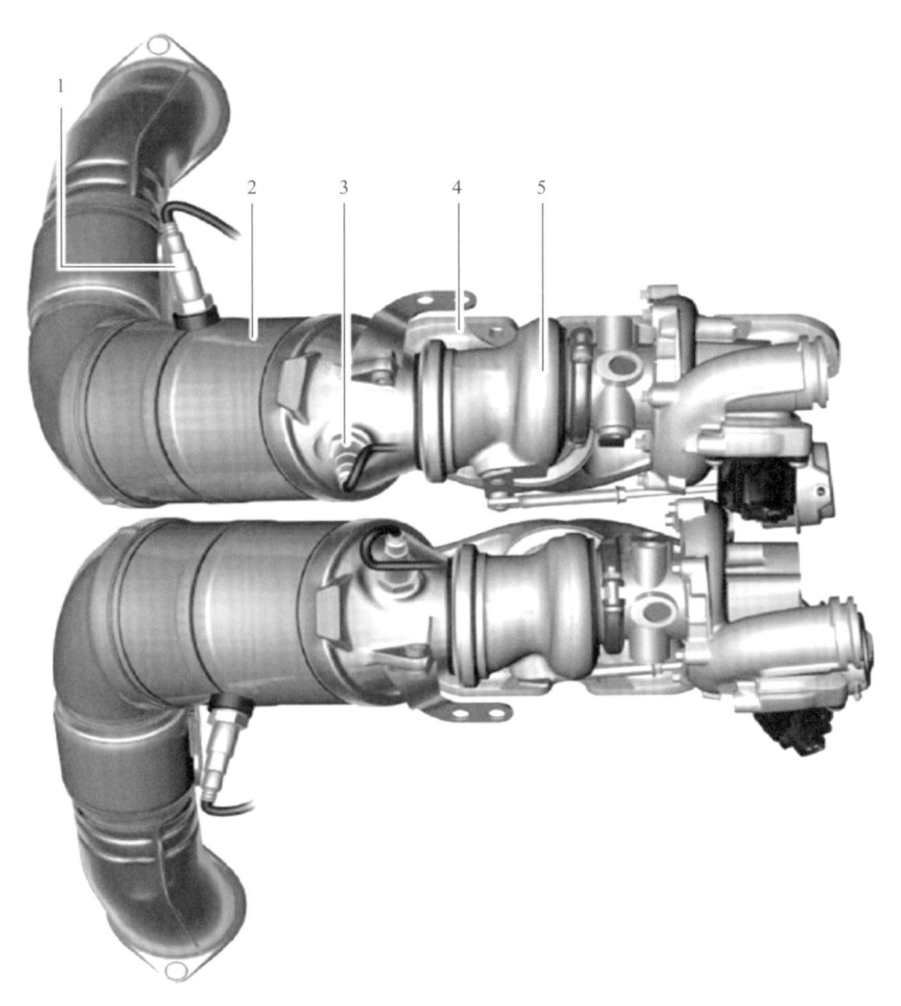

圖2-68

1—含氧感知器（觸媒轉換器後的監控感知器）；2—觸媒轉換器；

3—含氧感知器（觸媒轉換器前的監控感知器）；

4—排氣歧管；5—廢氣渦輪增壓器

構造解說　（圖2-69）

雙排氣系統：廢氣渦輪增壓器與引擎側的觸媒轉換器相連，排氣裝置為一體雙管式，裝有兩個前消音器、一個中間消音器和兩個後消音器。

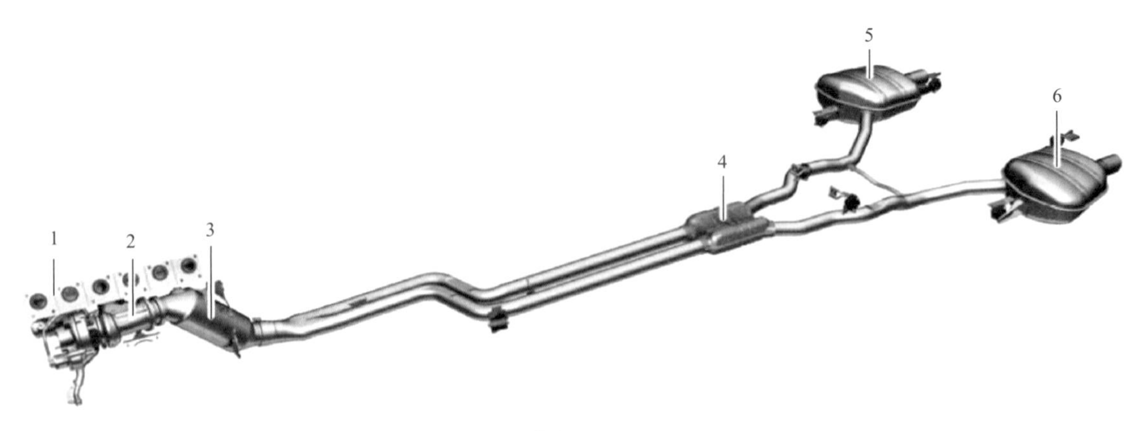

圖2-69

1—排氣歧管；2—廢氣渦輪增壓器；3—觸媒轉換器；
4—中間消音器；5—右後消音器；6—左後消音器

構造解說 （圖2-70）

消音器排氣裝置採用不鏽鋼材料製成，直至與排氣歧管的連接處。

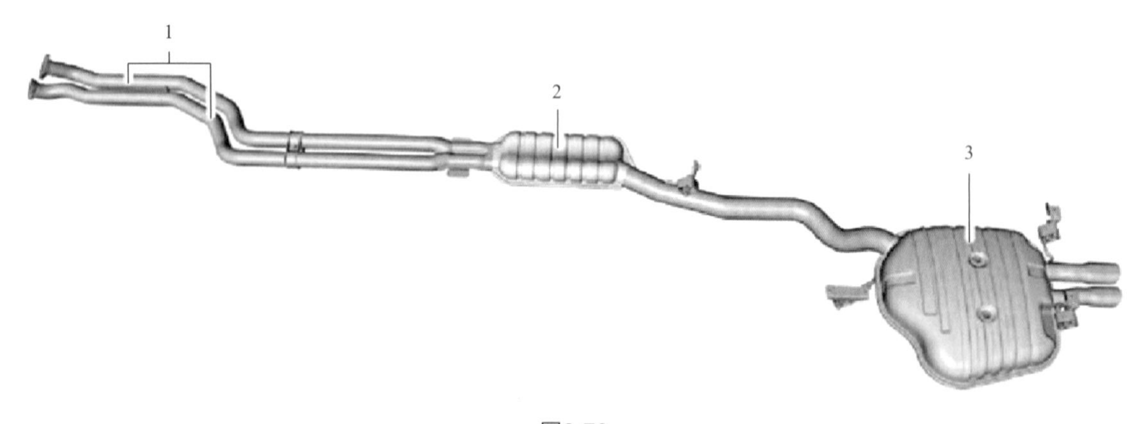

圖2-70

1—前段；2—中段消音器；3—後段消音器

構造解說 （圖2-71）

廢氣渦輪增壓器能夠以最佳方式流入氣流。排氣歧管和廢氣渦輪增壓器彼此連接在一起。

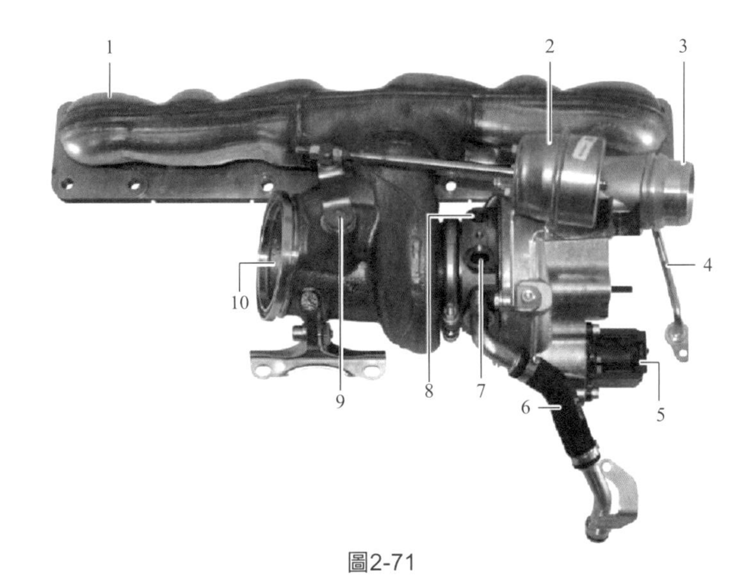

圖2-71

1—排氣歧管；2—真空罐（排氣洩壓真空罐）；3—至增壓空氣冷卻器的接口；4—機油供給管路；5—進氣洩壓分流閥；6—機油回流管路；7—冷卻水供給管路；8—冷卻水回流管路；9—廢氣旁通閥軸（排氣洩壓閥軸）；10—至排氣裝置的接口

構造解說 （圖2-72和圖2-73）

渦輪增壓器使引擎能將更多的燃料和空氣注入汽缸，從而使引擎燃燒更多的燃料和空氣。

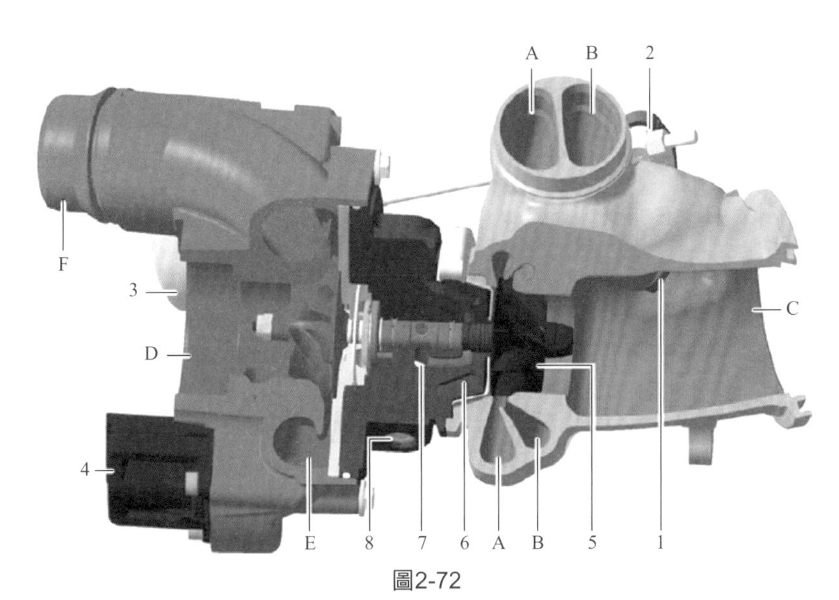

圖2-72

1—廢氣旁通閥（排氣洩壓閥）；2—廢氣旁通閥槓桿臂；3—廢氣旁通閥真空罐；4—進氣洩壓分流閥；5—渦輪；6—冷卻通道；7—機油回流管路；8—冷卻水回流管路；A—廢氣通道1（汽缸1～3）；B—廢氣通道2（汽缸4～6）； C—至觸媒轉換器的接口；D—至進氣消音器的入口；E—環形通道；F—至增壓空氣冷卻器的出口

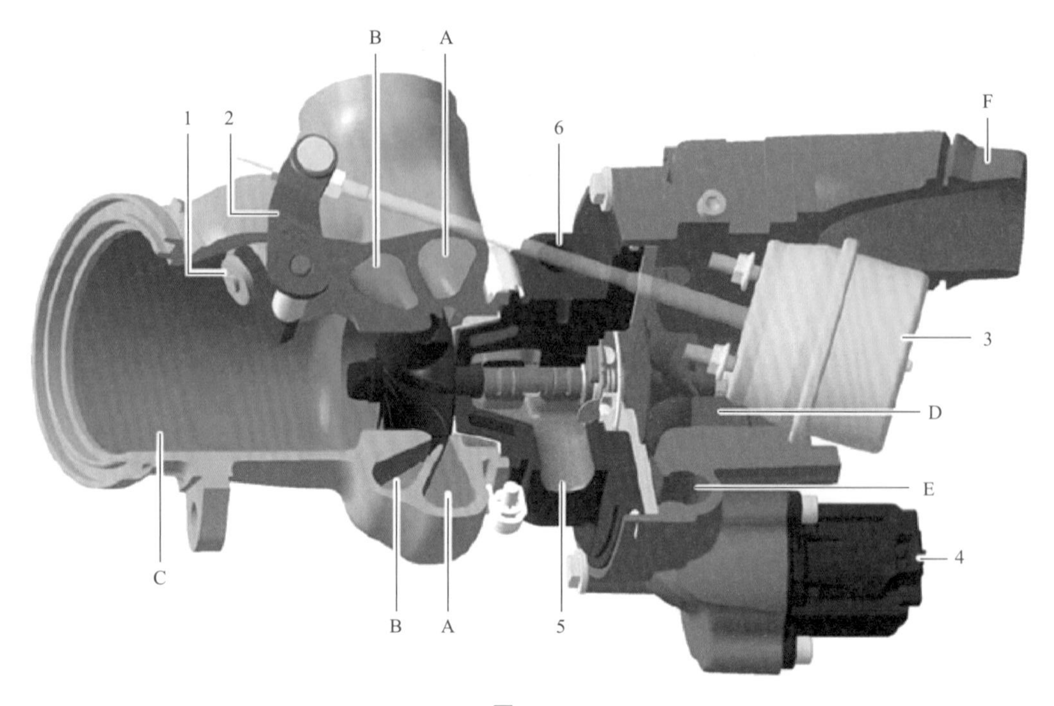

圖2-73

1—廢氣旁通閥（排氣洩壓閥）；2—廢氣旁通閥槓桿臂；3—廢氣旁通閥真空罐；
4—進氣洩壓分流閥；5—機油回流管路；6—冷卻水回流管路；
A—廢氣通道1（汽缸1～3）；B—廢氣通道2（汽缸4～6）；
C—至觸媒轉換器的接口；D—自進氣消音器的入口；
E—環形通道；F—至增壓空氣冷卻器的出口

原理解說

在極個別情況下排氣渦輪受恆定廢氣排放壓力控制。轉速較低時廢氣以脈衝方式進入排氣渦輪。脈動造成廢氣渦輪的壓力比值短時較高。因為隨著壓力的增長，效率也逐漸提高，所以脈動使增壓壓力走向和引擎轉矩也得以改善。這種情況在引擎轉速較低時尤其明顯。

為了在換氣過程中不影響各個汽缸，將汽缸1～3（汽缸列1）和汽缸4～6（汽缸列2）分別匯集到一個排氣管。分開的廢氣氣流在排氣渦輪增壓器內以螺旋形式通過兩個廢氣通道引向排氣渦輪，通過這種結構可以高效利用由脈動產生的增壓壓力。

廢氣旁通閥（排氣洩壓閥）則用於限制增壓壓力。

第九節 燃油供給系統

構造解說 （圖2-74）

燃油供給系統的功能是在各種工況下，為引擎提供合適的燃油量，通過燃油噴射器將燃油噴射到引擎中。

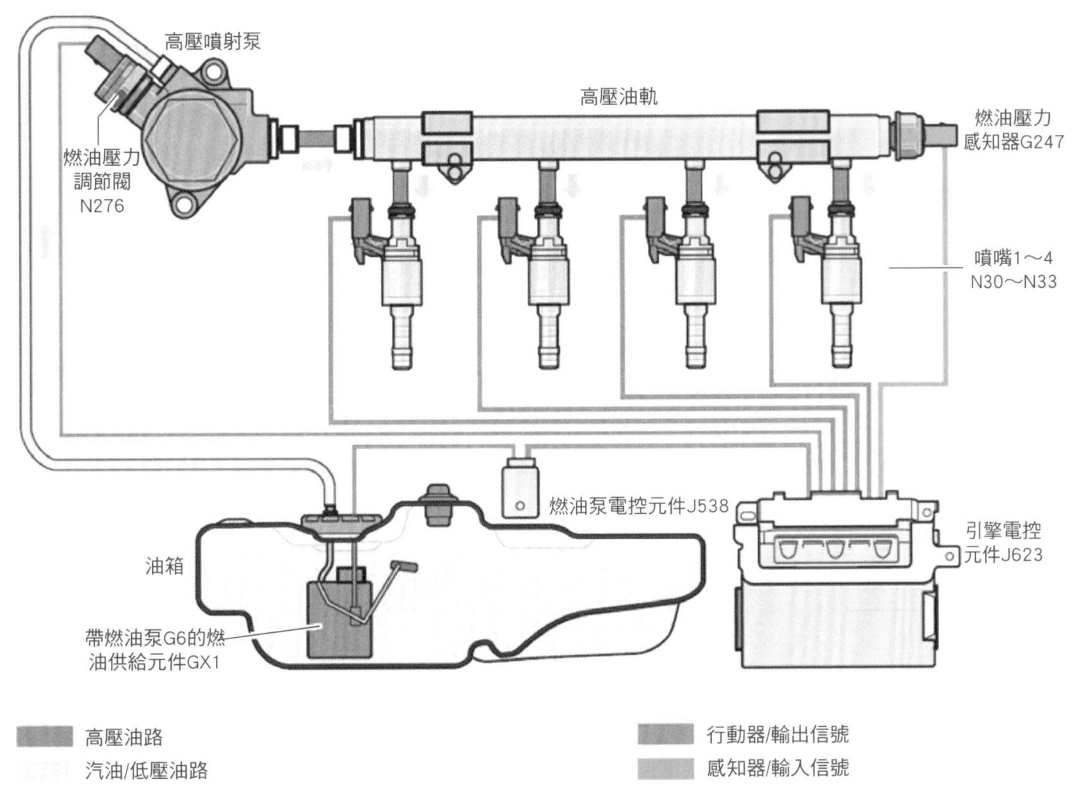

圖2-74

一、燃油泵

構造解說

非整體式燃油濾清器的燃油泵總成如圖2-75所示。電動燃油泵安裝在燃油箱內，它將燃油泵入燃油分配管總。燃油泵提供的燃油壓力超過燃油噴射器所需要的壓力。

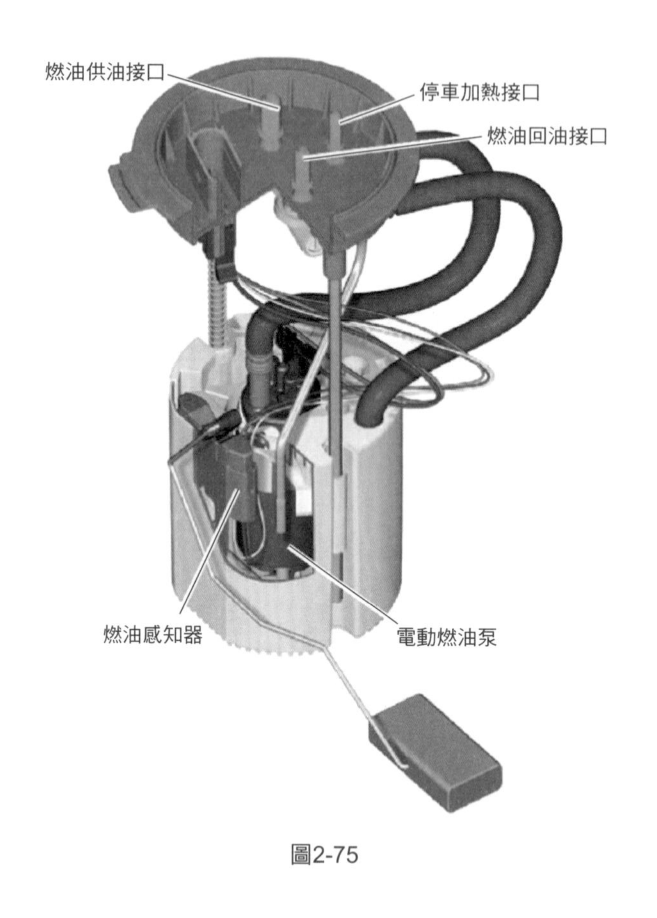

圖2-75

原理解說

燃油泵內置在油箱中，燃油在燃油泵的壓力作用下排出。燃油泵配備有脈動緩衝器，以防排出過程中的燃油波動。燃油泵排出的燃油通過燃油管路、燃油濾清器和燃油通道進入各個噴油嘴。燃油通道中的燃油壓力調節器用於將燃油壓力調節到恆定數值。

構造解說

整體式燃油濾清器的燃油泵總成如圖2-76所示。

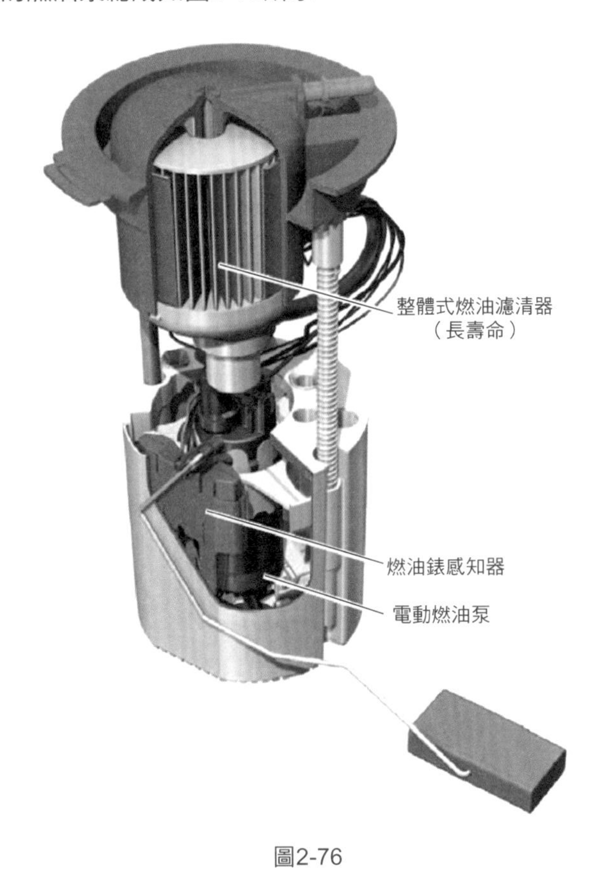

圖2-76

二、燃油箱

構造解說　（圖2-77）

燃油箱的燃油錶只用一個感知器。

為了抑制燃油的晃動，油箱內都裝有防晃隔板（如奧迪Q5）。

防晃隔板是在生產過程中就安裝好了的，它們是焊接在油箱的上半部和下半部上的。這些防晃隔板除了用於抑制燃油的晃動外，還用於增強油箱的強度。

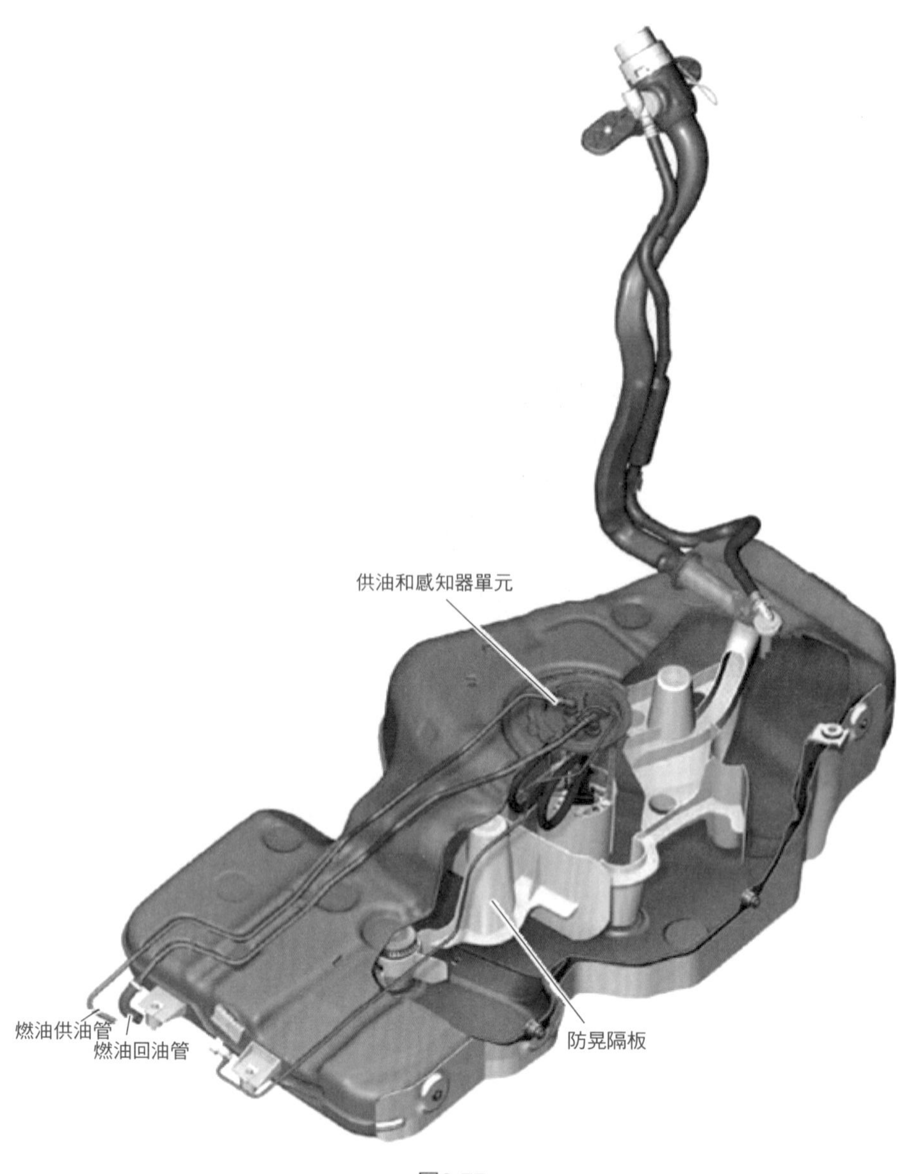

圖2-77

構造解說 （圖2-78）

汽油產生的燃油蒸氣通過兩個閥被引入活性碳罐內。有一個迷宮式結構用於阻止液態燃油進入活性碳罐。這個膨脹腔內的燃油被真空抽入到燃油箱內，而真空是由燃油冷卻而產生的。

翻車防漏閥具有浮球式壓力保持功能，該閥可在翻車時封住油箱，防止燃油漏出。兩個閥向油箱上部的膨脹腔內排氣。

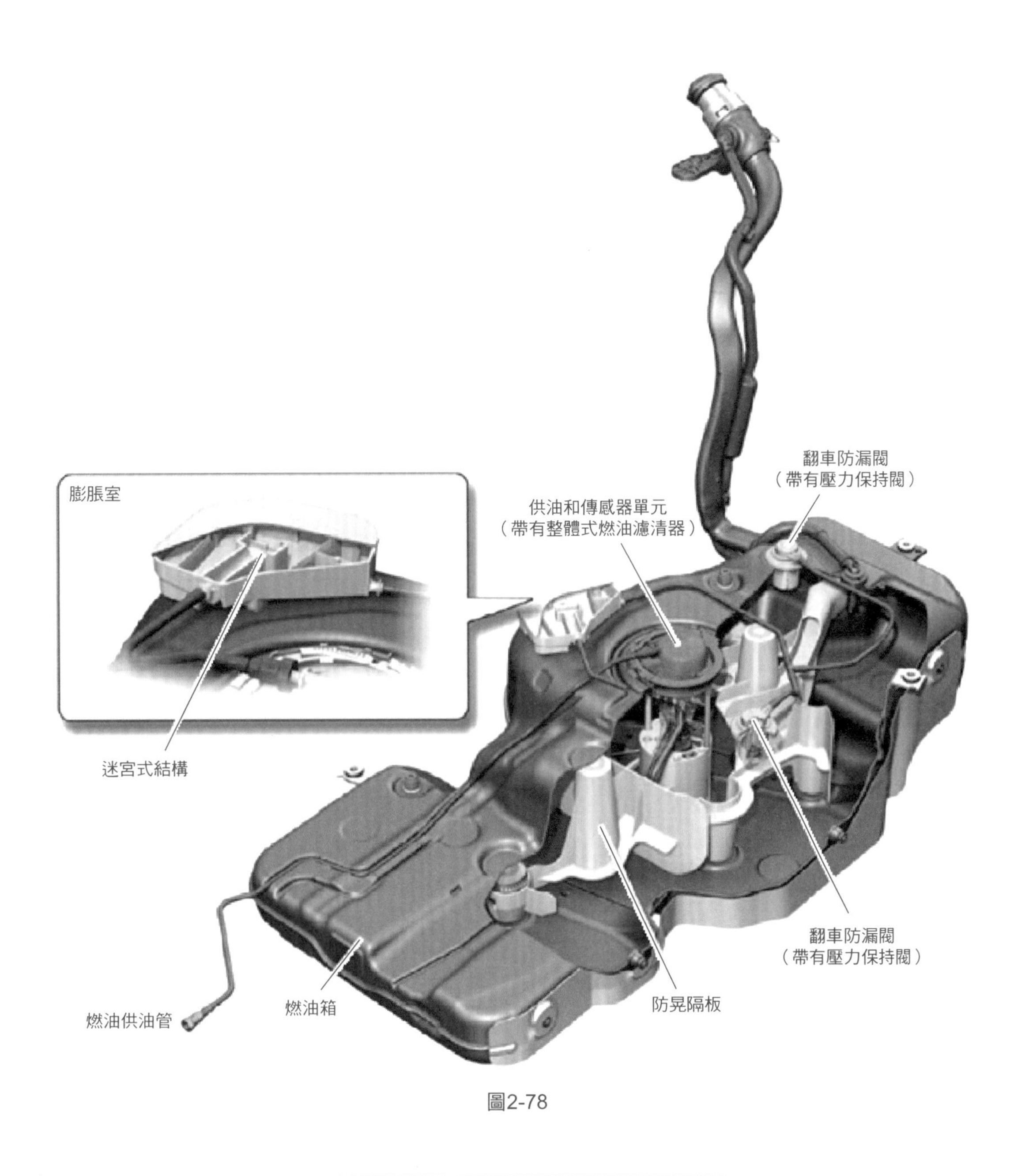

圖2-78

三、噴油嘴

構造解說　（圖2-79）

在當前引擎上，每個汽缸都有一個獨立噴油嘴，也稱為噴射閥。這些噴油嘴安裝在進氣裝置內或汽缸蓋內。

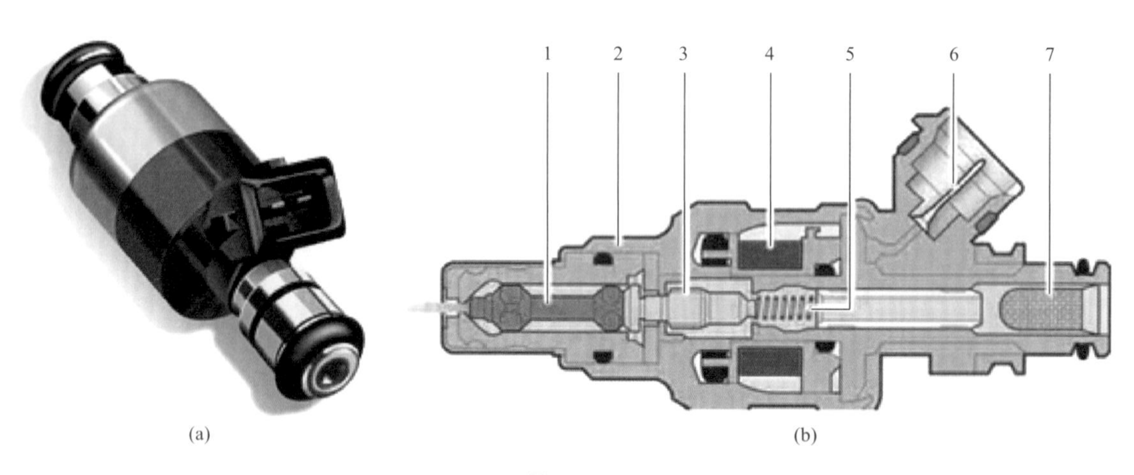

圖2-79

1—噴嘴針；2—殼體；3—磁鐵電樞；4—電磁線圈；5—回動彈簧；6—電線端子；7—燃油供給管路

原理解說

噴油嘴的噴油量由引擎控制單元ECU決定。ECU會控制噴油嘴的針閥，決定針閥開啟的時間長短（噴射脈衝時間）。噴油量是ECU內存中的一個設定值。這個設定值會根據引擎的狀況預先設定。這些狀況會根據引擎轉速和進氣量來決定各種燃油噴射增加/減少的補償。

構造解說 （圖2-80）

缸內直噴是直接將燃油噴射在缸內，在汽缸內直接與空氣混合。

原理解說

缸內直噴是直接將燃油噴射在缸內，在汽缸內直接與空氣混合。引擎控制單元可以根據吸入的空氣量精確地控制燃油及噴射量和噴射時間，高壓的燃油噴射系統可以使油氣的霧化和混合效率更加優異，使符合理論空燃比的混合氣體燃燒更加充分，從而降低油耗，提高引擎的動力性能。

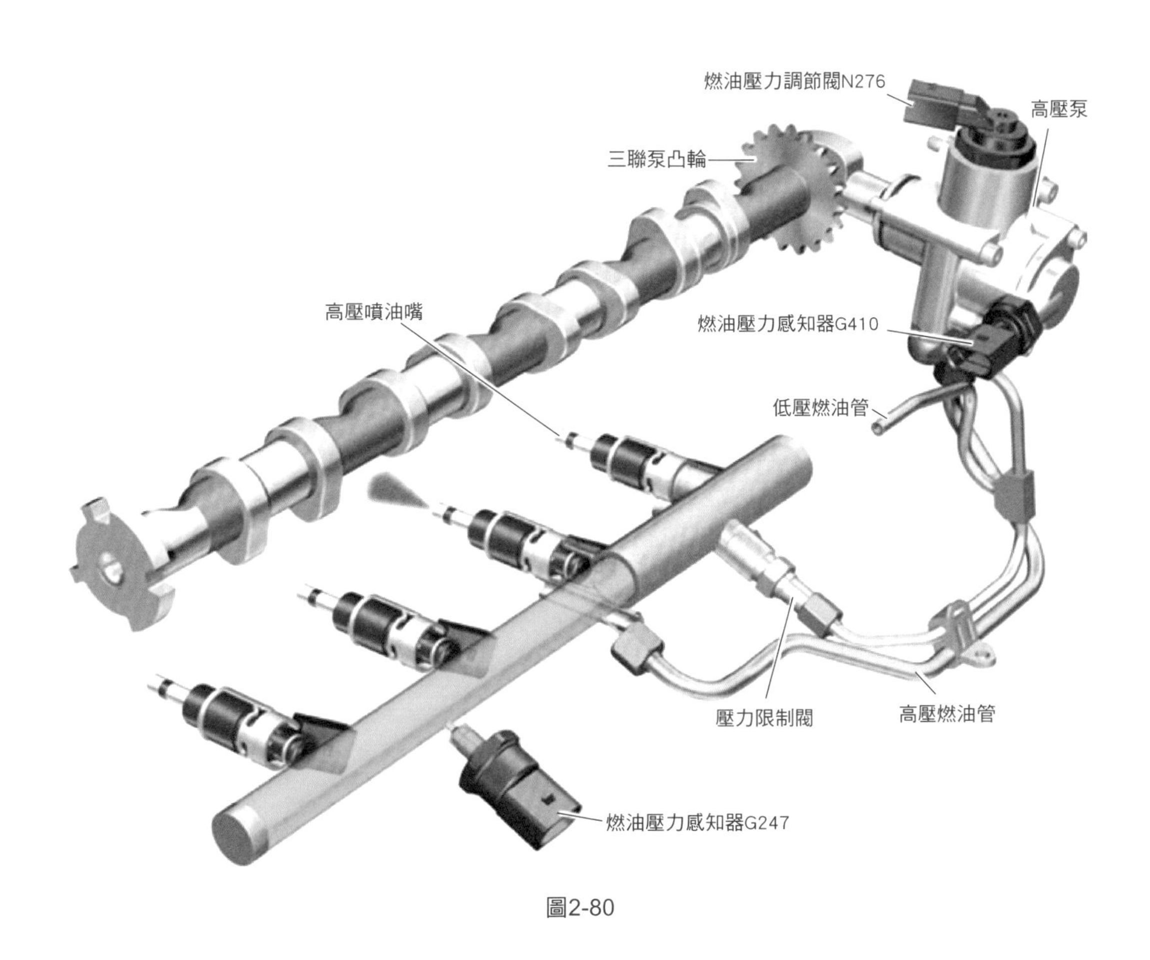

圖2-80

第十節 引擎電控系統

一、引擎電子控制系統組成

構造解說 （圖2-81）

引擎電子控制系統也稱引擎管理系統。引擎電子控制系統由控制單元（ECU）或稱為引擎控制模組（ECM）、感知器、作動器三部分組成。

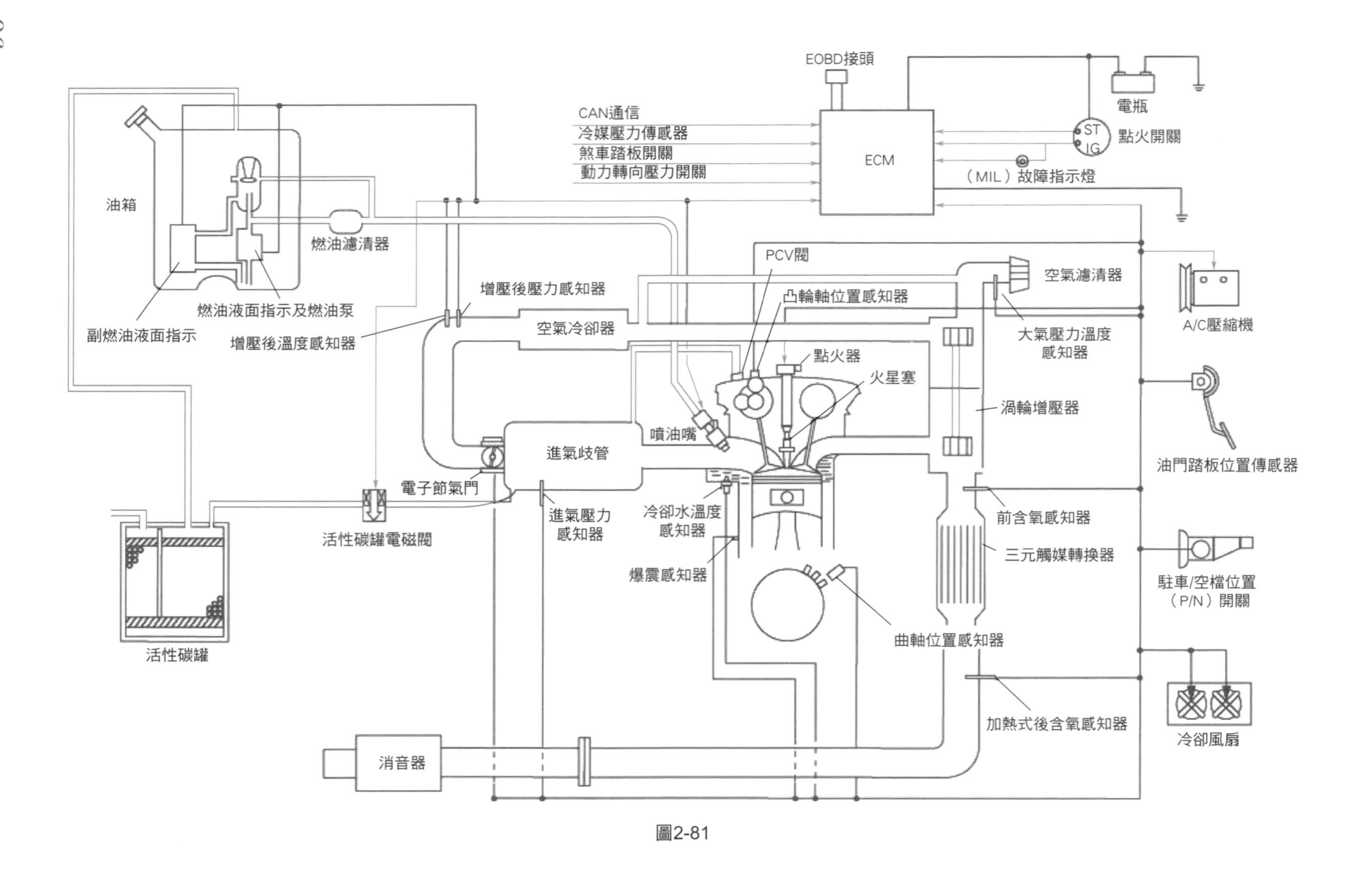

EOBD接頭
電瓶
CAN通信
冷媒壓力傳感器
煞車踏板開關
動力轉向壓力開關
ECM
ST
IG
點火開關
（MIL）故障指示燈
油箱
燃油濾清器
PCV閥
空氣濾清器
A/C壓縮機
增壓後壓力感知器
凸輪軸位置感知器
燃油液面指示及燃油泵
空氣冷卻器
副燃油液面指示
增壓後溫度感知器
大氣壓力溫度
感知器
點火器
火星塞
渦輪增壓器
噴油嘴
進氣歧管
油門踏板位置傳感器
電子節氣門
冷卻水溫度
感知器
前含氧感知器
進氣壓力
感知器
活性碳罐電磁閥
三元觸媒轉換器
爆震感知器
駐車/空檔位置
（P/N）開關
活性碳罐
曲軸位置感知器
加熱式後含氧感知器
冷卻風扇
消音器

圖2-81

構造解說

福斯1.4T引擎電控系統如圖2-82所示。

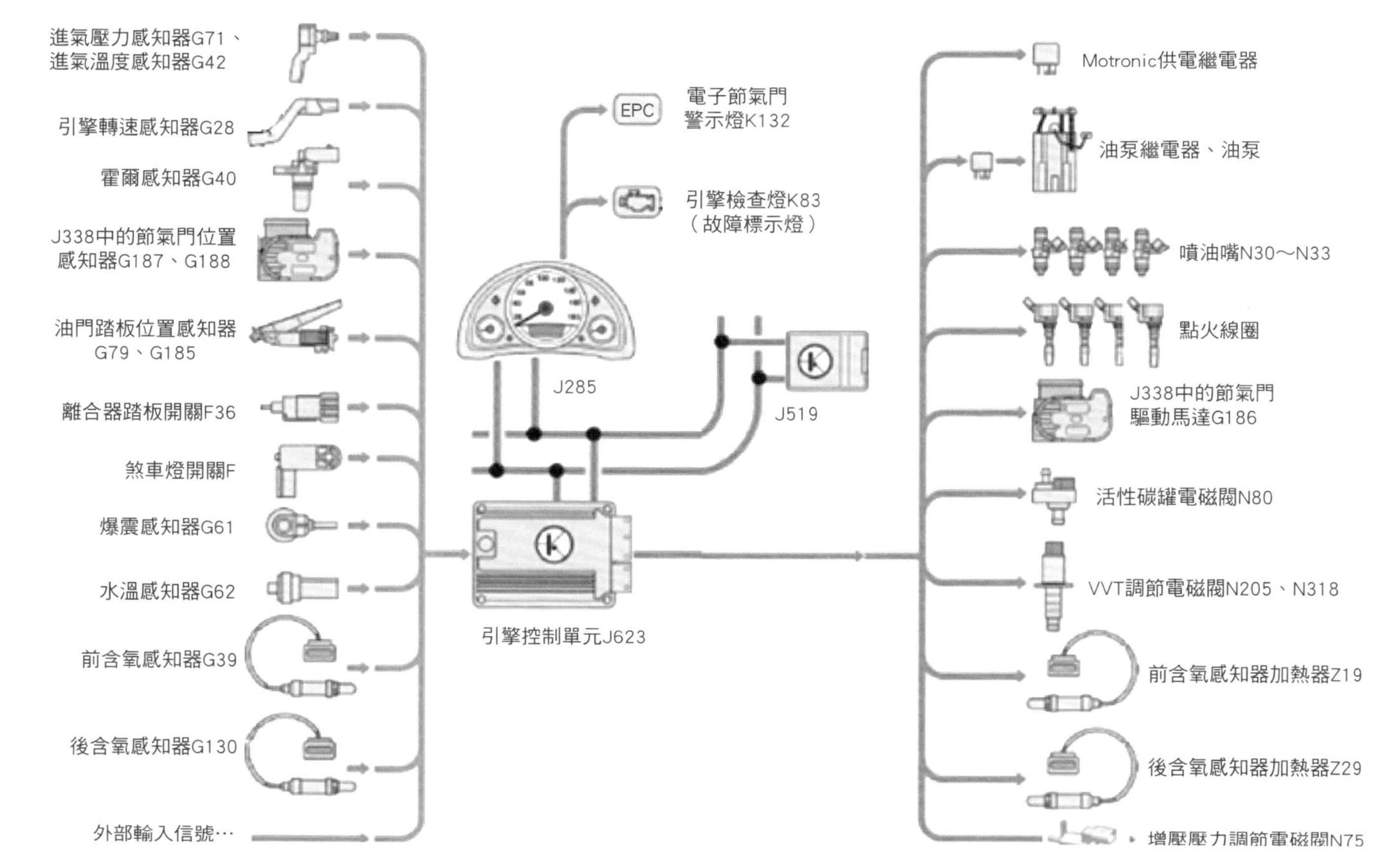

圖2-82

二、控制信號和組成

輸入/輸出信號見表2-2。

表2-2　輸入/輸出信號

<table>
<tr><th>感知器—輸入信號</th><th colspan="2">引擎控制單元（動力模組）功能</th><th colspan="2">輸出信號—作動器</th></tr>
<tr><td>凸輪軸位置感知器
曲軸位置感知器
電子節汽門
大氣壓力/溫度感知器
油門踏板位置感知器
噴油嘴
點火器
含氧感知器
停車/空檔位置開關
爆震感知器
引擎冷卻水溫度感知器
動力轉向壓力感知器
增壓後進氣壓力感知器
增壓後進氣溫度感知器
點火開關
電瓶
冷媒壓力感知器
煞車踏板開關
ASCD開關
煞車燈開關</td><td colspan="2">燃油噴射與混合比控制
電子點火系統控制
燃油泵控制
車速控制
車載診斷系統
加熱型含氧感知器控制
活性碳罐淨化流量控制
空調切斷控制
冷卻風扇控制</td><td colspan="2">噴油嘴
點火器
燃油泵繼電器
節汽門控制作動器
故障指示燈（MIL）
加熱型含氧感知器加熱器
活性碳罐電磁閥
空調繼電器
冷卻風扇繼電器</td></tr>
<tr><td>變速箱控制模組</td><td colspan="2">變速箱控制模組信號會由CAN通信線傳到ECM</td><td colspan="2"></td></tr>
<tr><td>空調開關</td><td colspan="2">空調開關信號會由CAN通信線傳到ECM</td><td colspan="2"></td></tr>
<tr><td>車速感知器</td><td colspan="2">車速感知器信號會由CAN通信線傳到ECM</td><td colspan="2"></td></tr>
<tr><td>電器負荷信號</td><td colspan="2">電器負荷信號會由CAN通信線傳到ECM</td><td colspan="2"></td></tr>
<tr><th>感知器—輸入信號</th><th colspan="2">輸入信號到ECU</th><th>ECU功能</th><th>輸出信號—執行器</th></tr>
<tr><td colspan="5">燃油噴射系統</td></tr>
<tr><td>曲軸位置感知器
凸輪軸位置感知器</td><td colspan="2">引擎轉速與活塞位置</td><td rowspan="13">燃油噴射和混合比控制</td><td rowspan="13">噴油嘴</td></tr>
<tr><td>大氣壓力/溫度感知器</td><td colspan="2">進氣量</td></tr>
<tr><td>引擎冷卻水溫度感知器</td><td colspan="2">引擎冷卻水溫度</td></tr>
<tr><td>含氧感知器</td><td colspan="2">廢氣中的含氧量</td></tr>
<tr><td>電子節汽門</td><td colspan="2">節汽門位置</td></tr>
<tr><td>油門踏板位置感知器</td><td colspan="2">油門踏板位置</td></tr>
<tr><td>停車/空檔位置開關</td><td colspan="2">停車/空檔</td></tr>
<tr><td>爆震感知器</td><td colspan="2">引擎爆震狀況</td></tr>
<tr><td>電瓶</td><td colspan="2">電瓶電壓</td></tr>
<tr><td>動力轉向壓力感知器</td><td colspan="2">動力轉向作用</td></tr>
<tr><td>車速感知器</td><td colspan="2">車速</td></tr>
<tr><td>空調開關</td><td colspan="2">空調操控</td></tr>
</table>

續表

感知器—輸入信號	輸入信號到ECU	ECU功能	輸出信號—作動器
電子點火系統			
曲軸位置感知器 凸輪軸位置感知器	引擎轉速與活塞位置	點火正時控制	點火模組
大氣壓力/溫度感知器	進氣量		
引擎冷卻水溫度感知器	引擎冷卻水溫度		
電子節汽門	節汽門位置		
油門踏板位置感知器	油門踏板位置		
爆震感知器	引擎爆震狀況		
停車/空檔位置開關	停車/空檔		
電瓶	電瓶電壓		
車速感知器	車速		
空調切斷控制			
空調開關	空調ON信號	空調切斷控制	空調繼電器
冷媒壓力感知器	冷媒壓力		
曲軸位置感知器 凸輪軸位置感知器	引擎轉速和活塞位置		
引擎冷卻水溫度感知器	引擎冷卻水溫度		
電子節汽門	節汽門位置		
電瓶電壓	電瓶電壓		
車速感知器	車速		
燃油切斷控制			
曲軸位置感知器 凸輪軸位置感知器	引擎轉速與活塞位置	燃油切斷控制	噴油嘴
引擎冷卻水溫度感知器	引擎冷卻水溫度		
油門踏板位置感知器	油門踏板位置		
電瓶	電瓶電壓		
車速感知器	車速		
換檔開關	空檔		

三、電子節汽門

構造解說 （圖2-83）

電子節汽門系統是將加速踏板操作轉換成電壓信號，由ECU根據駕駛狀況來控制節汽門控制閥的開關，因此沒有連接加速踏板與節汽門控制閥的油門拉索。

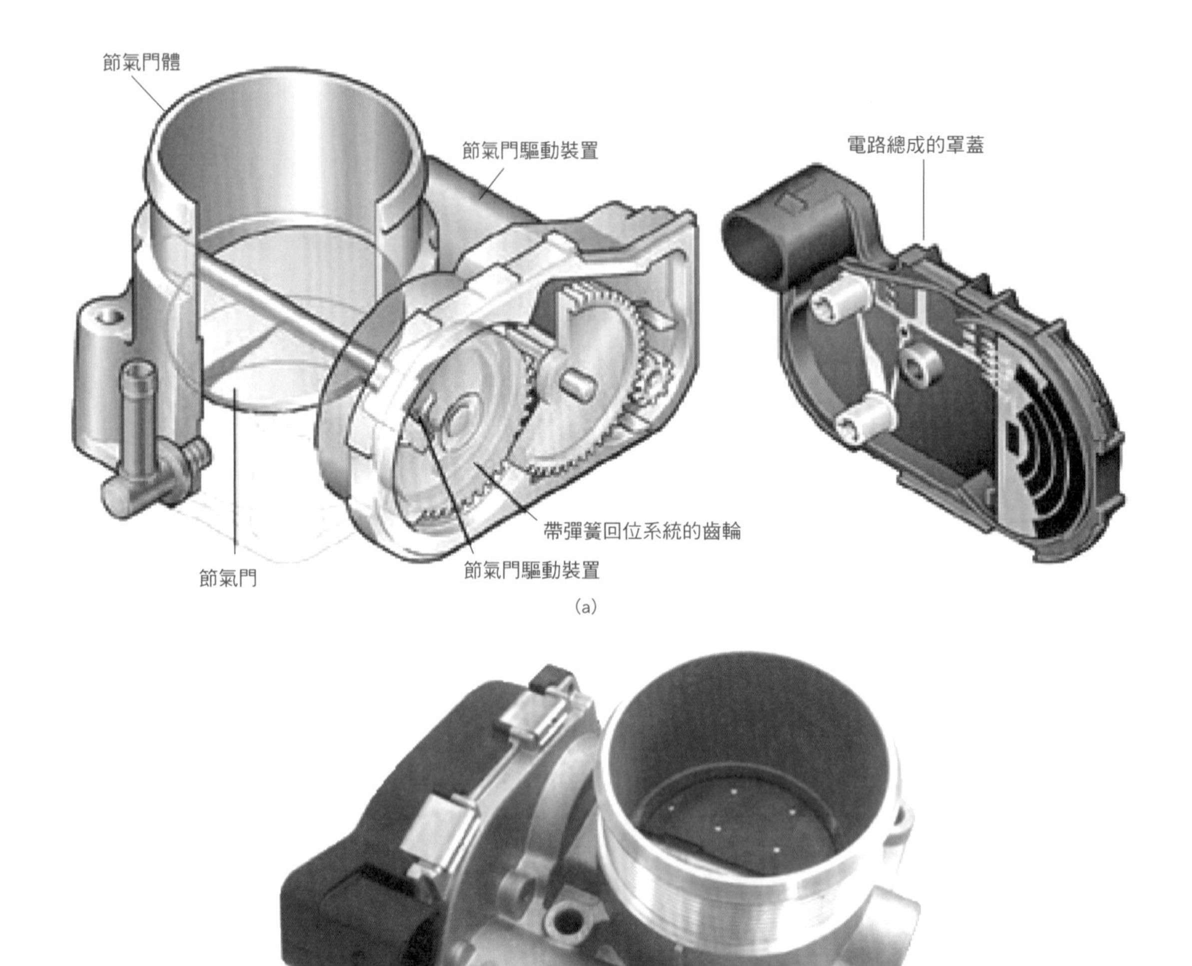

(a)

(b)

圖2-83

原理解說

節汽門位置感知器由兩個無觸點線性電位器感知器組成，且由ECU提供相同的基準電壓。當節汽門位置發生變化時，電位器阻值也隨之線性地改變，由此產生相應的電壓信號輸入ECU，該電壓信號反應節汽門開度的大小和變化速率。

四、空氣流量計

構造解說 （圖2-84）

福斯車系使用的空氣流量計，屬L型熱膜式空氣流量計，安裝在空氣濾清器殼體與進氣軟管之間。其核心部件是流量感知元件和熱電阻（均為鉑膜式電阻）組合在一起構成熱膜電阻。在感知器內部的進氣通道上設有一個矩形護套，相當於取樣管，熱膜電阻設在護套中。

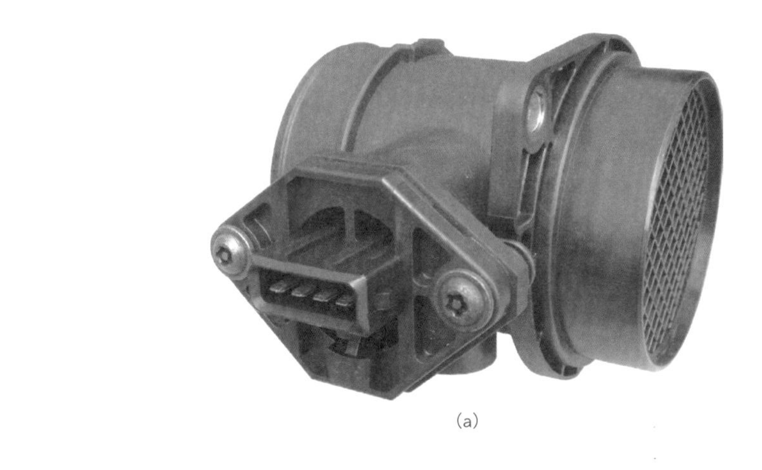

(a)

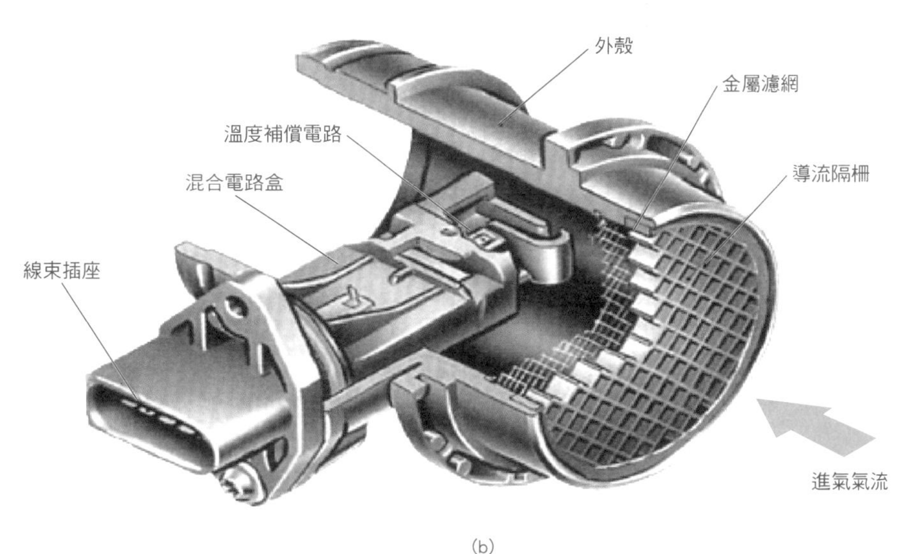

(b)

圖2-84

原理解說

空氣流量計的功用是檢測引擎進氣量大小，並將進氣量轉換成電壓訊號輸入電腦（ECU）以供計算確定噴油量。

五、含氧感知器

構造解說 （圖2-85）

含氧感知器安裝在三元觸媒轉換器上。

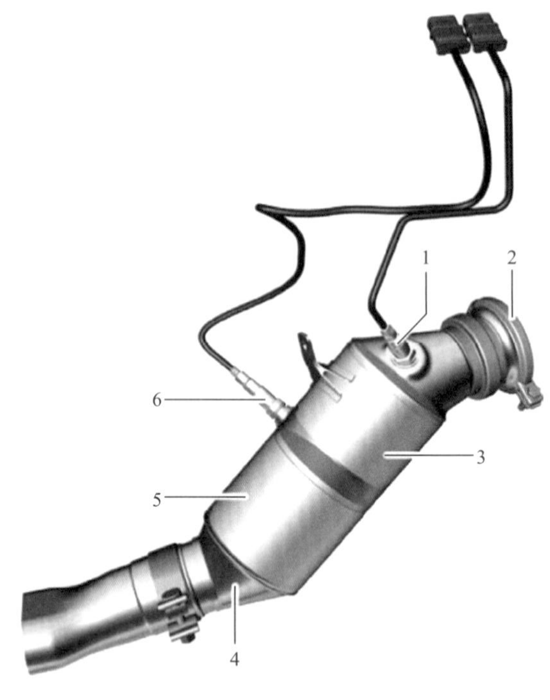

圖2-85

1—觸媒轉換器前含氧感知器；2—廢氣渦輪增壓器上的接口；3—陶瓷載體1；
4—觸媒轉換器；5—陶瓷載體2；6—觸媒轉換器後含氧感知器

構造解說

含氧感知器結構如圖2-86所示。

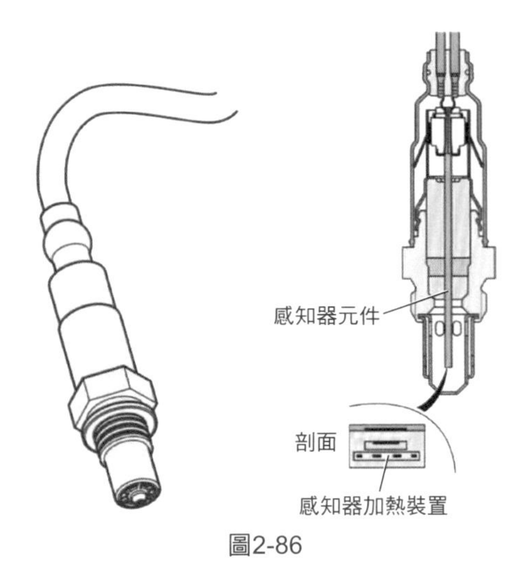

圖2-86

原理解說

簡單地說，含氧感知器是提供混合器濃度信息，用於修正噴油量，實現對空燃比的閉迴路控制，保證引擎實際空燃比接近理論空燃比的主要元件。

六、曲軸位置感知器

構造解說 （圖2-87）

曲軸位置感知器是重要的感知器之一，如果曲軸位置感知器損壞而無法輸出缺齒齒位的信號，會使ECM無法判讀曲軸位置，並將導致燃油系統和主繼電器系統無法運作。

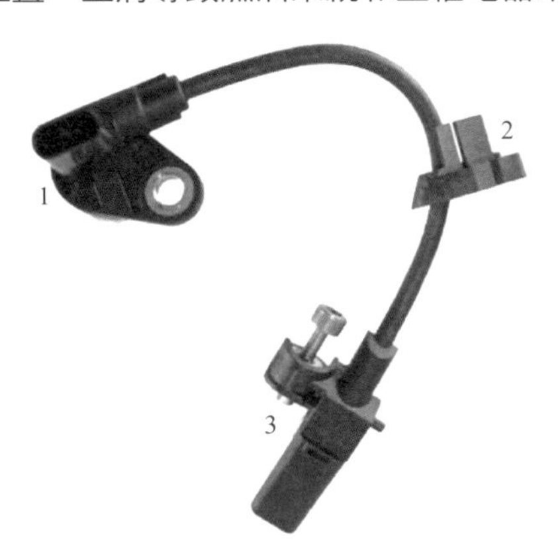

圖2-87

1—插頭；2—防塵密封件；3—感知器

構造解說 （圖2-88）

曲軸位置感知器一般為電磁脈衝信號感知器，飛輪上裝有一個齒圈作為脈衝感應，利用感應曲軸正時盤58齒的缺兩齒位置來判定曲軸旋轉時的轉速和活塞的相對位置。引擎電腦使用此訊息生成點火正時和噴油時間，然後發送給點火線圈和噴油嘴。

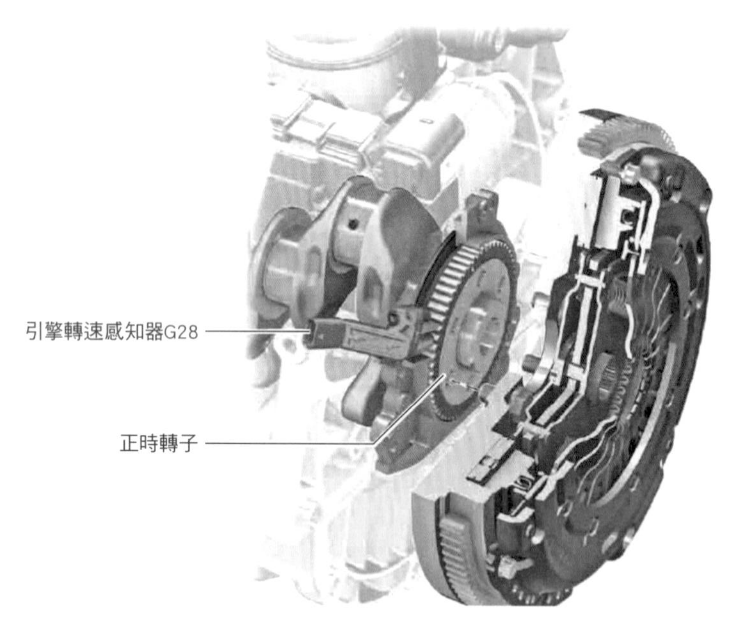

圖2-88

原理解說

曲軸位置感知器，也就是轉速感知器，用來檢測引擎轉速，如果其發生故障，將不能啟動引擎。引擎轉速是計算空燃比和進行點火調節的主要控制參數。

引擎電腦利用此信號來探測引擎轉速和曲軸上死點位置。要調節凸輪軸，引擎控制單元必須知道曲軸的準確位置。要準確地探測出曲軸的位置，引擎控制單元使用來自正時轉子上每一個齒的信號。

構造解說

曲軸位置感知器安裝位置如圖2-89所示。

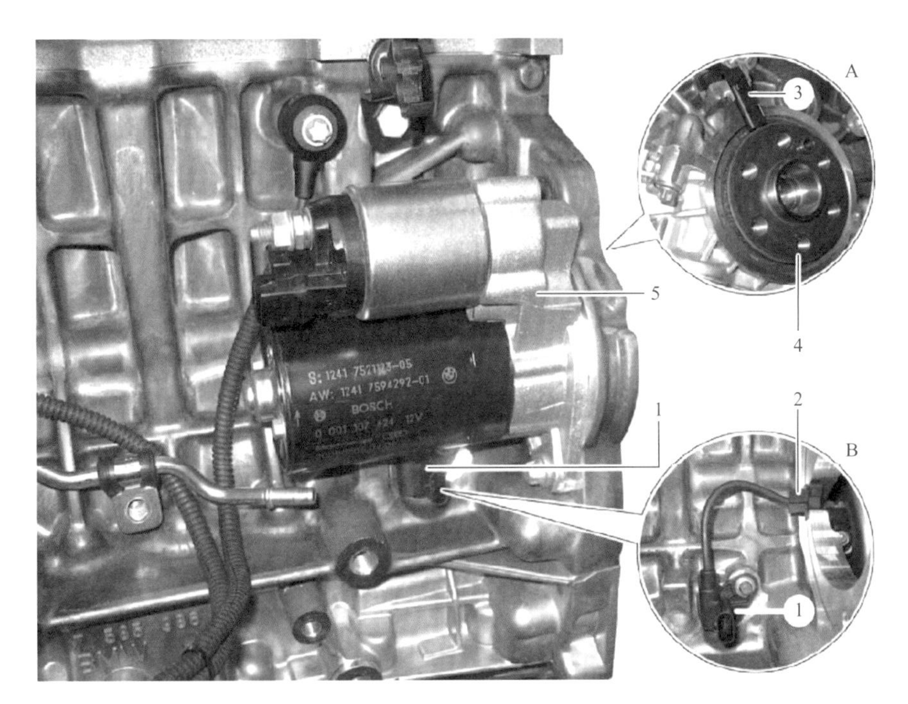

圖2-89

1—插頭；2—防塵密封件；3—感知器；4—正時轉子；5—起動馬達；

A—視線指向曲軸；B—視線方向相同（無起動機時）

Chapter 03

第三章
汽車傳動系統

Chapter 03 第三章
汽車傳動系統

第一節　概述

構造解說

為了能夠將引擎扭力傳輸到驅動輪上，需要一些重要組件，基本結構如圖3-1所示。

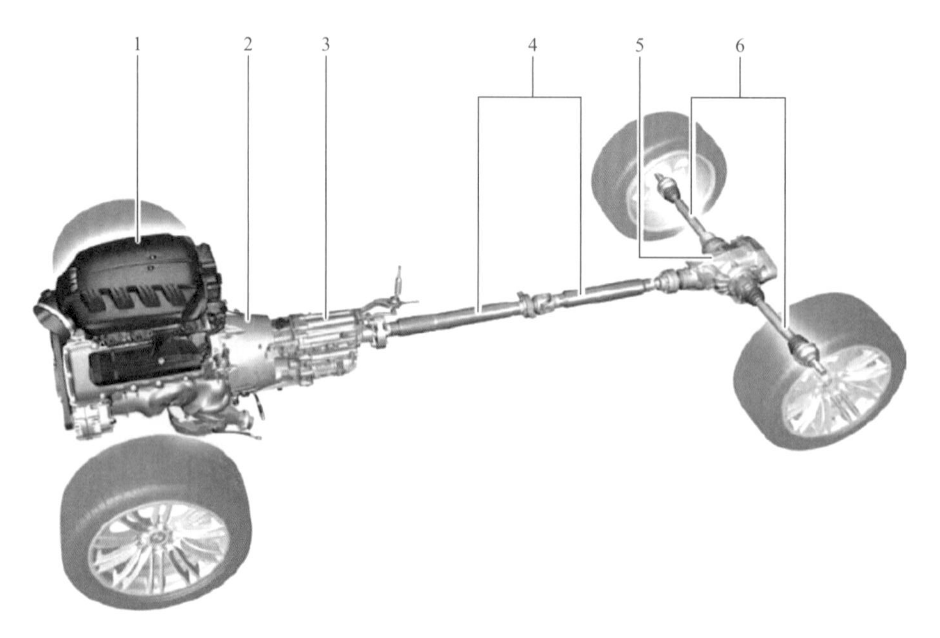

圖3-1

1—引擎；2—離合器；3—變速箱；4—傳動軸；
5—帶有差速器的最終減速；6—驅動軸

原理解說

引擎產生的扭力通過飛輪傳遞至離合器。引擎循環工作過程中受系統條件所限會出現震動，飛輪還通過其慣性承擔引擎運行時的減震任務。由於離合器可以使傳動系統分離或緩慢連接，因此車輛可以在引擎運轉狀態下靜止、平穩起步和換檔。

第二節 離合器

一、離合器作用

① 能夠切斷或接通引擎與變速箱之間的動力傳遞。
② 分離和接合應平緩進行，防止引擎轉速劇烈變化。
③ 能夠打滑，防止引擎和傳動系統過載。

二、離合器結構組成

構造解說 （圖3-2）

離合器結構隨車輛形式而不同，但是離合器的主要結構相同，即由飛輪、離合器片總成、離合器壓板總成（離合器蓋板、壓板、壓板彈簧和釋放槓桿）、釋放撥叉、釋放軸承、液壓或機械操縱機構組成。

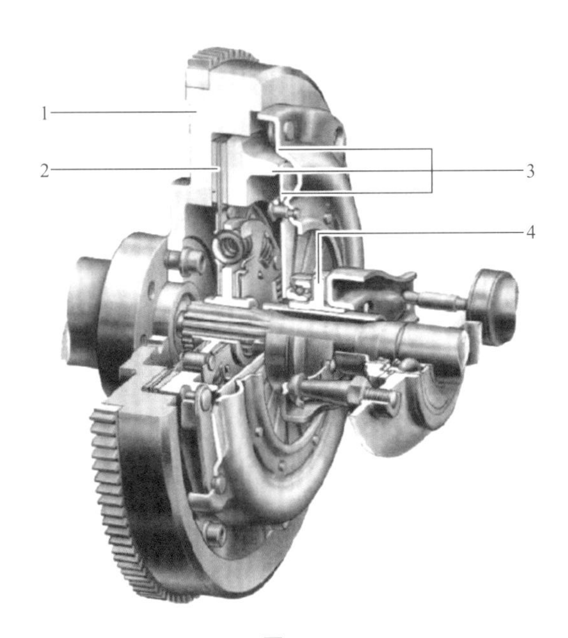

圖3-2

1—飛輪；2—離合器片；3—離合器裝置（離合器蓋板、壓板、膜片彈簧）；4—釋放軸承

原理解說

離合器位於引擎和變速箱之間，用於接通或切斷引擎和傳動系統間的動力傳遞。當駕駛踩下離合器踏板後，切斷了從引擎傳遞到變速箱的動力。隨著駕駛慢慢抬起離合器踏板，離合器將引擎和變速箱逐漸連接起來，動力通過驅動軸（半軸）傳遞至車輪，車輛開始行駛。

構造解說

膜片彈簧將離合器壓板在離合器片上。離合器片以軸向移動方式支撐在離合器軸上。因此離合器壓板可將離合器片壓在飛輪的摩擦面上，從而使飛輪以摩擦方式通過離合器片與變速箱輸入軸連接〔圖3-3（a）〕。

踩下離合器踏板時，通過離合器分泵和釋放撥叉將釋放軸承壓在膜片彈簧上。膜片彈簧變形釋放壓緊力使離合器壓板從離合器片上抬起，離合器片離開飛輪摩擦面並位於飛輪與離合器壓板之間，此時至變速箱的動力傳遞中斷〔圖3-3（b）〕。

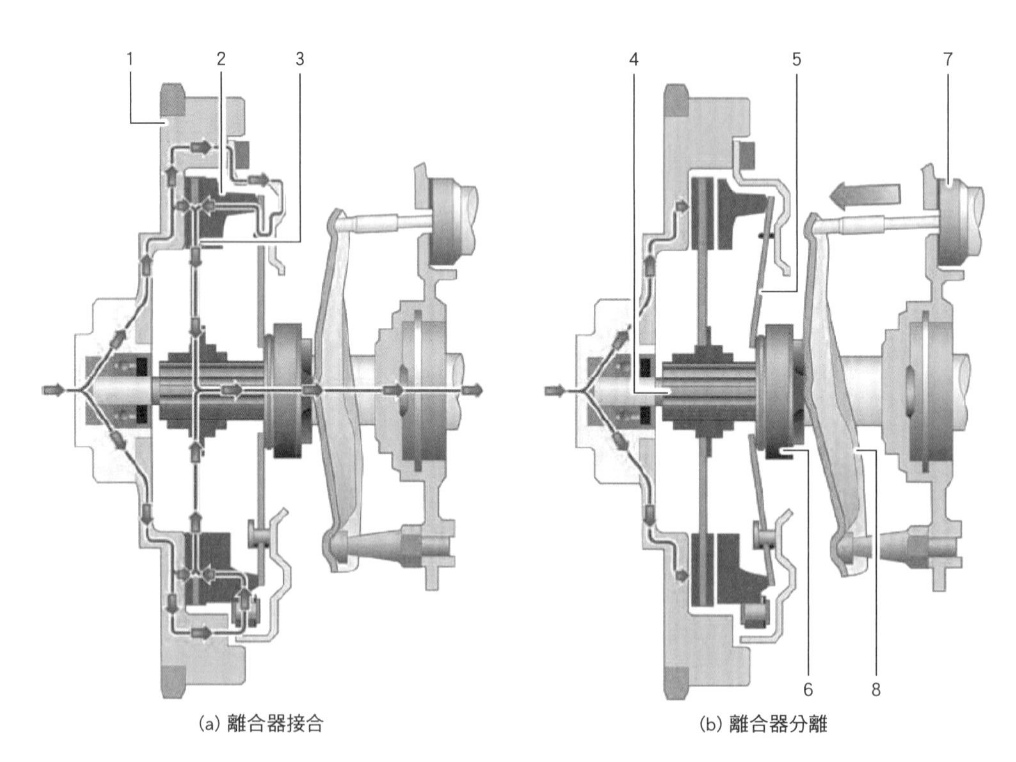

(a) 離合器接合　　(b) 離合器分離

圖3-3

1—飛輪；2—離合器壓板；3—離合器片；4—離合器軸；
5—膜片彈簧；6—釋放軸承；7—離合器分泵；8—釋放撥叉

原理解說

離合器的設計目的是使連接（離合器接合）和斷開（離合器分離）的操作平緩進行。不能猛然把離合器從完全分離狀態直接生硬地轉換為接合狀態。要使車輛行駛，引擎必須提高轉速並達到足夠的動力，但是引擎不能馬上把車輪轉速提高到與引擎轉速相匹配的程度，這時，離合器就解決了這個問題。驅動輪開始時緩慢轉動並逐漸加速，最終離合器各元件達到相同的轉速，離合器穩固接合。

車輛行駛換檔時也會產生類似的情況。此時驅動輪的轉速並不等於引擎的轉速。要實現不同檔位的平滑換檔，離合器需要先滑轉，然後輕柔接合併逐漸加大接合力度，最終緊密接合。

三、離合器操縱

構造解說 （圖3-4）

駕駛通過踩下離合器踏板斷開傳動系統的動力傳遞。為了確保較高的操作舒適性，所需腳踏力不得超過150N，因此離合器分離時需放大腳踏力，腳踏力通過離合器踏板內的連桿並通過液壓方式進行傳遞。

在液壓操縱機構中作用力以純液壓方式傳遞。基本結構與液壓煞車系統非常相似。液壓離合器操縱機構可自動調節。

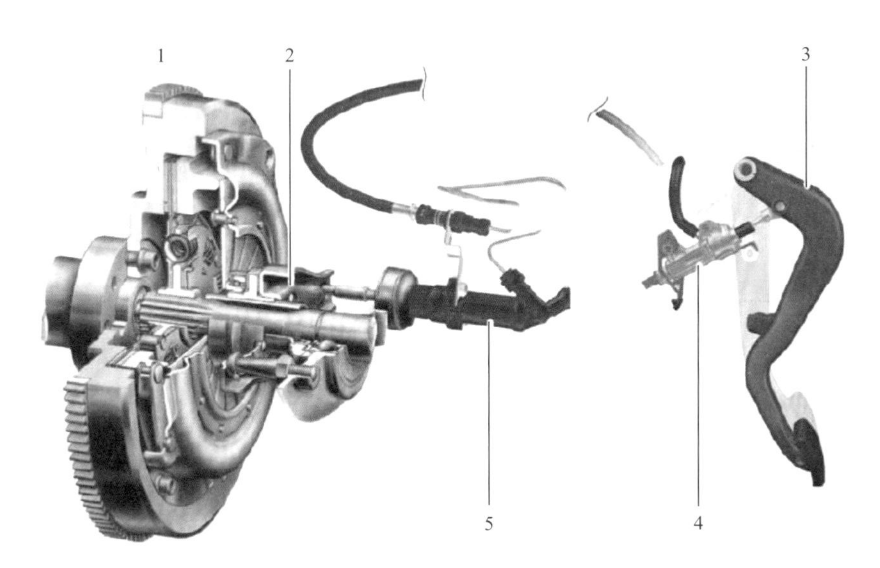

圖3-4

1—離合器；2—釋放撥叉；3—離合器踏板；4—離合器總泵；5—離合器分泵

原理解說

離合器分離：腳踏力通過離合器踏板和連桿傳遞到離合器總泵活塞上，在總泵壓力室內產生的壓力作用在整個液壓系統內。

離合器接合：腳踏力消失，即駕駛鬆開踏板時，液壓系統內的壓力就會降低，膜片彈簧的彈簧力將釋放軸承壓回並使壓板重新壓到離合器片上，因此離合器重新接合。

構造解說 （圖3-5）

離合器壓板帶有一個膜片彈簧，膜片彈簧產生壓緊力，離合器壓板通過該壓緊力將離合器片壓到飛輪上。離合器的壓緊力通過這個膜片彈簧產生。

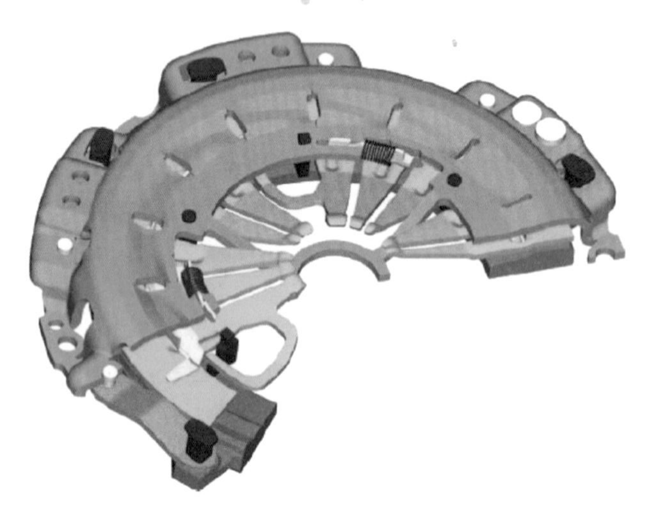

圖3-5

第三節　手排變速箱

構造解說 （圖3-6）

手排變速箱內有多個不同的齒輪，通過不同大小的齒輪組合在一起，就能實現對引擎轉力和轉速的調整。用低扭力可以換來高轉速，用低轉速則可以換來大扭力。

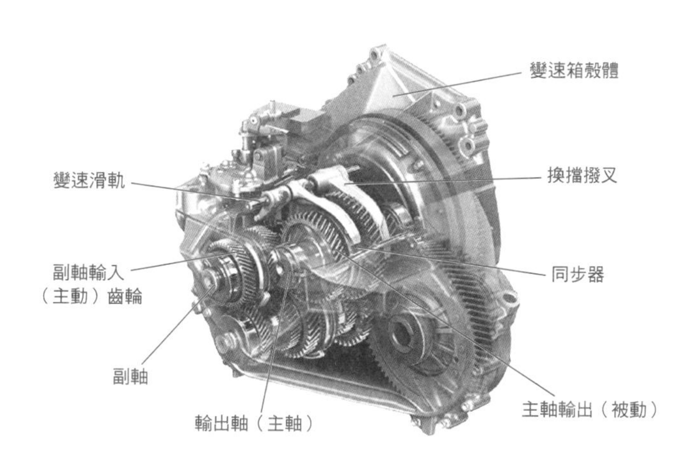

圖3-6

原理解說 （圖3-7）

手排變速箱的原理包含了齒輪機械和槓桿的原理。當降檔時，實際上是將被動齒輪切換成了更大的齒輪，根據槓桿原理，此時變速箱輸出轉速就會相對降低，但扭力增大；反之，如果是升檔，則實際上是被動齒輪切換為小齒輪，此時變速箱輸出的轉速就會提高，但扭力會減小。

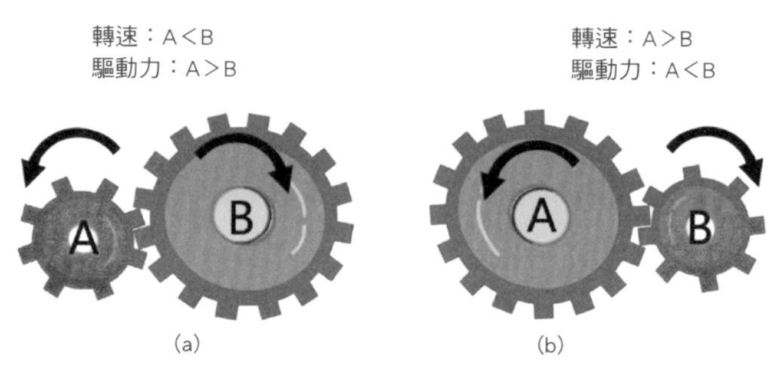

圖3-7

構造解說

圖3-8所示為5檔手排變速箱，當掛上1檔時，實際上是將1、2檔同步器向左移動使其與1檔主軸輸出（被動）齒輪接合，將動力傳遞到輸出軸（主軸）。倒檔的主動齒輪和被動齒輪中夾了一個倒檔惰輪，通過這個齒輪實現汽車的倒退行駛。在空檔位置，沒有齒輪通過對應的同步器總成與輸入軸或輸出軸相連接，沒有扭力傳送到差速器。

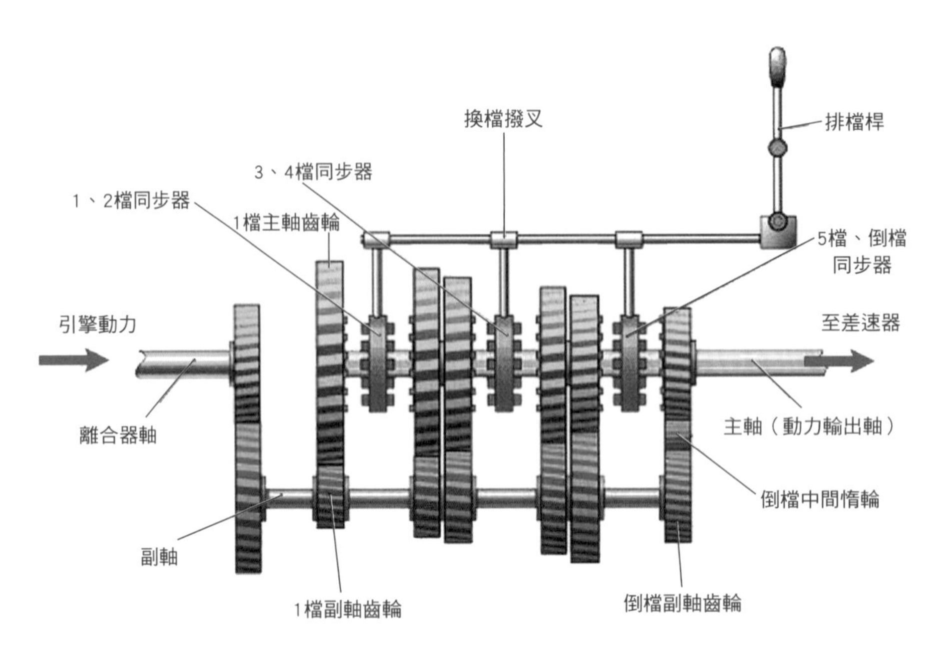

圖3-8

構造解說 （圖3-9）

圖3-9所示為排檔桿和操縱桿拉索機構，當排檔桿向左移動，使同步器向右移動與齒輪接合，引擎動力通過副軸的齒輪傳遞給主軸（動力輸出軸）。

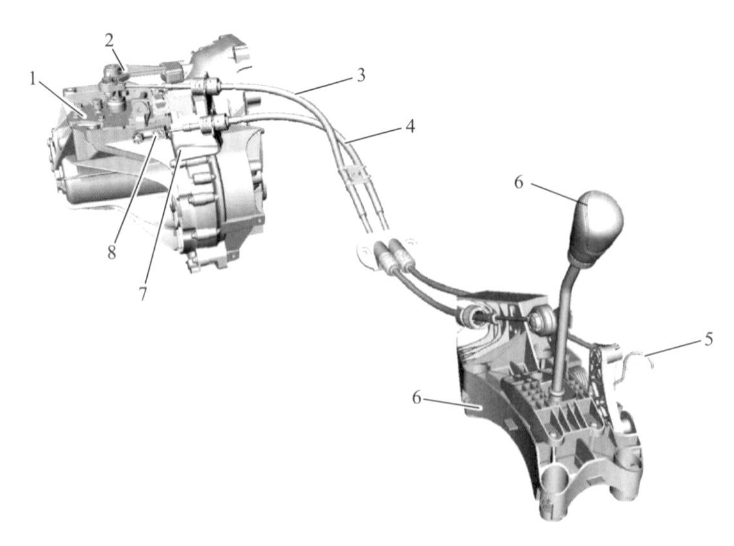

圖3-9

1—換檔單元；2—帶有阻尼慣量的換檔臂；3—操縱桿；4—排檔桿拉索；5—排檔桿調整工具；6—排檔桿；7—操縱桿拉索固定支座；8—排檔桿拉索調節機械機構

第四節　自動變速箱

一、AMT變速箱

AMT是英文Automated Manual Transmission的縮寫，中文譯為自動手排變速箱，即電控機械式自動變速箱。AMT變速箱是在傳統的手動齒輪式變速箱基礎上改進而來的，它是融合了AT和MT兩者優點的機電液一體化自動變速箱。它將手排變速箱的離合器分離及換檔撥叉等靠人力操縱的部件實現了自動操縱，即通過電動或液壓動力實現。駕駛操縱起來和自動變速箱是一樣的，這樣就實現了手排變速箱的自動化，即汽車電控自動手排變速箱。

構造解說 （圖3-10）

AMT變速箱是在普通手排變速箱的基礎上，改變機械變速箱換檔操縱部分進行優化設計，即在總體傳動結構不變的情況下通過加裝電子控制的自動操縱系統來實現換檔的自動化。

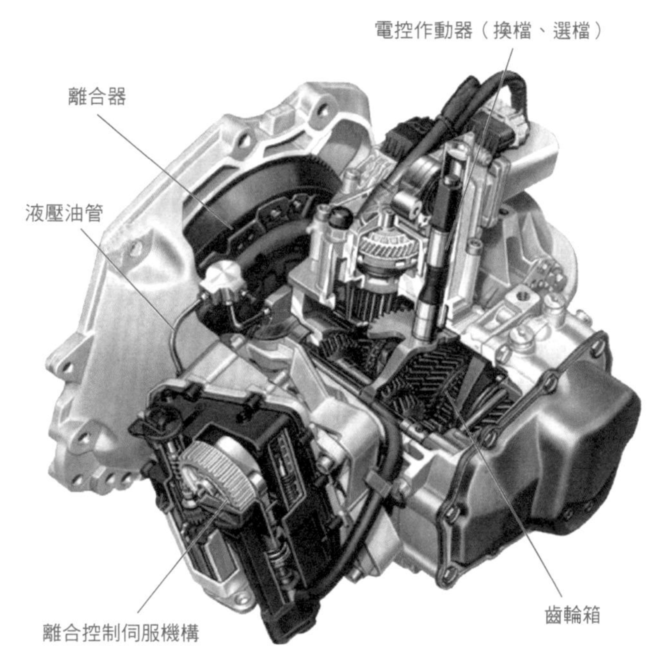

圖3-10

原理解說

主要是在引擎電腦控制系統和變速箱電腦控制系統的控制下，由液壓泵驅動液壓油提供動力，液壓油進入選換檔機構和離合器閥體中，實現選檔、換檔和離合器的分離與接合。

二、DCT變速箱

DCT變速箱（Double-clutch Gearbox）即雙離合變速箱，在福斯車系中也稱直接換檔自動變速箱（DSG）。

DSG可以形象地設想為將兩台變速箱的功能合二為一，並建立在單一的系統內。DSG內含兩台自動控制的離合器，由電子控制及液壓推動，能同時控制兩台離合器的運作。當變速箱運作時，一組齒輪嚙合，而接近換檔時，下一檔位的齒輪已被預選，但離合器仍處於分離狀態；當換檔時一台離合器將使用中的齒輪分離，同時另一台離合器嚙合已被預選的齒輪，在整個換檔期間能確保最少有一組齒輪在輸出動力，使動力沒有出現間斷的狀況。

構造解說 （圖3-11）

雙離合器變速箱仍然像手排變速箱一樣，是由眾多齒輪、同步器、液壓控制元件、電子控制元件和各軸等部件組成的，減速比變化靠電腦計算控制來實現，而且各檔減速比是固定不變的。

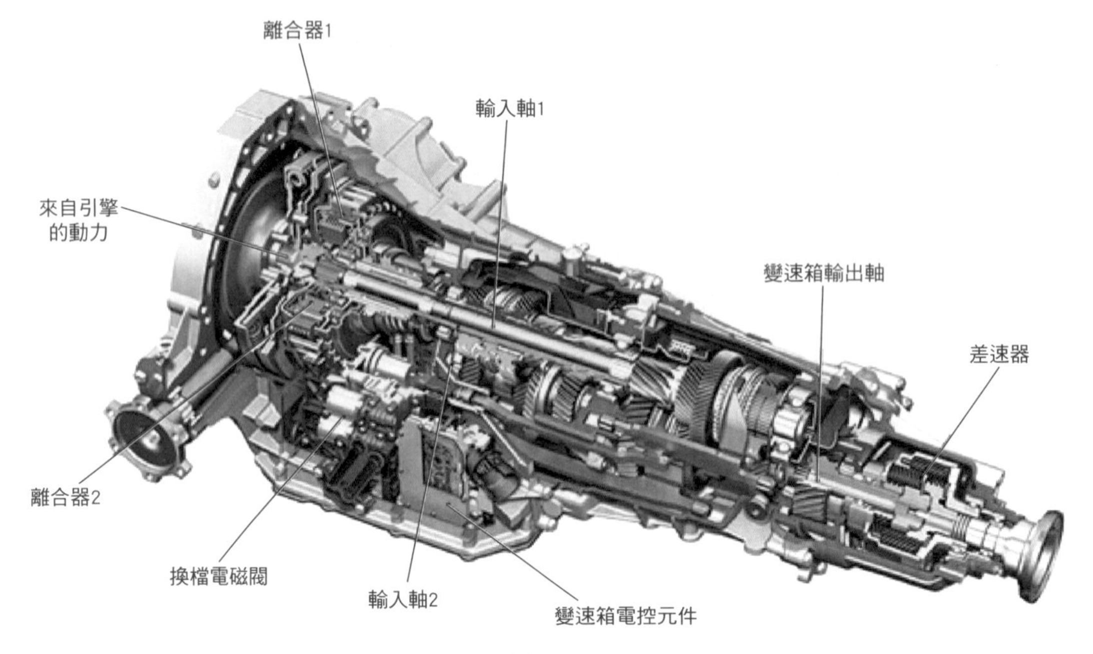

圖3-11

原理解說

無論6檔DSG變速箱還是7檔DSG變速箱，它們的基本原理是一致的，簡單地說，就是將兩套變速系統合二為一。DSG變速箱包含智能電子液壓換檔控制系統、雙離合器、雙輸入軸和三個驅動軸等核心環節，它們共同完成複雜的換檔過程。

三、CVT變速箱

CVT是Continuously Variable Transmission的英文縮寫，即連續可變變速箱，一般稱為無段變速箱。它是自動變速箱的一種，但不同於一般的AT自動變速箱，自動檔車還是有段變速，有檔位的，而CVT可以連續變速，是沒有特定檔位的。

構造解說 （圖3-12）

雖然CVT變速原理都一樣，但各廠家的CVT並不完全一樣，它們的最大區別是傳遞動力的金屬帶。這條鋼帶已成CVT技術核心中的核心。以奧迪為代表的CVT使用金屬鏈傳遞動力，它的優點是能傳遞較大的動力，缺點是磨損較大、噪聲較大；以日產為代表的CVT採用金屬帶傳遞動力，其優點和缺點則與金屬鏈式CVT相反。

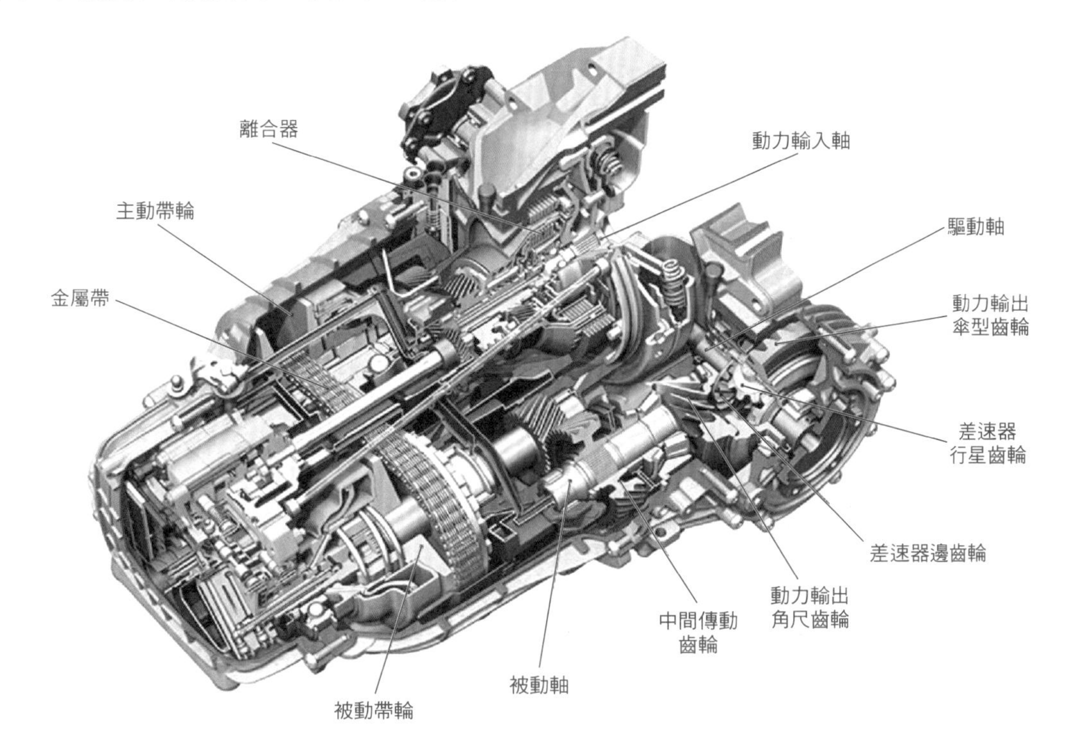

圖3-12

構造解說 (圖3-13)

CVT無段變速箱的主要部件是兩個帶輪和一條金屬帶，金屬帶套在兩個帶輪上。帶輪由兩片輪盤組成，這兩片輪盤中間的凹槽形成一個V形，其中一邊的輪盤由液壓控制機構控制，可以視不同的引擎轉速，進行分開與拉近的動作，V形凹槽也隨之變寬或變窄，將金屬帶升高或降低，從而改變金屬帶與帶輪接觸的直徑，相當於齒輪變速中切換不同直徑的齒輪。兩個滑輪呈反向調節，即其中一個帶輪凹槽逐漸變寬時，另一個帶輪凹槽就會逐漸變窄，從而迅速加大減速比的變化。

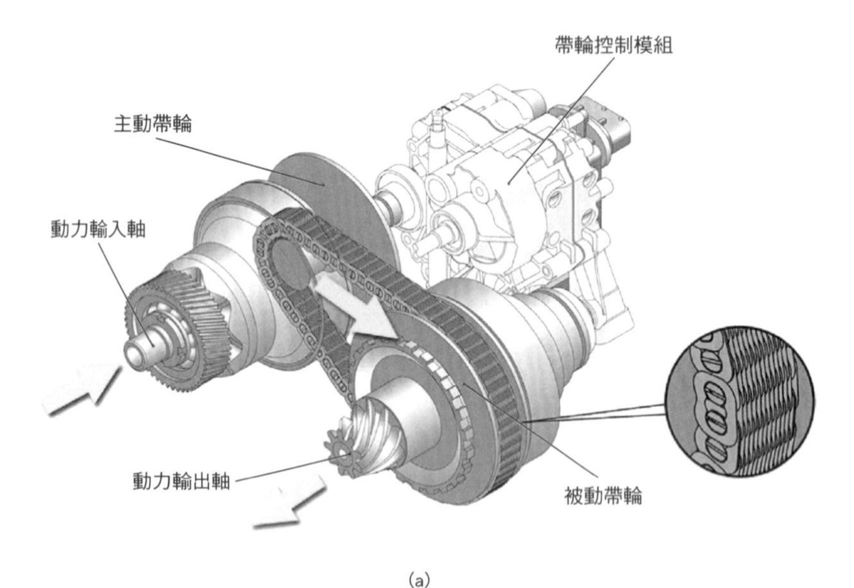

(a)

(b)

圖3-13

原理解說 （圖3-14）

奧迪01J無段變速箱，為消除引擎與變速箱之間的摩擦損耗，引擎與CVT之間以飛輪減震裝置與濕式離合器代替一般液壓自動變速箱的液體扭力變換接合器。其動力輸出採用行星齒輪系統及兩組濕式可變壓力油濕式離合器，壓力可隨引擎輸出轉矩大小而改變。可變壓力油濕式離合器具有軟連接的功能，能滿足車輛起步、停車和換檔的需要。

當前進離合器接合時，行星齒輪系統太陽輪的鋼片與行星架的摩擦片結合成一體，與引擎同步，由行星架將動力輸出至輔助減速機構；當倒車離合器接合時，環輪的摩擦片與變速箱殼體的鋼片結合，環輪被固定，太陽輪將動力傳遞給行星架。

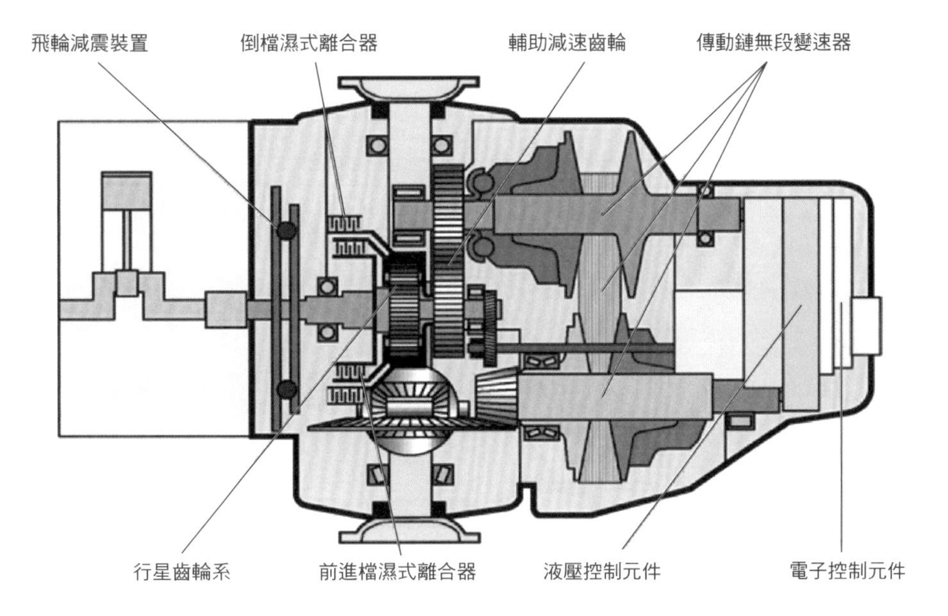

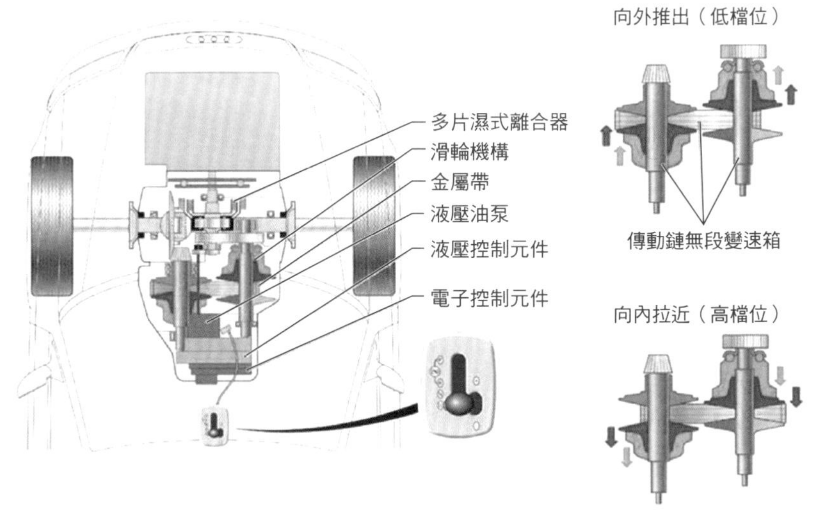

圖3-14

四、AT變速箱

電子液壓式多檔位自動變速箱（AT）是目前技術成熟的、應用最廣泛的自動變速箱。按照控制方式的不同，液壓自動變速箱可分為液控液壓自動變速箱和電控液壓自動變速箱，目前轎車上都採用電控液壓自動變速箱。

構造解說 （圖3-15）

在自動變速箱中換檔過程全自動執行，無需駕駛干預。換檔時不會出現驅動力中斷的情況。控制元件根據車輛運行狀態決定何時換入何檔。液體扭力變換接合器用於車輛起步以及在換檔過程中減輕變速箱負荷。

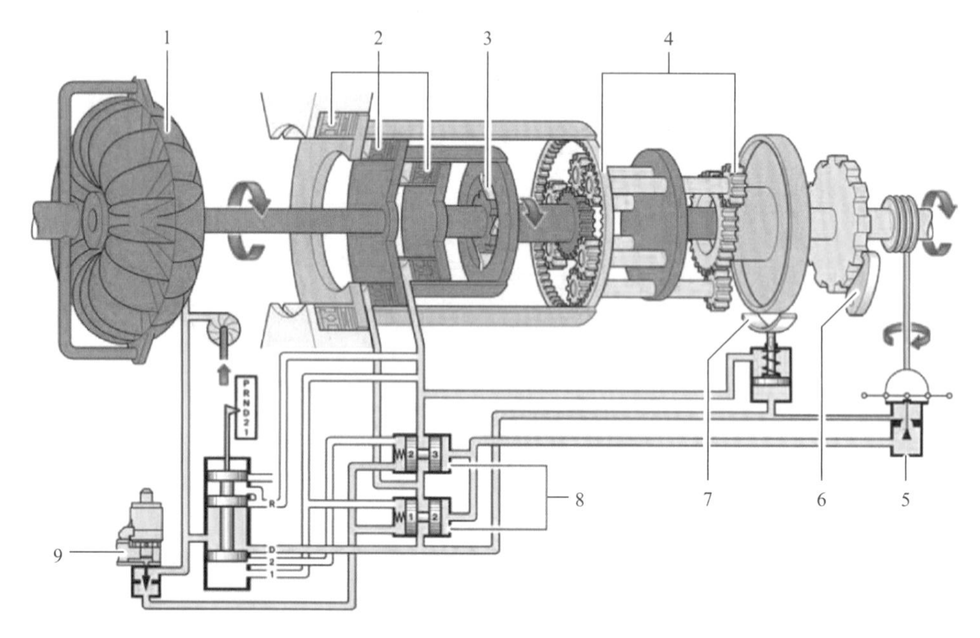

圖3-15

1—液體扭力變換接合器；2—多片濕式離合器；3—單向離合器；4—行星齒輪系；5—離心調壓閥；6—駐車鎖扣；7—制動帶；8—換檔閥；9—油壓調節閥

原理解說

自動變速箱由以下幾個系統組成。

① 動力傳遞系統（液體扭力變換接合器）：起到連接引擎與自動變速箱的作用。

② 齒輪變速系統（行星齒輪機構）：主要用來改變汽車的行駛速度和行駛方向。

③ 液壓控制系統：把油泵輸出的壓力油調節出不同的壓力並輸送至不同的部位以達到不同的液壓控制目的。

④ 電子控制系統：通過監控汽車的整體運行工況實現自動變速箱不同功能的控制。

⑤ 冷卻控制系統：使自動變速箱始終保持在一個合理的工作溫度。

構造解說 （圖3-16）

各種自動變速箱的外部形狀和內部結構有所不同，但它們的基本組成相同，都是由液體扭力變換接合器和齒輪式自動變速箱組合而成的。常見的組成部分有液體扭力變換接合器、行星齒輪機構、濕式離合器、制動帶、油泵、濾清器、管道、控制閥體、速度離心調壓閥等，按照這些部件的功能，可將它們分為液體扭力變換接合器、變速齒輪機構、供油系統、自動換檔控制系統和換檔操縱機構五大部分。

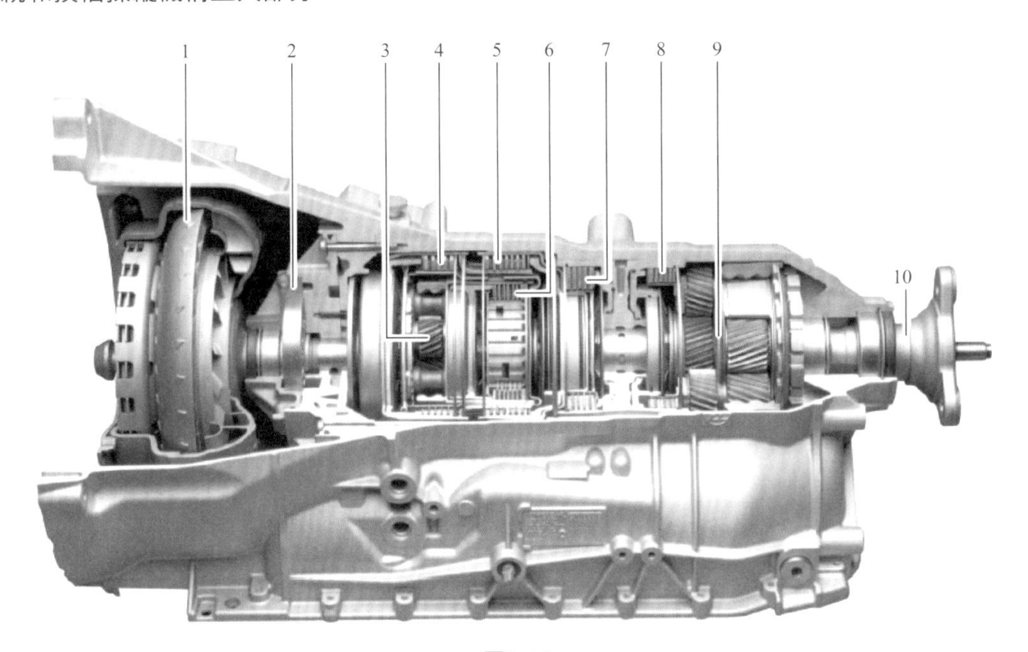

圖3-16

1—帶渦輪扭矩減震器（TTD）和變矩鎖定離合器的液體扭力變換接合器；2—自動變速箱油泵；3—單行星齒輪組；4—驅動離合器A；5—驅動離合器B；6—驅動離合器E；7—制動帶C；8—制動帶D；9—雙行星齒輪組；10—輸出軸接合凸線

構造解說

橫置6檔自動變速箱剖面圖如圖3-17所示。

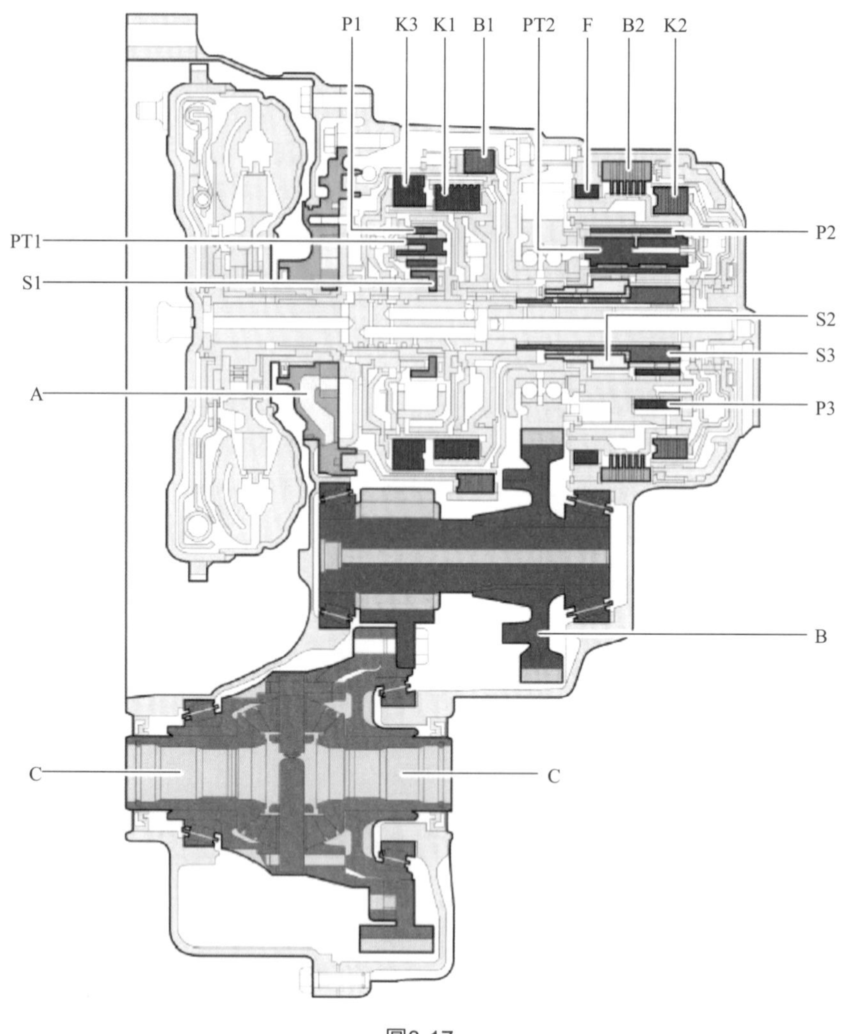

圖3-17

A—自動變速箱油泵；B—中間傳動；C—輸出/最後減速傳動；B1,B2—制動帶；
PT1,PT2—行星齒輪架；F—自由輪；S1～S3—太陽輪；
K1～K3—多片式離合器；P1～P3—行星齒輪

1.液體扭力變換接合器

構造解說 （圖3-18）

液體扭力變換接合器由泵輪、渦輪、導輪等組成。變矩鎖定離合器位於自動變速箱的最前端，安裝在引擎的飛輪上，其作用與採用手排變速箱的汽車中的離合器相似。它利用油液循環流動過程中動能的變化將引擎的動力傳遞到自動變速箱的輸入軸，並能根據汽車行駛阻力的變化，在一定範圍內自動地、無段地改變減速比和扭力比，具有一定的減速增矩功能。

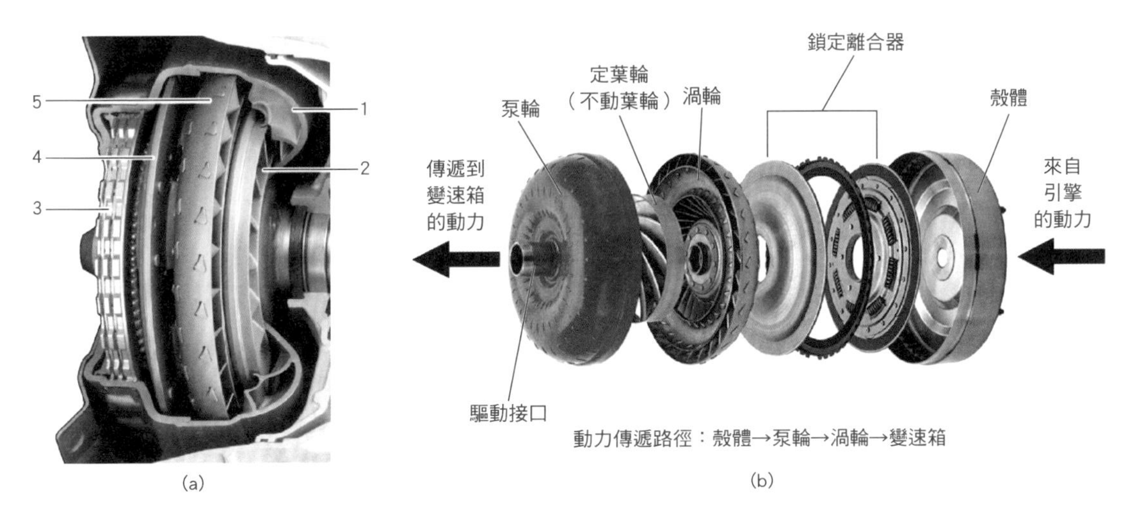

圖3-18

1—泵輪；2—導輪；3—液體扭力變換接合器鎖定離合器；

4—扭轉減震器（渦輪扭轉減震器或雙減震器系統）；5—渦輪

原理解說（圖3-19）

液體扭力變換接合器的工作原理就像帶空氣通道的一對風扇，一個風扇工作，然後將另一個不工作的風扇吹動，這可以很形象地解釋液體扭力變換接合器中泵輪和渦輪之間的工作關係。

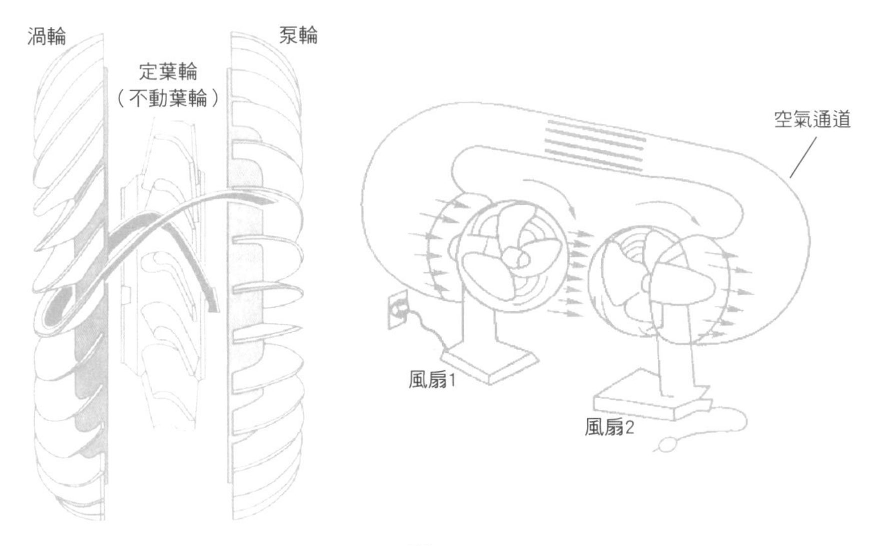

圖3-19

2.齒輪機構

典型齒輪變速機構的形式有平行軸齒輪系（回歸齒輪系、普通齒輪系）和行星齒輪系（包括辛普森輪系、拉維娜輪系等）。

構造解說 （圖3-20）

行星齒輪機構是由一個太陽輪、一個環輪、一個行星架和支承在行星架上的幾個行星齒輪組成的，稱為一個行星排。行星齒輪機構三元件：太陽輪、環輪、行星架。

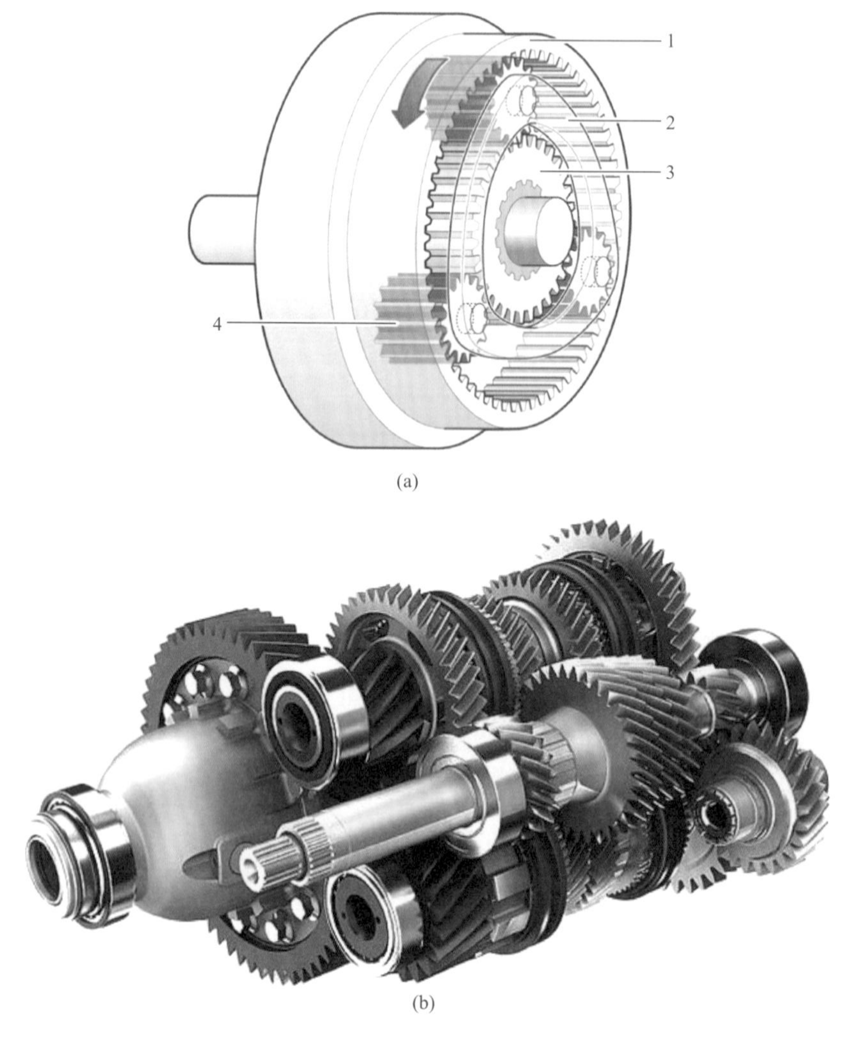

圖3-20

1—環輪；2—行星齒輪架；3—太陽輪；4—行星齒輪

第五節　差速器和最終減速

汽車引擎的動力經離合器、變速箱、傳動軸，最後傳送到差速器總成再左右分配給驅動軸驅動車輪，在這條動力傳送途徑上，最終減速是最後一個總成，它的主要部件是差速器和最終減速機檔。

一、差速器

構造解說　（圖3-21）

差速器主要是由兩個邊齒輪（通過驅動軸與車輪相連）、兩個差速小齒輪（差速器架與盆形齒輪連接）、一個齒圈（與動力輸入軸相連）組成的。它的兩個驅動軸可在不同轉速下運動，但又保持兩軸輸出的扭力相同。

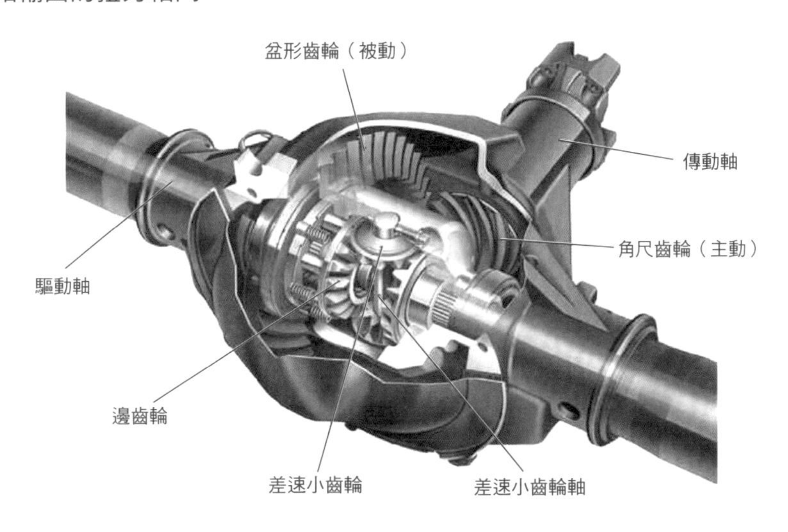

圖3-21

構造解說　（圖3-22）

差速器可在向兩側車輪傳輸相同作用力的情況下進行轉速補償。差速器內裝有差速小齒輪和邊齒輪，兩者相互嚙合。扭力通過差速小齒輪傳輸至邊齒輪再傳至驅動軸。

每一個錐齒輪都獲得可傳輸扭力的1/2。通過差速小齒輪實現的這項功能可在受不同車輪作用力的影響下自然轉彎。

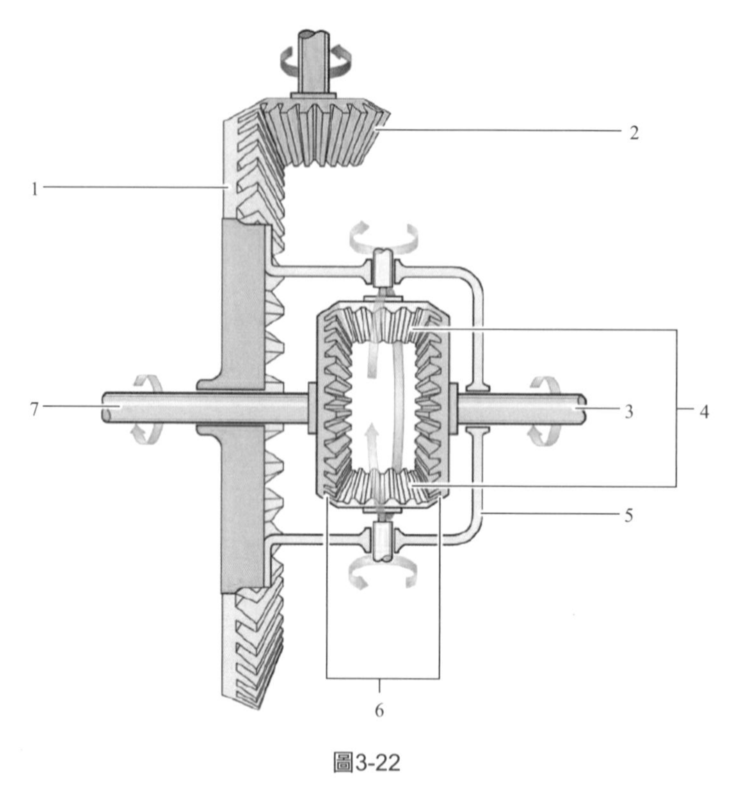

圖3-22

1—盆形齒輪；2—角尺齒輪；3—右側驅動軸（後軸）；4—差速小齒輪；
5—差速器殼（架）；6—邊齒輪；7—左側驅動軸（後軸）

原理解說

汽車差速器是最終減速的主件，它的作用就是在向兩邊驅動軸傳遞動力的同時，允許兩邊驅動軸以不同的轉速旋轉，滿足兩邊車輪盡可能以純滾動的形式不等距行駛，減小輪胎與地面的摩擦。

汽車在轉彎時車輪的軌跡是圓弧，如果汽車向左轉彎，圓弧的中心點在左側，在相同的時間里，右側車輪走的弧線比左側車輪長，為了平衡這個差異，應使左邊車輪慢一點，右邊車輪快一點，用不同的轉速來彌補距離的差異。

在汽車轉彎時，要求左、右車輪的轉速不同，而引擎傳給左、右驅動輪的力是一樣的，這就需要一個裝置來協調左、右驅動輪的轉速，這就是差速器的作用。它可以將變速箱輸出的扭力合理地分配給左、右驅動輪。在前置引擎前輪驅動車上，差速器佈置在前軸上（聯合傳動器裏）；在前置引擎後輪驅動車上，差速器佈置在後軸上（最終減速裏）；在中置引擎後輪驅動車上，差速器也佈置在後軸上（最終減速裏）。

二、最終減速

構造解說

最終減速的作用是將變速箱輸出的動力再次減速，以增加扭力，然後將動力傳遞給差速器。圖3-23所示為傳統差速器最終減速的結構示意。

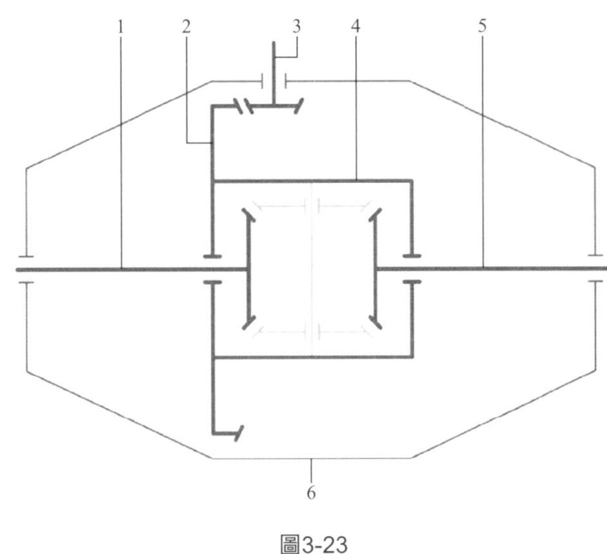

圖3-23

1—左側驅動軸（後軸）；2—盆形齒輪；3—角尺輪；4—差速器架；5—右側驅動軸（後軸）；6—殼體

原理解說

對於四驅汽車來講，前軸和後軸之間的軸間差速器，也稱中央差速器。中央差速器應是全時四輪驅動汽車上特有的裝置。前輪驅動的汽車在前軸需要一個差速器來平衡轉彎時左、右驅動輪的轉速，後輪驅動的汽車也是同樣如此。四輪驅動汽車同時擁有前輪及後輪的差速器。不過四輪驅動汽車在角度較大的轉彎時，雖然左、右輪的轉速可由前、後兩個差速器平衡協調，但前、後傳動軸的轉速仍然不夠平衡協調，此時就需依靠中央差速器或類似功能的耦合裝置來平衡前、後傳動軸的轉速了。

構造解說

圖3-24所示為電子防滑差速器最終減速的結構示意。

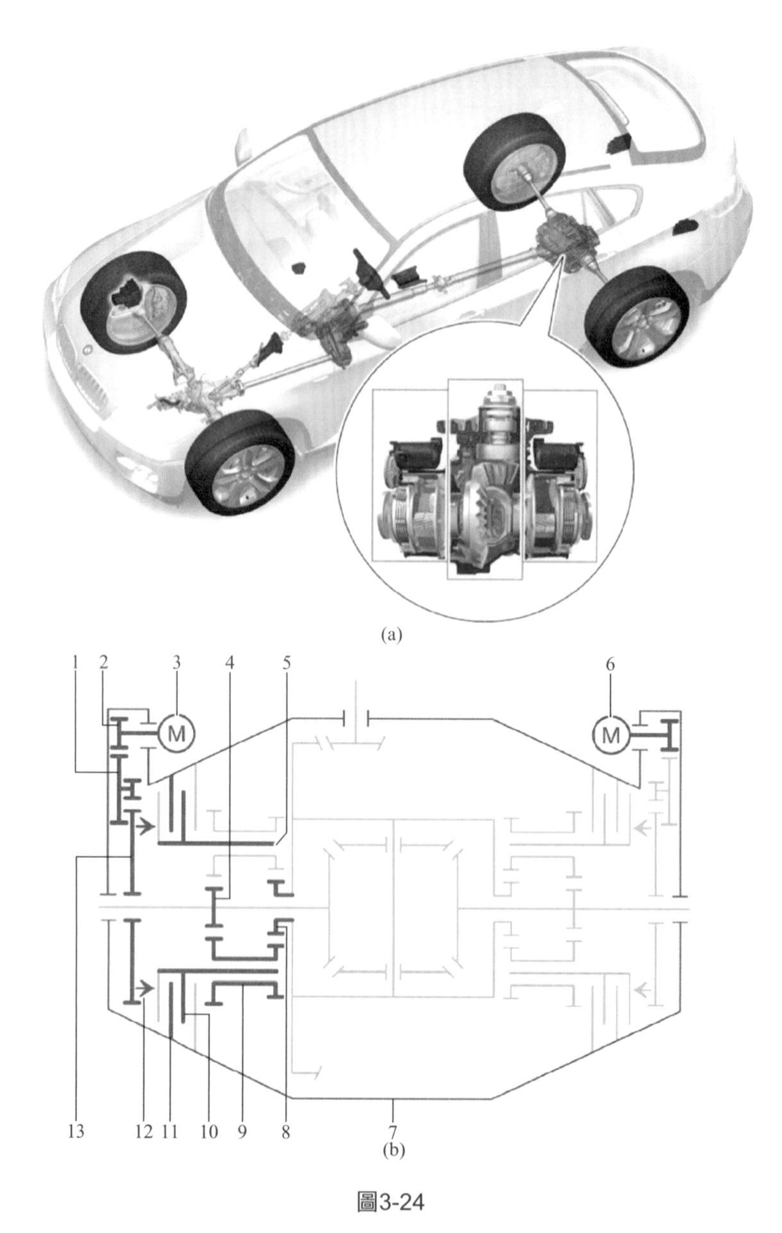

圖3-24

1—傳動齒輪；2—電機小齒輪；3—左側電機；4—外側太陽輪；5—行星齒輪架；6—右側電機；7—殼體；8—內側太陽輪；9—行星齒輪；10—摩擦片；11—摩擦片支架；12—球道；13—球道驅動齒輪

構造解說 （圖3-25）

針對動態驅動力穩定系統採用的電子防滑差速器與傳統最後減速差速器基本相同，只是在左右兩側各增加了一個電控多片式離合器組。唯一的區別在於盆形齒輪和差速器之間為焊接連接方式（以前為螺栓連接）。

兩個電控多片式離合器組的結構基本相同，但在細節上有所不同。例如，左右兩側的伺服馬達和行星齒輪組不同。此差速器最終減速有三個儲油室，共用一個通道通風。

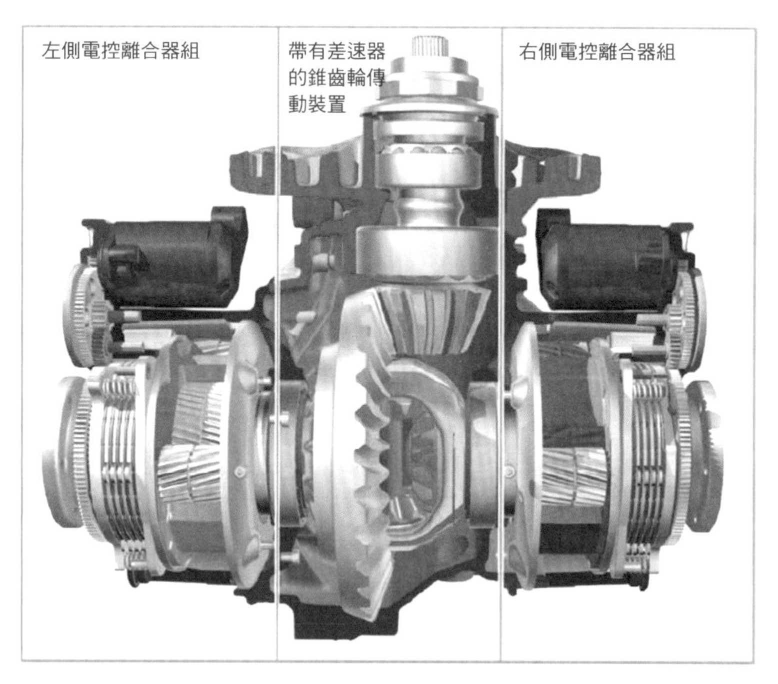

圖3-25

構造解說（圖3-26）

為了改善車輛牽引力，可安裝防滑差速器。防滑差速器用於防止驅動輪打滑。差速器內裝有鎖定元件。鎖定元件通常為多片式離合器，通過這些離合器片可使邊齒輪與差速器殼相連。通常以機械方式執行這項功能。

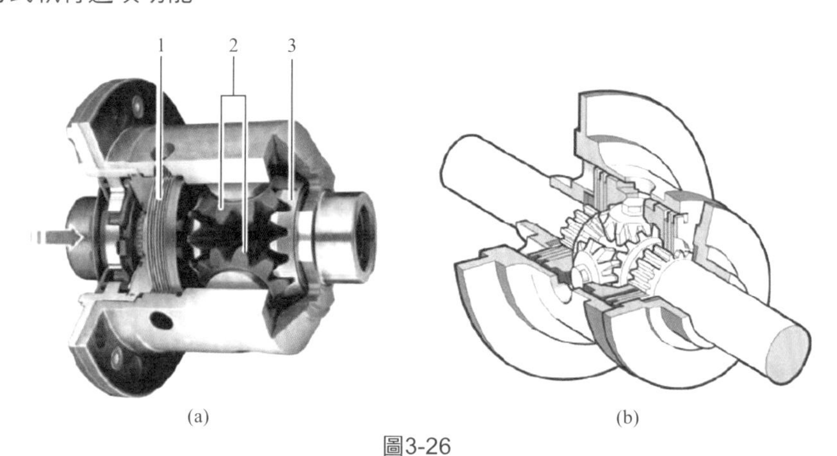

圖3-26

1—多片式離合器組；2—差速器小齒輪；3—邊齒輪

原理解說 （圖3-27）

（1）均勻的路面阻力

扭力通過盆形齒輪和差速器殼傳輸至壓環，壓環可軸向移動，因此扭力可通過多片式離合器片傳輸至嚙合的驅動軸。

（2）不同的路面阻力

如右側驅動輪打滑時，差速小齒輪也會轉動，差速小齒輪軸將壓環壓向兩個多片式離合器組。在壓緊力作用下，右側離合器組快速打滑的內嚙合摩擦片與外嚙合摩擦片之間產生一個取決於負荷的摩擦扭力。該摩擦扭力通過差速器殼、左側離合器組、左側驅動軸傳輸至左側驅動輪。除正常驅動扭力外，它也對右側驅動側產生作用。

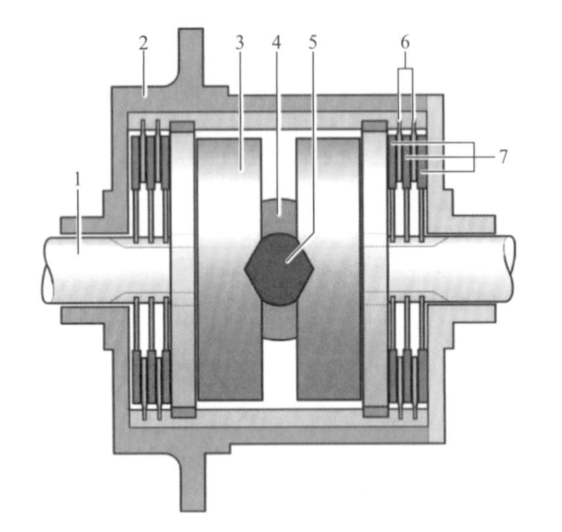

圖3-27

第六節　傳動裝置

一、傳動軸

構造解說 （圖3-28）

變速箱將動力傳輸至連接後差速器最終減速的軸上。為了減輕重量和噪聲，可採用鋼製或鋁合金傳動軸。傳動軸帶有一個變形元件（碰撞吸能元件），其前部採用碰撞吸能管設計，發生正面碰撞使引擎後移時，該管可變形回縮並吸收一定的作用力。

由於變速箱、分動箱和最終傳動以彈性方式支撐在車輛上且所處高度不同，因此傳動軸需使用可傳遞轉矩且允許特定交角的萬向接頭。此外還需進行長度補償，因為車軸彈簧壓縮等情況下，車輪與最終傳動之間的距離可能會發生變化。

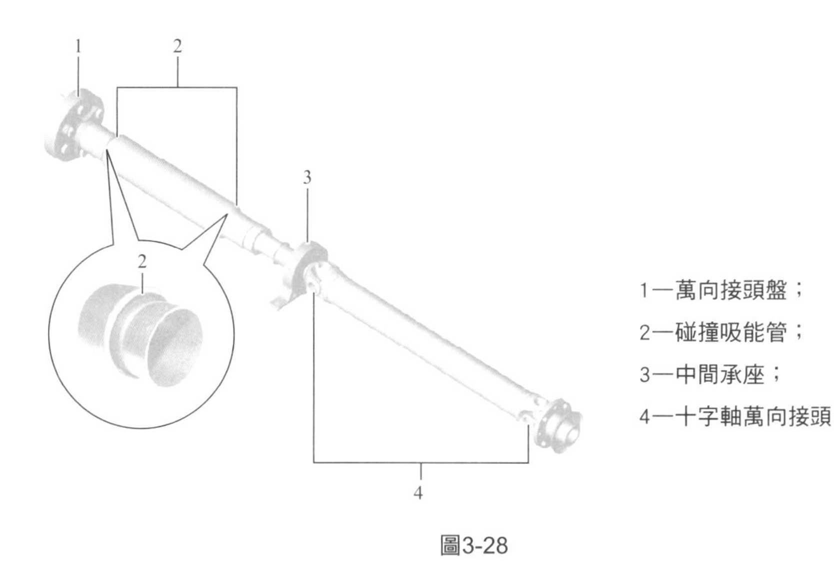

圖3-28

二、萬向接頭

構造解說 （圖3-29）

由於現在大多數車輛都採用彈簧行程較大的獨立懸吊，因此驅動軸尤其需要在差速器側和車輪側分別安裝能夠在相同交角時傳輸轉矩的萬向接頭。

採用前輪驅動時，根據轉向角情況所需最大交角為50°，因此只能使用等角速萬向接頭。等角速萬向接頭可在交角較大的情況下均勻傳輸轉速。此外，等角速萬向接頭還能在車輪彈簧壓縮和伸長時進行所需長度補償。

圖3-29

Chapter 04

第四章
汽車懸吊系統

Chapter 04 第四章
汽車懸吊系統

第一節　整體式懸吊

一、鋼板片狀彈簧整體式懸吊

構造解說　（圖4-1）

鋼板片狀彈簧中部通過U形螺栓固定在前軸上。鋼板片狀彈簧的前端吊架用彈簧銷與前支架相連，形成固定式鉸鏈支點，起傳力和導向作用；後端吊耳則用吊耳銷與可在車架上擺動的吊耳相連，形成擺動式鉸鏈支點，從而保證彈簧變形時兩彈簧眼中心線間的距離有改變的可能。

避震器的上、下兩個吊環通過橡膠襯套和連接銷分別與車架上的上支架和車軸上的下支架相連。片狀彈簧上裝有橡膠緩衝塊，以限制彈簧的最大變形，並防止彈簧直接碰撞車架。

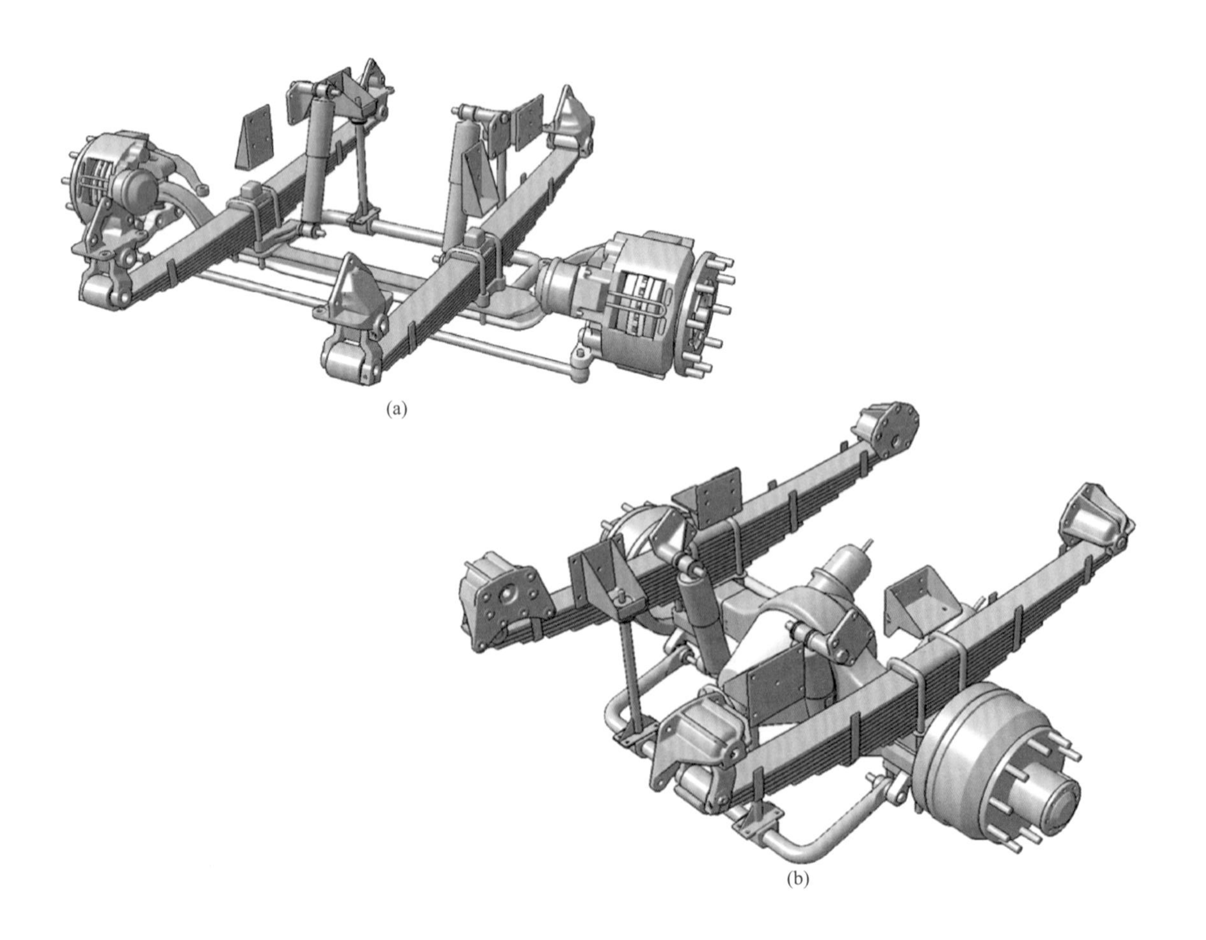

(a)

(b)

圖4-1

二、圈狀彈簧半獨立懸吊

構造解說 （圖4-2）

圈狀彈簧半獨立懸吊一般只用於轎車的後懸吊。兩根縱向拖曳臂（牛腿）的中部與扭力樑焊接為一體，前端通過帶橡膠的襯套與車身進行鉸鏈連接，後端與輪轂相連接。縱向拖曳臂用於傳遞縱向力及其扭力。整個扭力樑、拖曳臂及車輪可以繞橡膠襯套的鉸支點連線相對於車身上、下縱向擺動。

圈狀彈簧的上端裝在彈簧上座中，下端則支承在避震器外殼上的彈簧下座上，它只承受垂直力。避震器的上端與彈簧上座一起裝在車身底部的懸吊支座中，下端則與拖曳臂相連接。

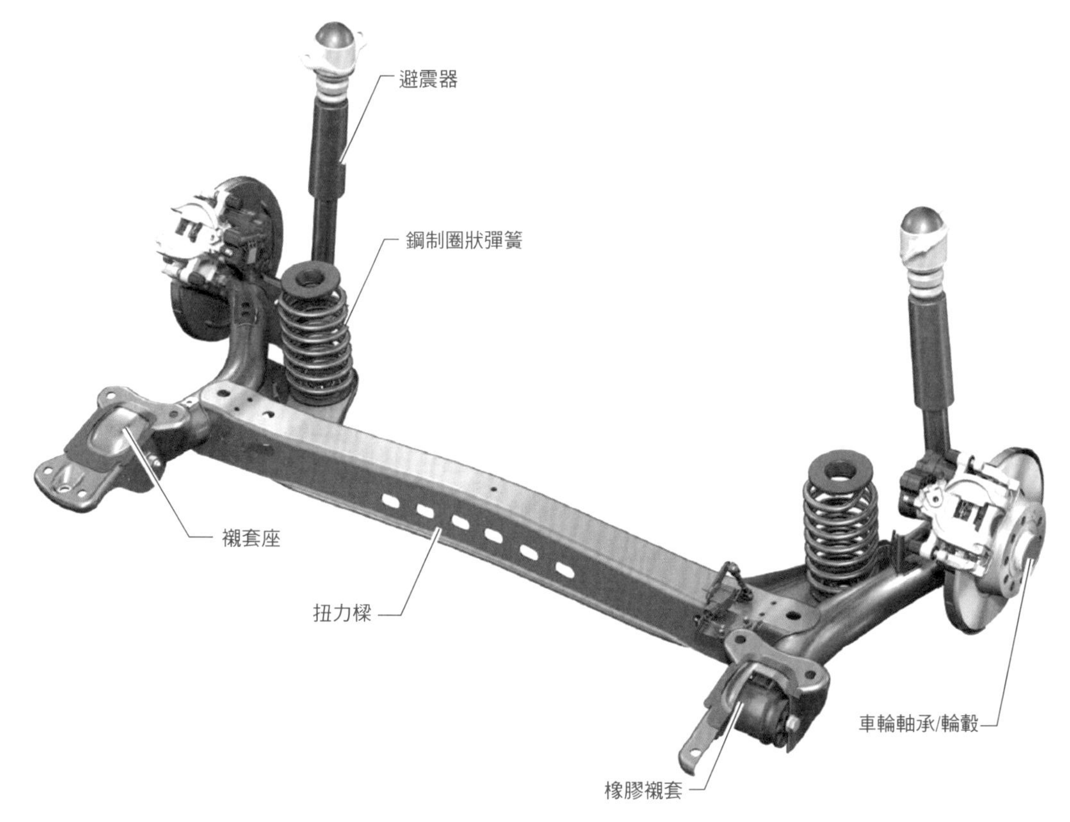

圖4-2

第二節　獨立懸吊

一、獨立懸吊優點

① 由於左、右車輪的運動相對獨立、互不影響，可以減少行駛時車架或車身的震動，同時可以減弱轉向輪的偏擺。
② 獨立懸吊的非簧載質量小，可以減小來自路面的衝擊和震動。
③ 獨立懸吊與各輪車軸配用，可以降低汽車的重心，提高汽車行駛的平順性。

二、麥花臣式獨立懸吊

構造解說　（圖4-3）

麥花臣式獨立懸吊目前在轎車中應用很廣泛。麥花臣式獨立懸吊結構較簡單，佈置緊湊，用於前懸吊時能增大兩前輪內側的空間，故多用於引擎前置前輪驅動的轎車上。

前輪採用麥花臣式獨立懸吊時，前輪定位各參數的變化較小，除前束可調整外，其他參數有的車型規定不可調整，有的車型則規定可以調整。

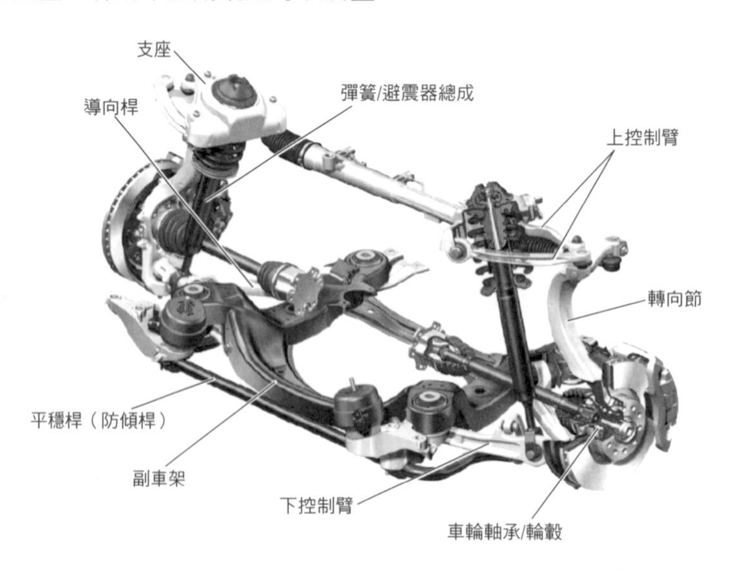

圖4-3

構造解說　（圖4-4）

後懸吊：獨立懸吊的調整是通過可調節後連接桿或下控制臂實現的。後圈狀彈簧固定在車身和下控制臂之間。橡膠隔震墊在頂部和底部都對圈狀彈簧進行了隔離。

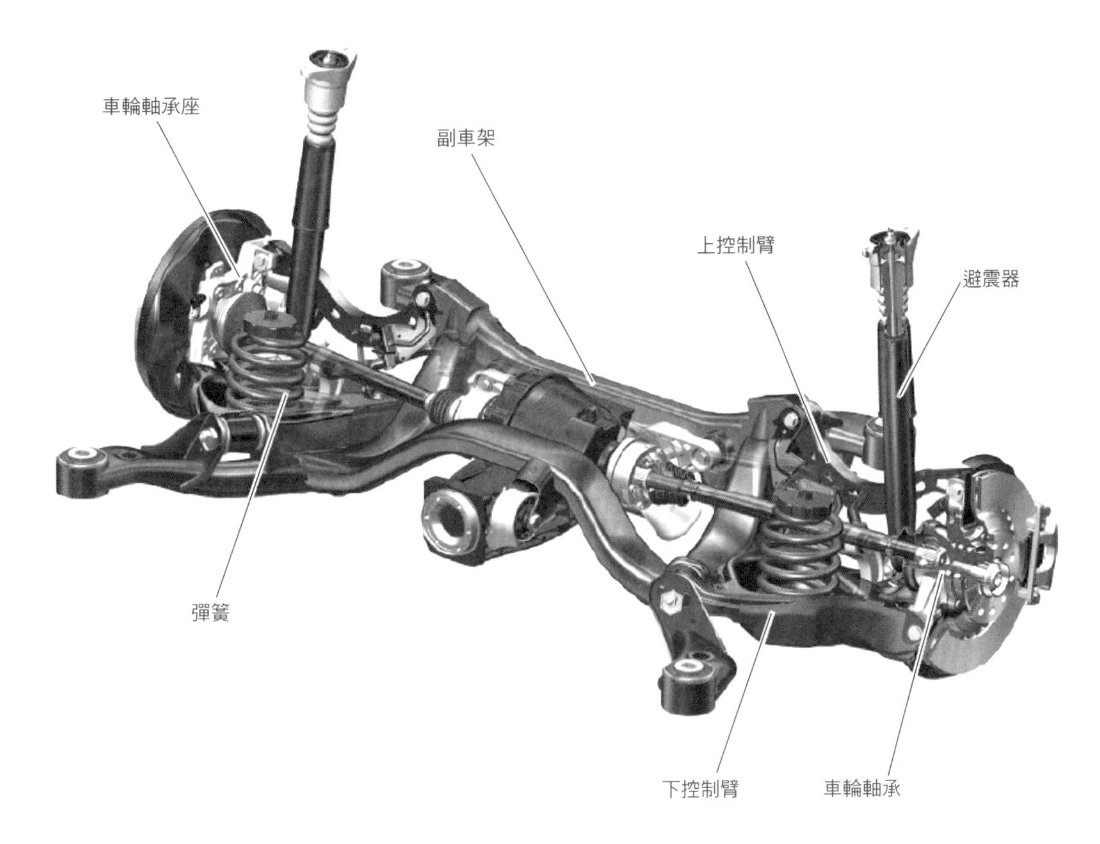

圖4-4

構造解說　（圖4-5）

多連桿式獨立懸吊：從結構上看，多連桿懸吊是由一些桿、筒以及彈簧等簡單構件組成的。多連桿懸吊是通過各種連桿配置把車輪與車身相連的一套懸吊機構，其連桿數比普通的懸吊要多一些，一般把連桿數為3或以上的懸吊稱為多連桿懸吊。前懸吊一般為3連桿或4連桿式獨立懸掛；後懸吊則一般為4連桿或5連桿式獨立懸吊。

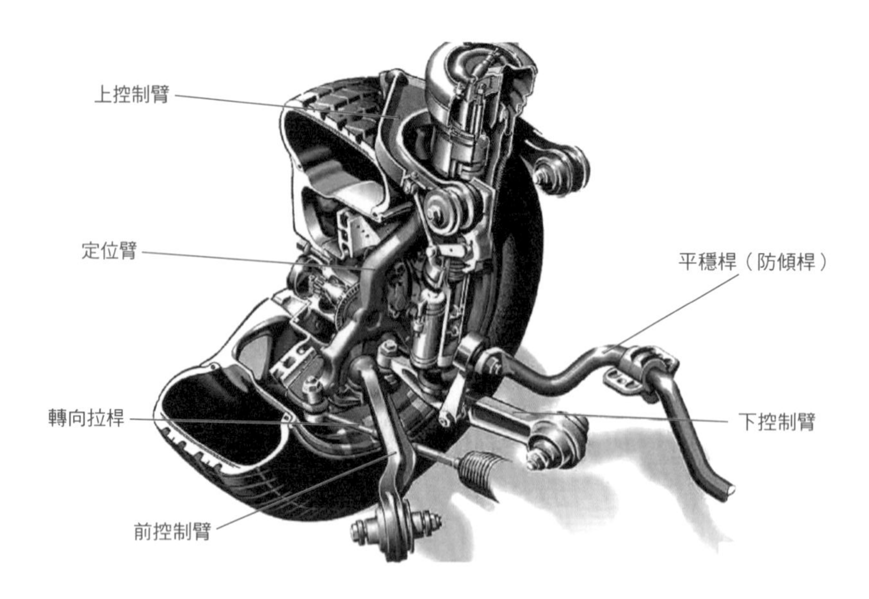

圖4-5

第三節　電子懸吊

電磁懸吊

電磁懸吊（Magnetic Ride Control）是利用電磁反應的一種新型獨立懸吊系統，它可以針對路面情況，在1ms時間內作出反應，抑制震動，保持車身穩定，特別是在車速很高又突遇障礙時更能顯出它的優勢。凱迪拉克作為最早使用電磁懸吊的廠商，其搭載電磁懸吊的車型相對較多。現款的SLS和Escalade都有配置電磁懸吊的車型。

構造解說

電磁懸吊的核心部件是內部充滿磁流變液體的電磁懸吊避震器。電磁懸吊避震筒的大體結構與傳統的懸吊避震筒相似，但在避震器內採用的是一種稱為電磁液的特殊液體，它是由合成碳氫化合物以及3～10μm大小的磁性顆粒組成的，電磁懸吊利用電極來改變吸震筒內磁性粒子的排列形狀，控制感測電腦可在1s內連續反應1000次。一旦控制單元發出脈衝信號，線圈內便會產生電壓，從而形成一個磁場，並改變粒子的排列方式。這些粒子馬上會按垂直於壓力的方向排列，起到阻礙油在活塞通道內流動的效果，從而提高阻尼系數，調整懸吊的減震效果。電磁懸吊避震筒活塞控制原理如圖4-6所示。

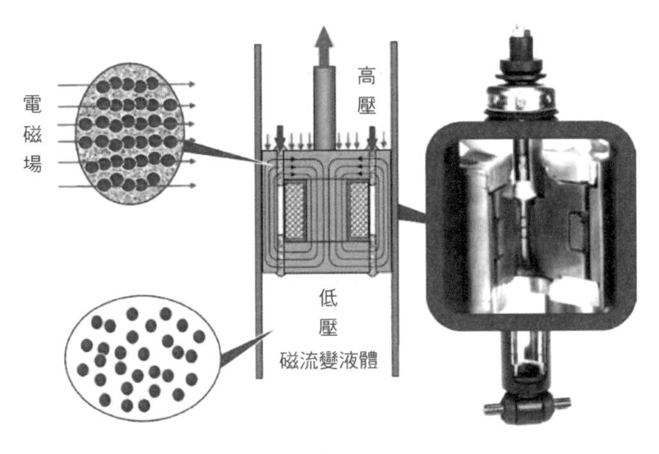

圖4-6

原理解說

普通避震器內有一個密封油室，油壓室內內有一個活塞，活塞兩側的油壓室都充滿液壓油，活塞上設置有節流孔。當活塞桿推動活塞在密封油壓室內運動時，液壓油通過節流孔由高壓側流向低壓側，從而抑制螺旋彈簧的壓縮和回彈，實現吸收震動的作用，一般來說這種避震器的阻尼特性是固定的。

在電磁懸吊中活塞上還設置有線圈，對線圈通電能夠產生磁場而改變位於節流孔中的磁流變液體的屬性，從而改變電磁懸吊避震器的硬度。通過線圈的電流越大，懸吊則越硬。電磁懸吊工作原理如圖4-7所示。

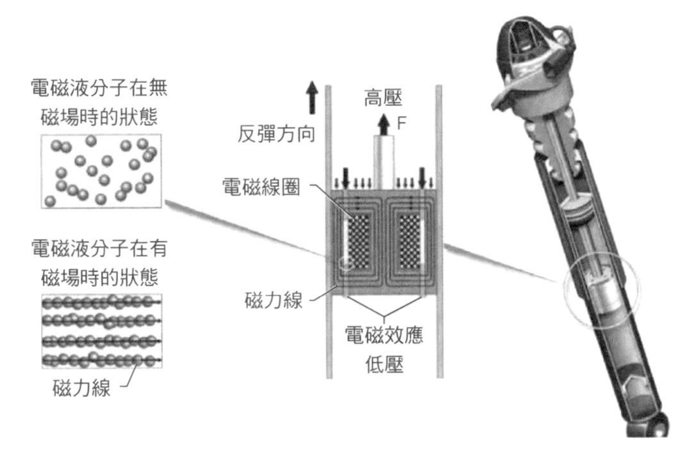

圖4-7

二、空氣懸吊

構造解說 （圖4-8）

空氣懸吊是採用空氣避震器的懸吊結構。空氣避震器中不像傳統避震器那樣充滿油液，而是用一個空氣泵向其充入空氣，通過控制空氣泵，便可調整空氣避震器中的空氣量或壓力，因此空氣避震器的硬度和彈性系數是可調的。空氣被壓縮得多，彈性系數大，能大大提高行駛舒適性和穩定性。

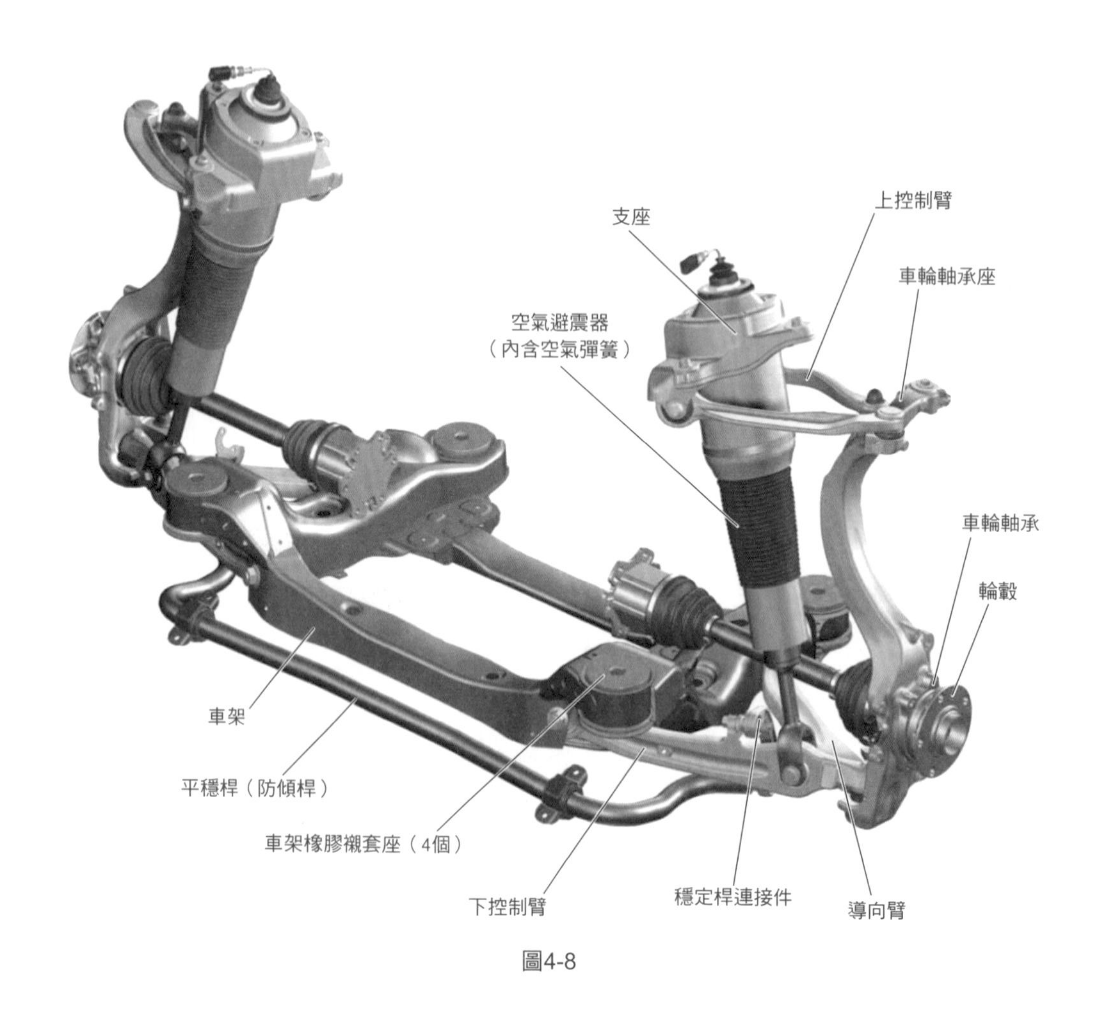

圖4-8

原理解說

電控空氣懸吊是通過電子控制單元計算懸吊的受力及感應路況，實時調整懸吊避震器剛度和阻尼系數的空氣懸吊。電控空氣懸吊系統通過避震器上與活塞整合為一體的電磁閥，可以根據需要調整，在15～20cm內對每個壓桿的阻尼進行調節，而避震器上的車輪加速感知器可以為保證方向操作性和穩定性提供最佳減震力。

空氣懸吊系統還能自動保持車身水平高度，無論空載還是滿載，車身高度都能恆定不變，這樣在任何載荷情況下，懸吊系統的彈簧行程都保持一定，從而使減震特性基本不會受到影響。因此，即便是滿載情況下，車身也很容易控制。

三、新型懸吊控制系統

1.主動懸吊控制系統

汽車主動懸吊控制系統主要由前車身高度感知器、後車身高度感知器、方向盤轉向與轉角感知器、節汽門位置感知器、車速感知器、控制開關、電子調節懸吊電控單元和作動器等組成。主動懸吊控制系統主要有主動車身穩定控制系統、連續性阻尼控制系統等。

主動懸吊控制系統的基本要求是在汽車行駛路面、行駛速度和載荷變化時，自動調節車身高度、懸吊剛度和避震器阻尼的大小，從而改善汽車的行駛平順性。

（1）主動車身穩定控制系統

主動車身穩定控制系統使汽車對側傾、俯仰、橫擺、跳動和車身高度的控制都能更加迅速、精確。車身的側傾小，車輪外傾角變化也小，輪胎就能較好地保持與地面垂直接觸，使輪胎對地面的附著力提高，以充分發揮輪胎的驅動、煞車作用。汽車的載重量無論如何變化，汽車始終以懸吊的幾何形式保持車身高度不變。

（2）連續性阻尼控制系統

連續性阻尼控制（Continuous Damping Control，CDC）系統是一種智能識別道路狀況的最新汽車減震系統。

CDC系統由電子控制單元、CAN、4個車輪垂直加速度感知器、4個車身垂直加速度感知器和4個阻尼器比例閥組成。

電子控制單元根據感知器傳來的信號和駕駛給予的控制模式，經過運算分析後向懸吊發出指令，懸吊可以根據電子控制單元給出的指令改變懸吊的剛度和阻尼系數，使車身在行駛過程中保持良好的穩定性，並且將車身的震動響應控制在允許範圍內。

2.底盤系統（底盤CANBUS）

汽車底盤數位網絡控制系統的核心是控制驅動系統、轉向系統和煞車系統。數位網絡控制系統的電子控制器根據駕駛指令來控制引擎的轉速和方向，並且通過油門踏板來控制引擎輸出扭力的大小。數位網絡轉向系統由轉向系統、電子控制系統和方向盤系統三部分組成，去除了轉向輪與方向盤之間的機械連接裝置，使其自身與其他系統更加協調。數位網絡煞車系統由接收單元、踏板行程感知器和煞車踏板等組成，經煞車控制器接收車速感知器信號、踏板信號與煞車信號來控制車輪煞車。

數位網絡控制系統是行動機構和操縱機構兩者沒有機械連接和機械能量的傳遞，駕駛的操縱指令通過感知器感測，再採用數位信號等形式經過網絡傳遞給執行機構與電子控制器。其中，執行機構利用外部能源完成相應的任務，而其執行的整個過程和執行結果受底盤電腦的控制與監測。

3.連續控制底盤系統

連續控制底盤系統（Continuously Controlled Chassis Concept，4C）由電子控制全時四輪驅動系統和持續調校懸吊系統構成。

連續控制底盤系統可利用縱向、橫向、滾動及傾斜感知器，加上車輪速度、方向盤角度、輸出功率及煞車力等數據，對動力分布及懸吊進行調節。其基本工作原理是，分布在底盤的相應感知器可測量車身相對於道路的縱向、橫向和垂直方向的加速度，並通過防鎖死煞車器和穩定控制系統來測量每個車輪的旋轉和垂直運動、方向盤的偏轉角、速度、轉向、引擎扭力以及各種緊急障礙數據等，整個過程以電子線路的形式與轎車全輪驅動系統相連接。由感知器收集上來的數據主動上傳給微處理器，再由微處理器將這些信息反饋給避震器。

第四節　輪胎

構造解說（圖4-9）

輪胎分為輻射層輪胎和偏角層輪胎，現在使用的輻射層輪胎主要由以下部分組成：底層織物（胎體）；胎唇（胎圈芯和胎圈加強部分）；胎壁（輪胎側壁）；胎肩〔側壁與運行表面（胎冠）之間的過渡部分〕；胎面（鋼帶束、覆蓋層、輪胎花紋）。

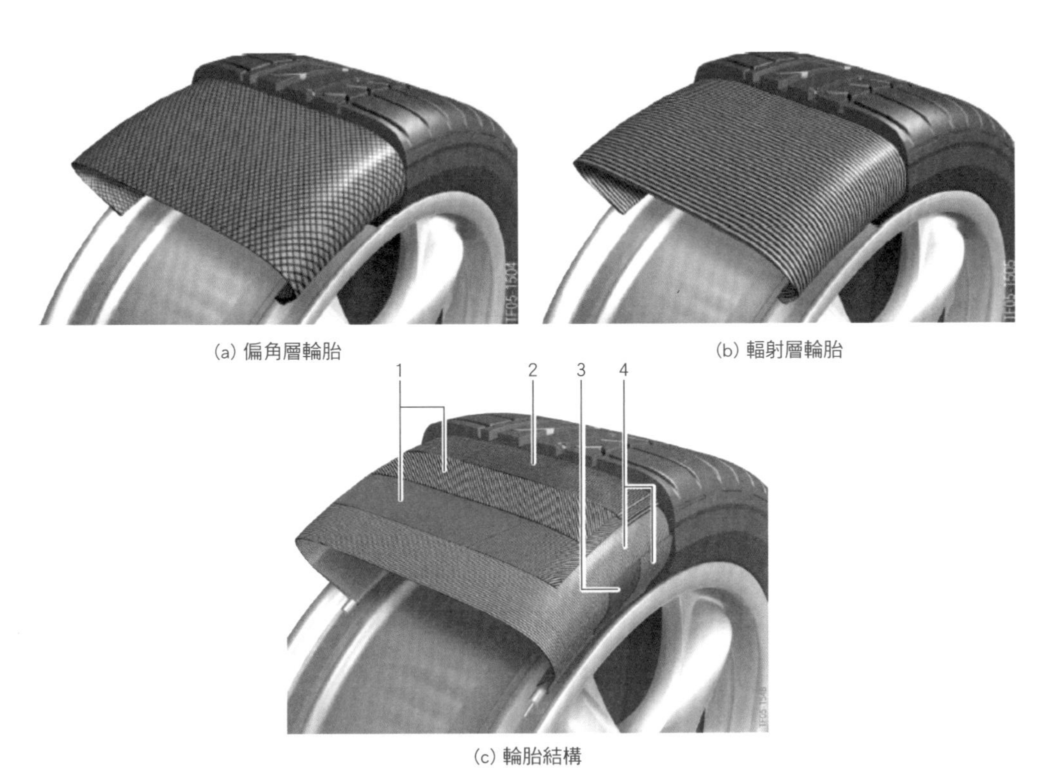

(a) 偏角層輪胎

(b) 輻射層輪胎

(c) 輪胎結構

圖4-9

1—鋼帶束組件，由兩個約25°重疊佈置的鋼絲帶束層組成，下層比上層約寬10mm；

2—以纏繞方式佈置在四周的尼龍覆蓋層蓋住整個鋼帶束組件，從而改善了最高速度特性；

3—用於優化行駛特性的胎唇加強部分；4—輻射層織物胎體可以在內部壓力較高時，使輪胎保持形狀不變

構造解說 （圖4-10）

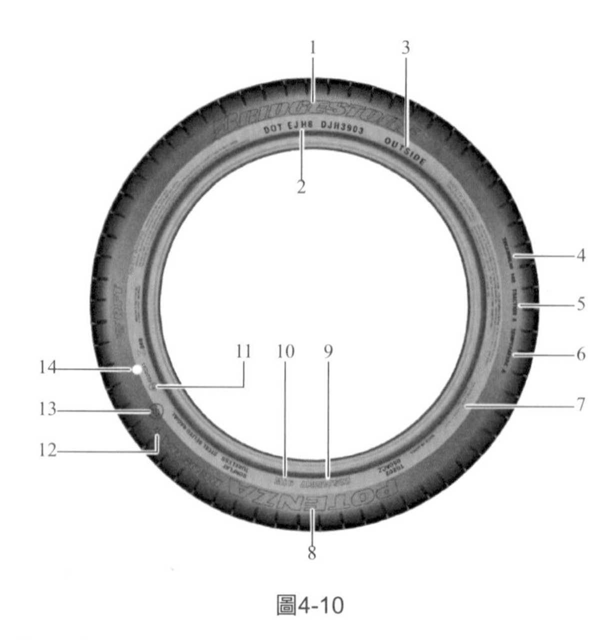

圖4-10

1—輪胎製造商；2—DOT標記（11位），EJH8和DJH是製造商專用編號，這個數據代表生產廠、製造國家、輪胎規格和型號，3903表示2003年第39周；3—輪胎安裝方向，外側（相對於車輛來說）；4—TREADWEAR 140，預期使用壽命比例（%），耐磨損性（140%），相對美國標準；5—TRACTION A，濕地抓地力AA、A、B、C，相對美國標準；6—TEMPERATURE A，評估高速時的耐高溫性能A、B或C，相對美國標準；7—胎體層/帶束層/帶束覆蓋層數量和材料，例如側壁為2層人造纖維，胎面為2層人造纖維、2層鋼帶束、1層尼龍；8—輪胎花紋名稱；9—225/45R17表示輪胎寬度（mm）/輪胎側壁相對輪胎面寬度的高寬比（%）/輻射層輪胎/輪圈直徑（in）；10—91/W表示負荷指數615kg/允許最高速度270km/h；11—ECE批准編號；12—星號表示原裝BMW輪胎；13—RSC表示漏氣保用系統組件；14—顏色標記，白點為安裝輪圈匹配點

構造解說 （圖4-11）

輪胎的安全性，尤其是在潮濕、泥濘和冰雪路面上的安全性主要取決於輪胎花紋深度。新的夏季和四季輪胎花紋深度約為8mm；冬季輪胎花紋深度約為9mm。通過輪胎花紋深度標記可以判斷是否達到了最小花紋深度。

通常把胎面磨耗指示線稱為胎紋磨耗指示（TWI），該標記用於表示磨耗極限值。TWI標記的高度為1.6mm，在輪胎圓周上共有六處。

圖4-11

構造解說 （圖4-12）

從輪胎負荷指數標記中可以得到代碼形式表示的輪胎最大承載能力。例如225/45R17 91W中數字「91」表示每個輪胎承重為615kg，或每個車軸總承重為1230kg。

負荷指數LI

225/45R17 91W

LI	承重/kg	LI	承重/kg	LI	承重/kg
85	515	99	775	113	1150
86	530	100	800	114	1180
87	545	101	825	115	1215
88	560	102	850	116	1250
89	580	103	875	117	1285
90	600	104	900	118	1320
91	615	105	925	119	1360
92	630	106	950	120	1400
93	650	107	975	121	1450
94	670	108	1000	122	1500
95	690	109	1030	123	1550
96	710	110	1060	124	1600
97	730	111	1090	125	1650
98	750	112	1120		

圖4-12

構造解說 （圖4-13）

通過輪胎排除靜電：輪胎的另一項任務是排除車身上的靜電電荷。這種電荷是因行駛時風與車身摩擦等而產生的。中心碳帶環繞在花紋表面上，寬度為2～4mm。

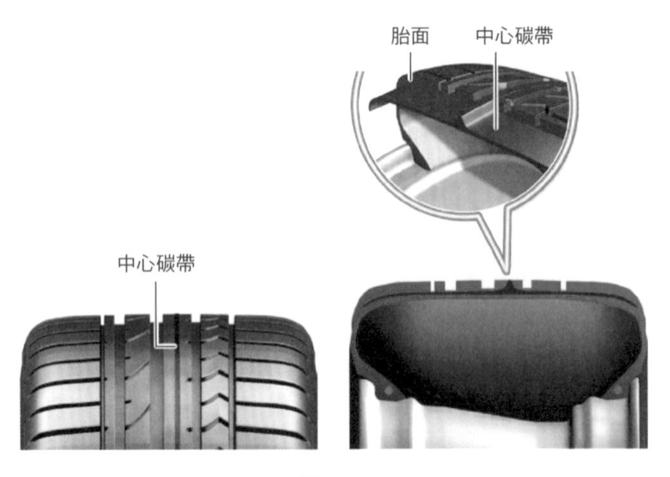

圖4-13

第五節　車輪定位

一、車輪前束

構造解說（圖4-14）

一個車軸的總前束是指一個車軸上車輪前後距離之間的長度差。

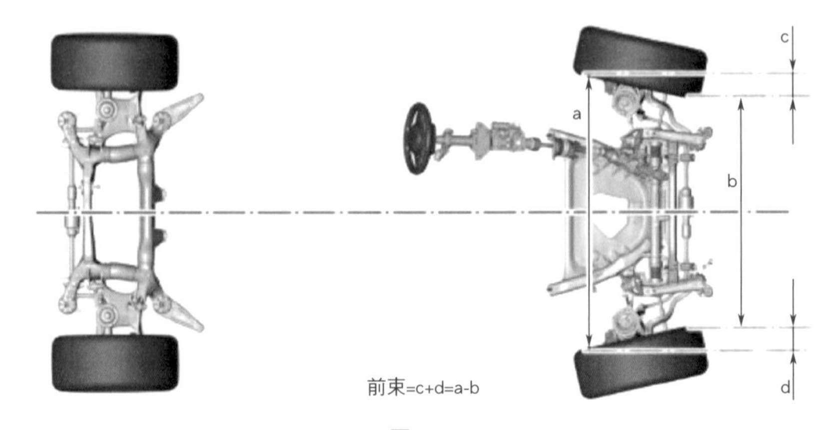

圖4-14

二、車輪外傾角

構造解說 （圖4-15）

車輪外傾角是指車輪中心線相對垂直線（車輪支撐點處，相對路面垂直）處於傾斜位置。如果車輪上部相對車輪中心平面向外傾斜，則外傾角為正（＋）；如果車輪向內傾，則為負（－）。車輪外傾以度數為單位測量。

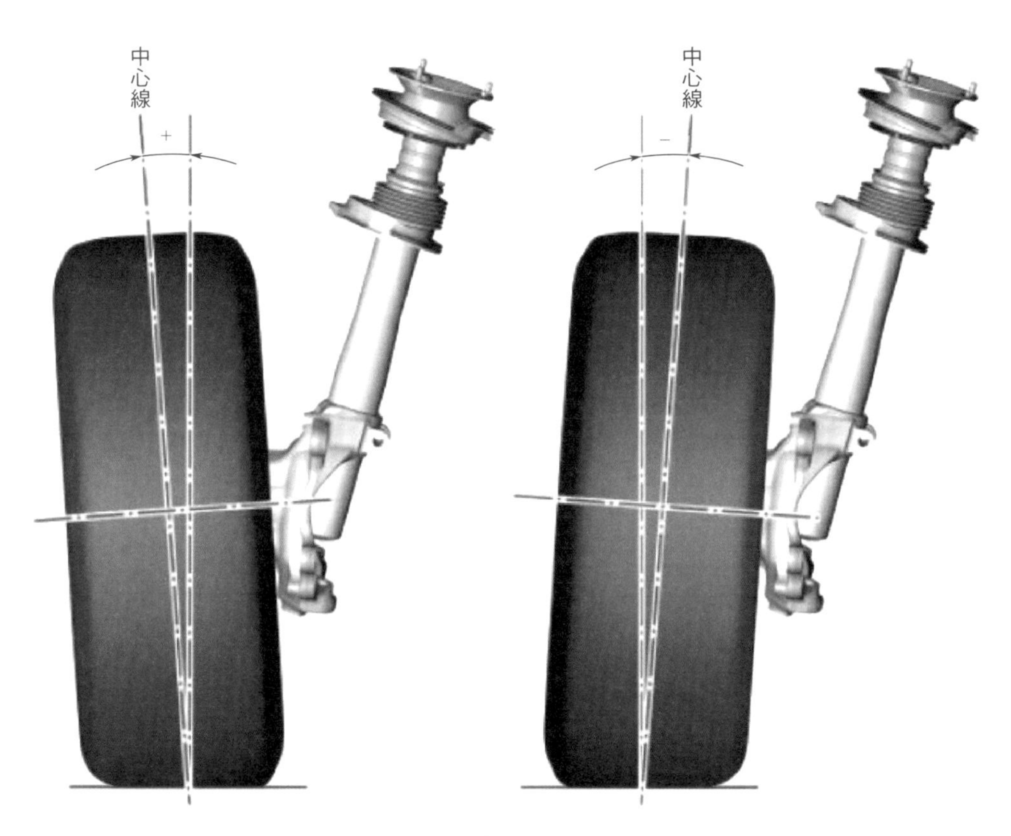

圖4-15

三、大王銷內傾角

構造解說 （圖4-16）

大王銷（轉向軸線）內傾角是指轉向軸線相對垂直線（車輪支撐點處，相對路面垂直，向車輛轉向軸方向看）處於傾斜位置。轉動方向盤時轉向軸線內傾使車輛升高，這樣就會產生車輪回正力。

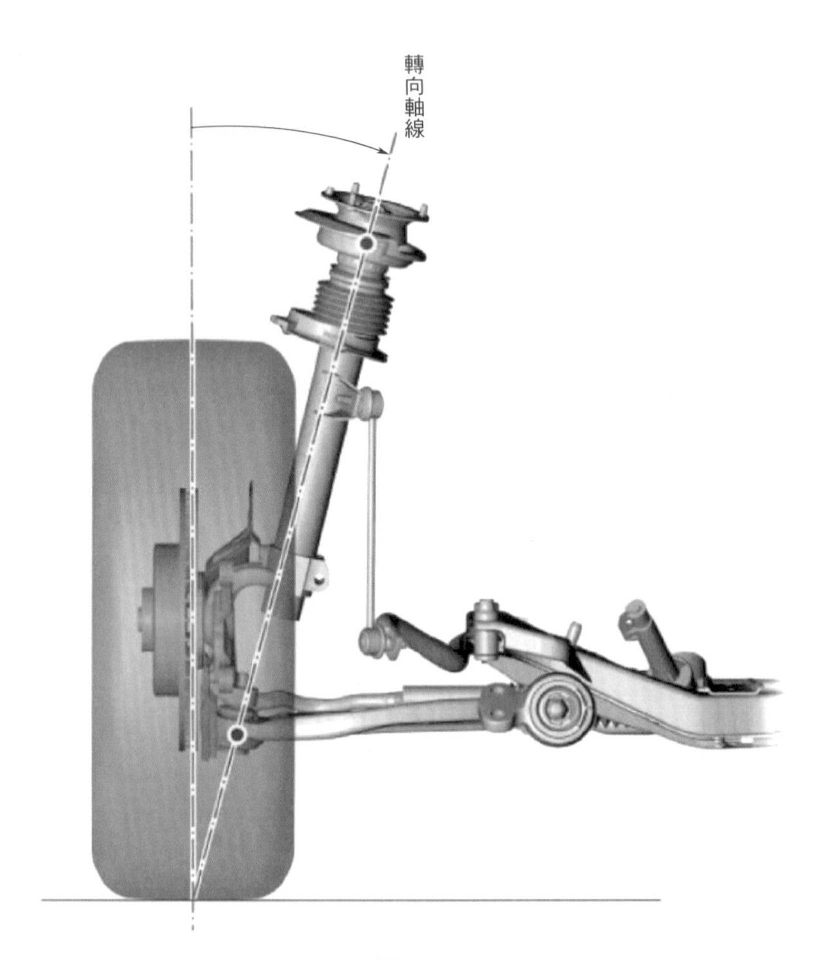

圖4-16

四、大王銷後傾角

構造解說 （圖4-17）

大王銷（轉向軸線）後傾角是指從車輛側邊視察轉向軸線處於傾斜位置。

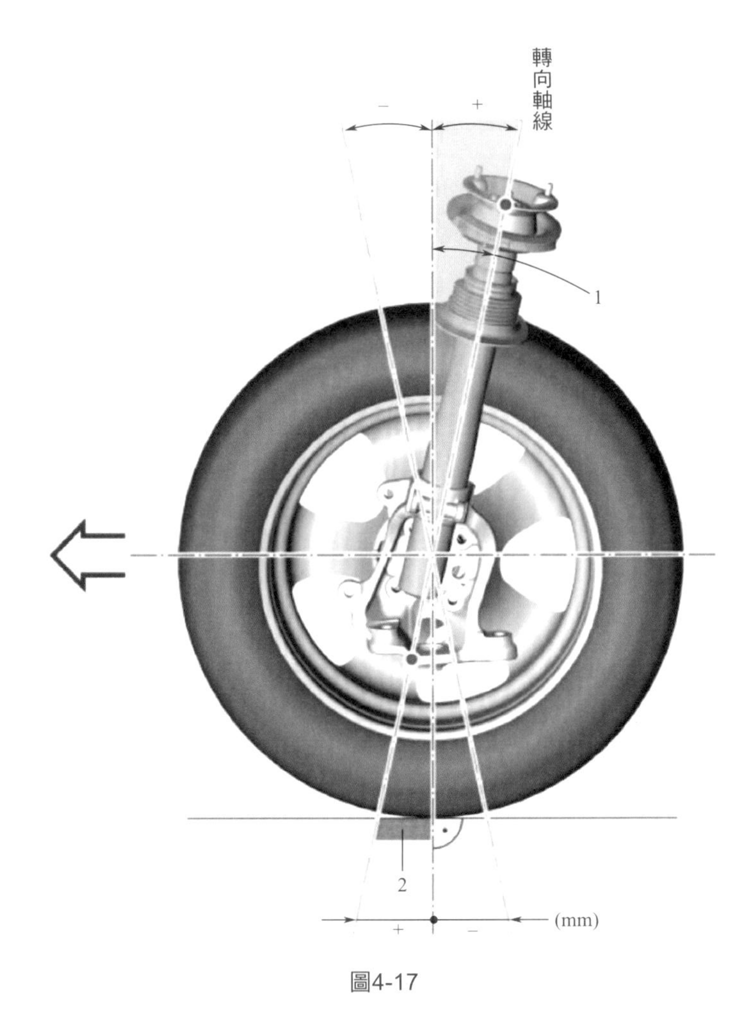

圖4-17

1—大王銷後傾角；2—大王銷後傾引導距

Chapter 05

第五章
汽車轉向系統

第一章
瞭解汽車

第二章
汽車引擎

第三章
汽車傳動系統

第四章
汽車懸吊系統

Chapter 05 第五章 汽車轉向系統

第六章
汽車煞車系統

第七章
汽車電氣系統

第八章
汽車車身系統

第一節　概述

轉向系統決定車輛行駛的方向。該系統負責車輛平穩、穩定以及安全轉向。它必須穩固和完全可靠。轉向系統由轉向操縱機構、轉向機和轉向傳動機構三個基本部分組成。

構造解說 （圖5-1）

（1）轉向操縱機構

轉向操縱機構是駕駛轉動使車輛轉向的零件，包括方向盤、轉向軸和轉向管柱。

（2）轉向機

轉向機降低轉向軸轉動速度的同時，將轉向軸的轉動傳遞給轉向傳動機構。轉向機箱體總成直接連接到車架。

（3）轉向傳動機構

轉向傳動機構除了將齒輪運動傳遞給前輪外，還要保持左、右輪之間的正確關係。轉向傳動機構包括轉向搖臂、直拉桿、轉向節臂和橫拉桿等。

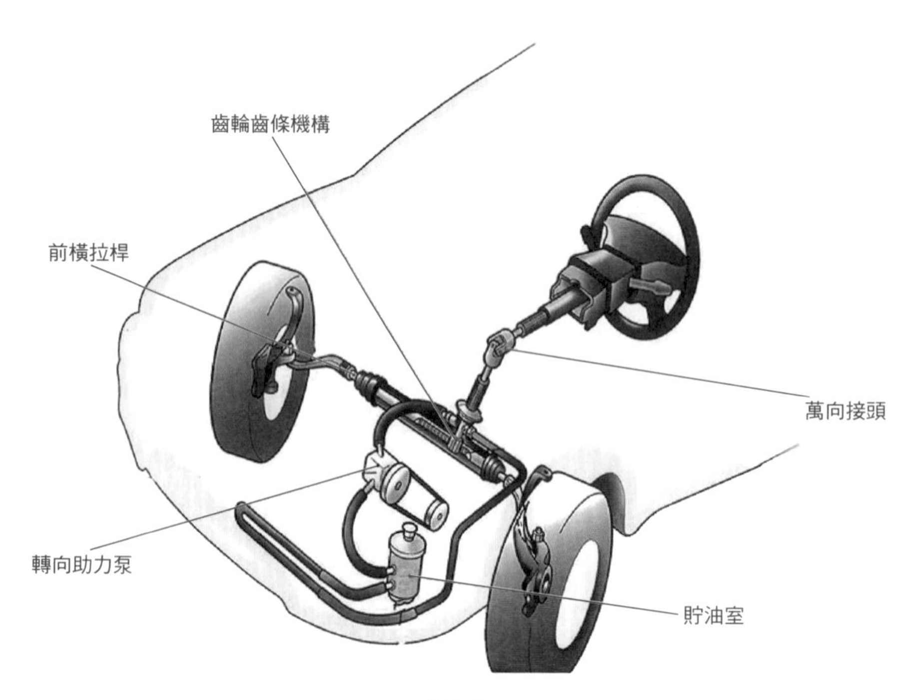

圖5-1

第二節　轉向機

有兩種形式的轉向機幾乎用在當今所有車型上，循環軌跡螺帽式（RB）和齒條與小齒輪式（RP）。RB式通常用於商用車輛上，RP式用於乘用車上。RB式具有兩個優點：一個是可靠性比較高；另一個是受輪胎反衝力的影響較小，輪胎反衝會引起轉向操縱機構震動。RP式也具有兩個優點：一個是重量較輕；另一個是結構更簡單，成本更低。

構造解說　（圖5-2）

RB式轉向機上，螺桿和螺帽之間有幾個滾珠。當方向盤轉動時，螺桿使球轉動，然後移動螺帽，最後使扇形齒輪轉動。因為使用這種系統摩擦損失非常小，所以這種形式的轉向系統可靠，並有助於使轉向更輕鬆。

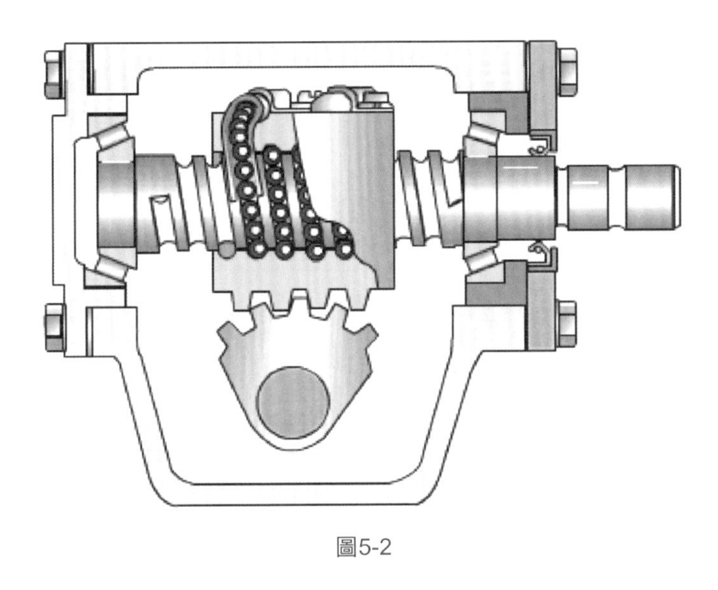

圖5-2

構造解說　（圖5-3）

RP式轉向機上，有一個小齒輪連接到轉向軸末端，它與齒條嚙合，來改變車輪方向。由於齒條作為橫拉桿，直接由轉向軸驅動，所以轉向運動響應性非常好。這種形式的轉向機結構也相對簡單。

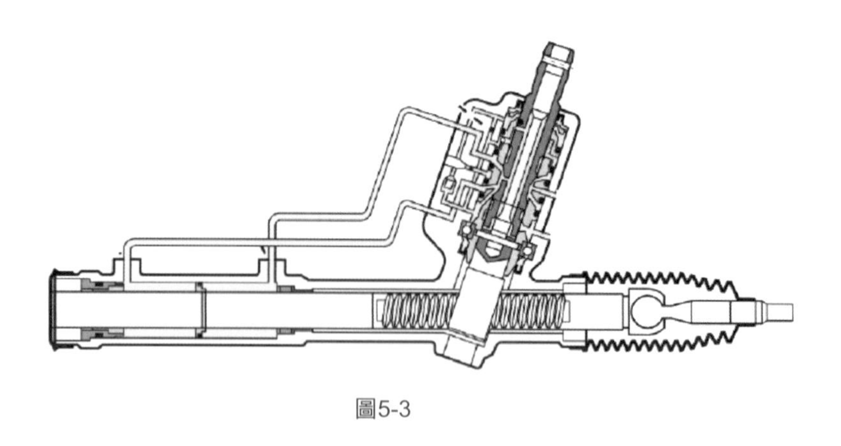

圖5-3

第三節　轉向操縱機構

構造解說 （圖5-4）

轉向操縱機構部件包括方向盤、轉向軸、轉向管柱和轉向軸萬向接頭。起動鑰匙開關部件安裝在轉向管柱蓋中。為了安全，方向盤轉動可以透過取出起動鑰匙和使用螺栓鎖定，然後將軸固定到轉向管柱上。某些轉向系統可能具有傾斜調整或伸縮裝置，以使駕駛更舒適。

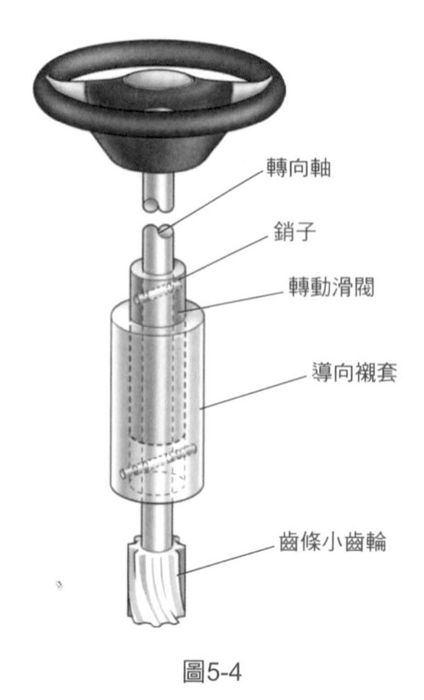

圖5-4

原理解說

（1）轉向管柱和轉向軸

轉向軸位於轉向管柱內部。轉向管柱支承轉向軸並將其固定到位，在轉向軸頂部為方向盤，底部為撓性連接或萬向接頭，以及其他將方向盤轉動傳遞到轉向機的零件。

（2）可收縮轉向操縱機構

可收縮方向盤和轉向管柱用於防止駕駛在事故中受到嚴重傷害。在碰撞開始過程中可收縮轉向管柱被壓下時，在防止方向盤傷害駕駛的同時，也緩衝了駕駛與方向盤的二次碰撞。通過沿轉向管柱垂直收縮，碰撞的能量被轉向軸或轉向管柱吸收。

構造解說 （圖5-5）

機械或電動轉向管柱調節的主要部件結構基本沒有區別，這兩種轉向管柱都配有電動轉向鎖。

機械式轉向管柱調節是通過兩組金屬薄片來固定的，每組各有8片鋼片。每4片鋼片均可進行軸向調節，鋼片上用於調節的間隙是呈軸向佈置的。每側的另4片鋼片是呈垂直方向佈置的，用於完成轉向管柱的垂直調節。由兩個滾輪沿盤形凸輪的斜面向上運動來完成夾緊過程。偏心彈簧將槓桿固定住。

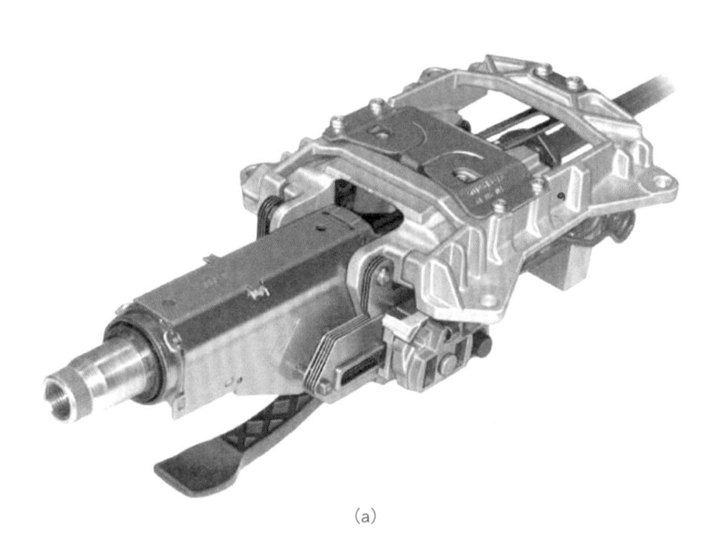

(a)

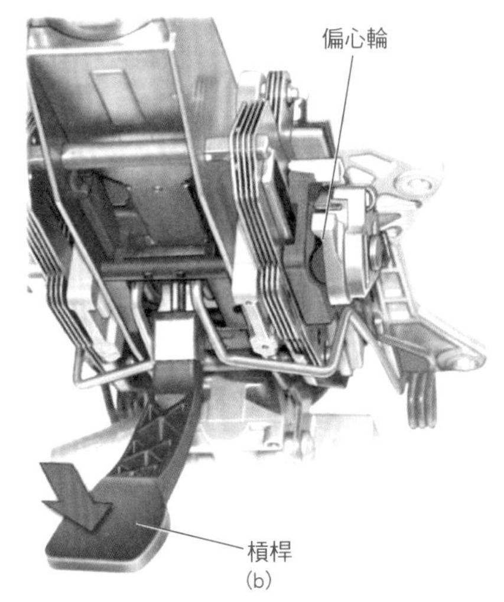

(b)

圖5-5

構造解說 （圖5-6）

電動式轉向管柱調節的軸向調整：帶有減速器的步進馬達和螺桿與箱式搖臂是固定在一起的，帶有轉向管柱的導板盒與調整座是固定在一起的，螺桿穿鎖在調整座的內螺紋內，螺桿的旋轉運動轉換成導板盒和轉向管柱的軸向運動。步進馬達內有一個霍爾感知器，該感知器會測出步進馬達轉動的圈數，控制單元由此就可計算出轉向管柱目前的位置。

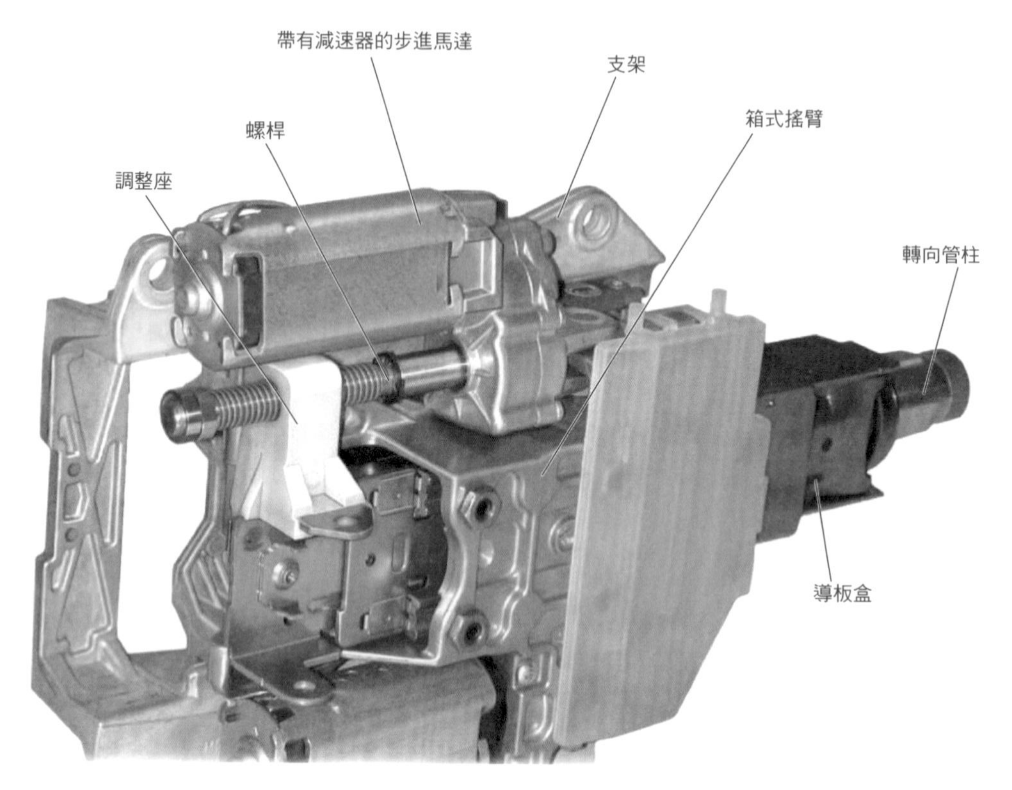

圖5-6

構造解說 （圖5-7）

電動式轉向管柱調節的垂直調整：帶有導板盒和轉向管柱的箱式搖臂是支承在支架內且可轉動的，帶有軟性軸、螺桿和減速器的步進馬達與箱式搖臂是固定在一起的，支架內裝有一個螺紋套，螺桿就穿鎖在該套內，螺桿的轉動會使螺紋套在垂直方向運動。帶有導板盒和轉向管柱的箱式搖臂就會繞共同的旋轉中心轉動，螺桿的另一端與一個圓柱齒輪固定在一起，這個轉動通過一條齒形帶傳到轉向管柱另一面的一根螺桿上，在這面使用相同的部件來進行調整。這種兩面支承可以大大提高轉向管柱的連接剛度。步進馬達內有一個霍爾感知器，該感知器會測出步進馬達轉動的圈數，控制單元由此就可計算出轉向管柱當前的位置。

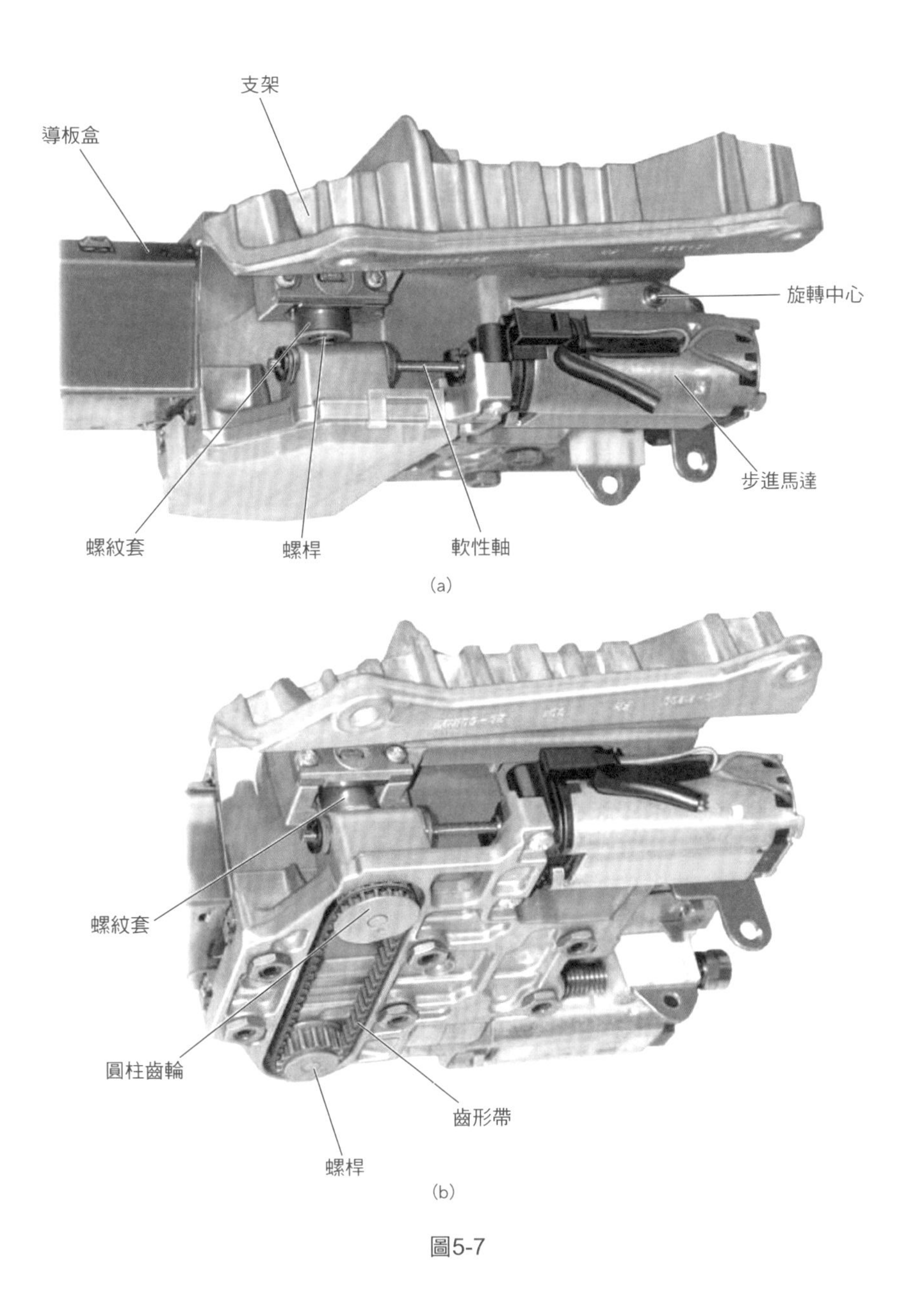

圖5-7

構造解說

電動轉向柱鎖如圖5-8所示。

帶有圓錐形齒的鎖止輪通過一個滑動摩擦聯軸節與轉向管柱相連；帶有圓錐形齒的鎖止滑塊支承在導板盒內，可以縱向移動。

步進馬達通過蝸桿來驅動圓柱齒輪。換向槓桿支承在電動轉向柱鎖總成內，可縱向移動，並通過拉桿與鎖止滑塊相連。

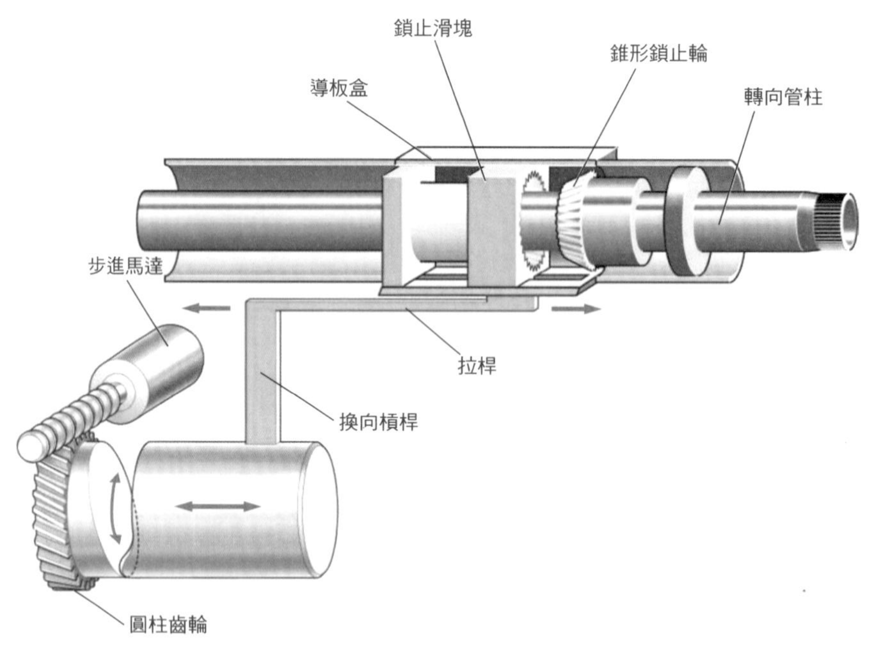

圖5-8

原理解說

步進馬達開始工作時就會帶動圓柱齒輪轉動，圓柱齒輪的側面呈斜面狀。換向槓桿就在這個斜面上運動，且可根據圓柱齒輪和斜面的位置來縱向移動。

換向槓桿的運動會直接傳給鎖止滑塊。當鎖止滑塊和錐形鎖止輪嚙合在一起時，轉向管柱就被機構鎖定了。

第四節　動力轉向系統

構造解說 （圖5-9）

液壓動力轉向系統主要由轉向機、液壓泵、貯油室組成。

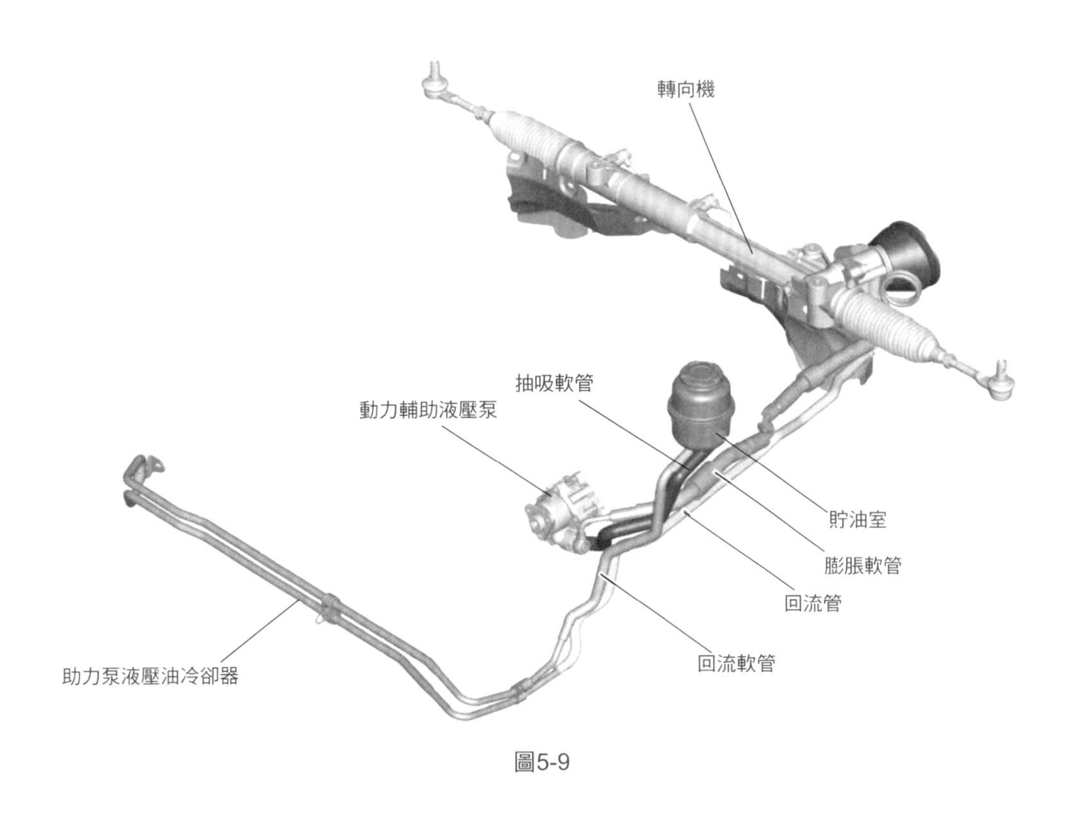

圖5-9

構造解說　（圖5-10）

液壓轉動控制閥是單獨一個零件，它是通過螺栓安裝在鋁制轉向機殼體上的。

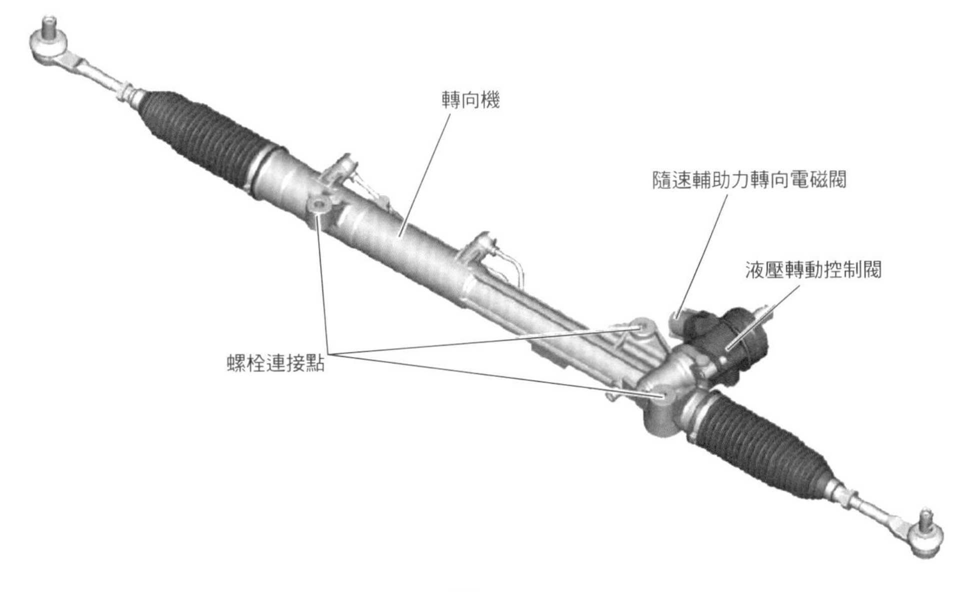

圖5-10

原理解說

液壓動力轉向系統通過一個動力輔助轉向液壓泵產生轉向助力，該液壓泵由引擎的帶傳動機構進行驅動。通過方向盤轉動力使轉向管柱下端的扭力桿扭轉。通過扭轉控制閥門，從而使液壓油作用於齒輪齒條式轉向機內的工作活塞上。由此在齒輪上產生的輔助力與駕駛施加的方向盤轉動力疊加。合力通過轉向橫拉桿促使車輪轉向。

構造解說 （圖5-11）

隨速輔助力轉向電磁閥是由供電控制單元來控制的。該控制單元的輸入信號是來自ESP控制單元的速度信號。

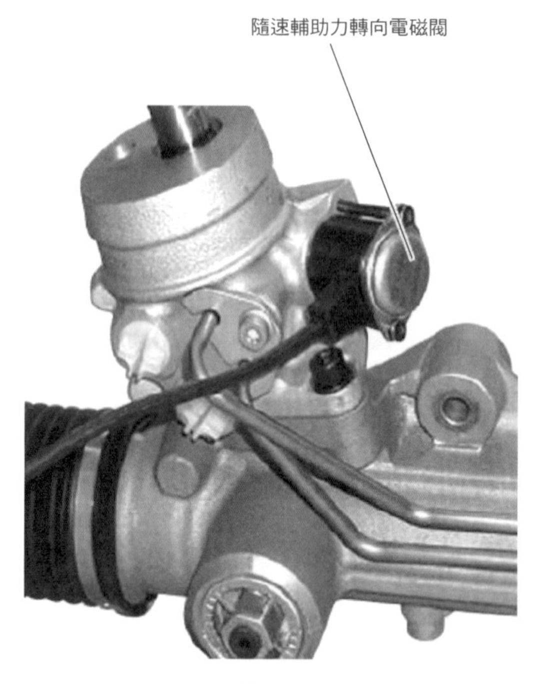

圖5-11

原理解說

隨速輔助力轉向電磁閥還可降低液壓泵的熱負荷。液壓泵最大熱負荷出現在方向盤轉到底的位置時，這時轉向機的活塞已經到達終點位置，但是液壓泵還在供油，於是油壓就會升高，直至泵內的壓力限制閥打開，這時泵就通過一個短路徑來供油，也就是說，所供的液壓油經過壓力限制閥到達泵的吸油一側，因而液壓油溫度短時間內明顯升高（圖5-12）。

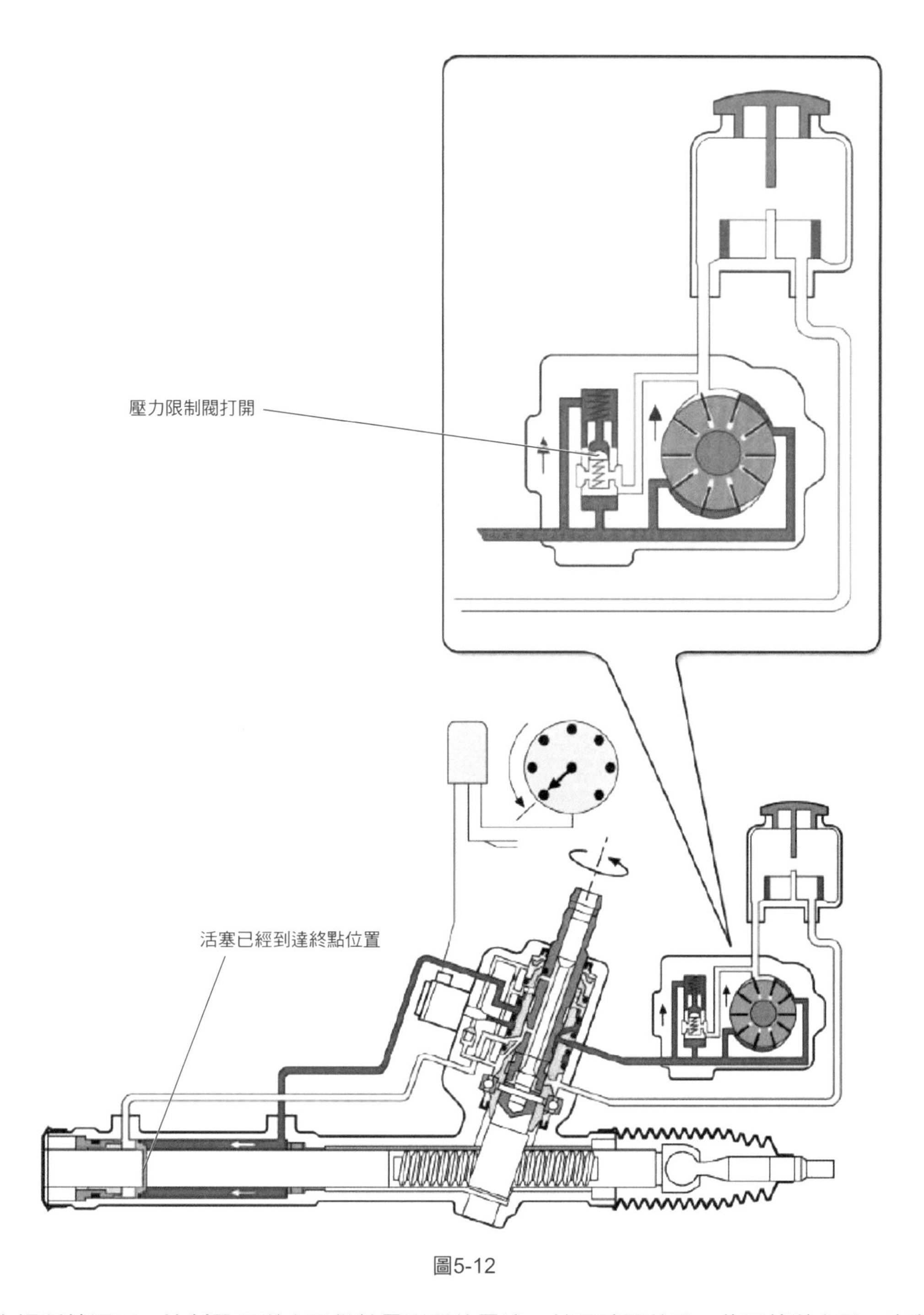

圖5-12

在這種情況下，控制單元增大了供給電磁閥的電流，於是該閥的孔口截面就增大了，比實際車速所要求的還大，通過打開的電磁閥就會多流出一些液壓油（流入貯油室），液壓油在流動中可將熱量釋放到環境中（圖5-13）。這樣就可以降低液壓油的溫度了。根據轉向角感知器通過CAN總線傳來的信息，控制單元決定電磁閥的控制時間長短和控制電流的大小，這個調節過程只有在車速不超過10km/h時才能工作。

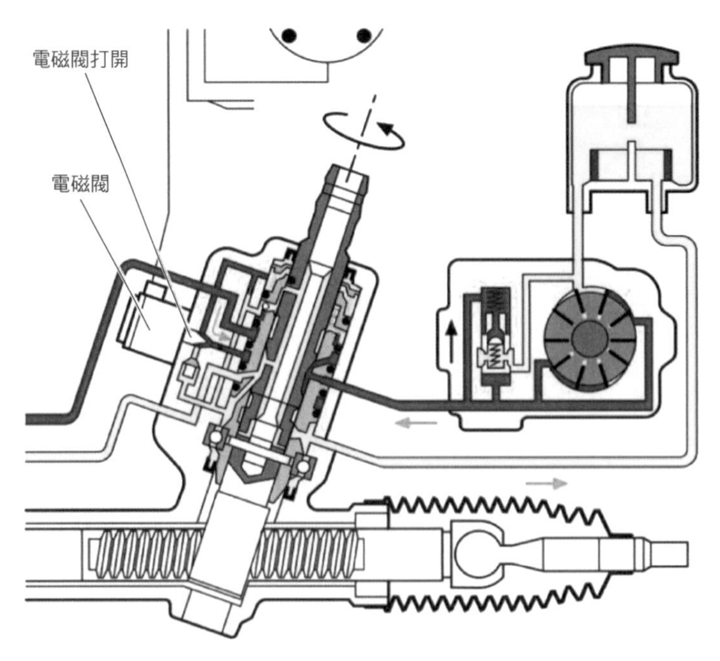

圖5-13

構造解說 （圖5-14）

貯油室內裝有精細濾清器，它可以有效地濾掉液壓系統內的污物和磨屑，因此可大大減輕部件的磨損，尤其是泵、轉向閥和活塞油封的磨損。

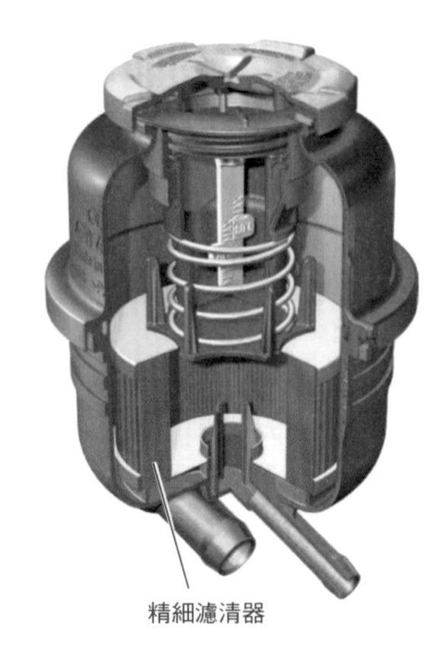

圖5-14

第五節　電子轉向系統

構造解說（圖5-15）

電動式動力輔助轉向系統（EPS）沒有了液壓動力系統的液壓泵、液壓管路、轉向管柱閥體等結構，結構非常簡單，通過減速機構將馬達產生的輔助力傳遞到轉向系統上。EPS電動動力轉向系統是機電一體化的產品，它由轉向管柱、扭矩感知器、伺服馬達、控制模組等組成。

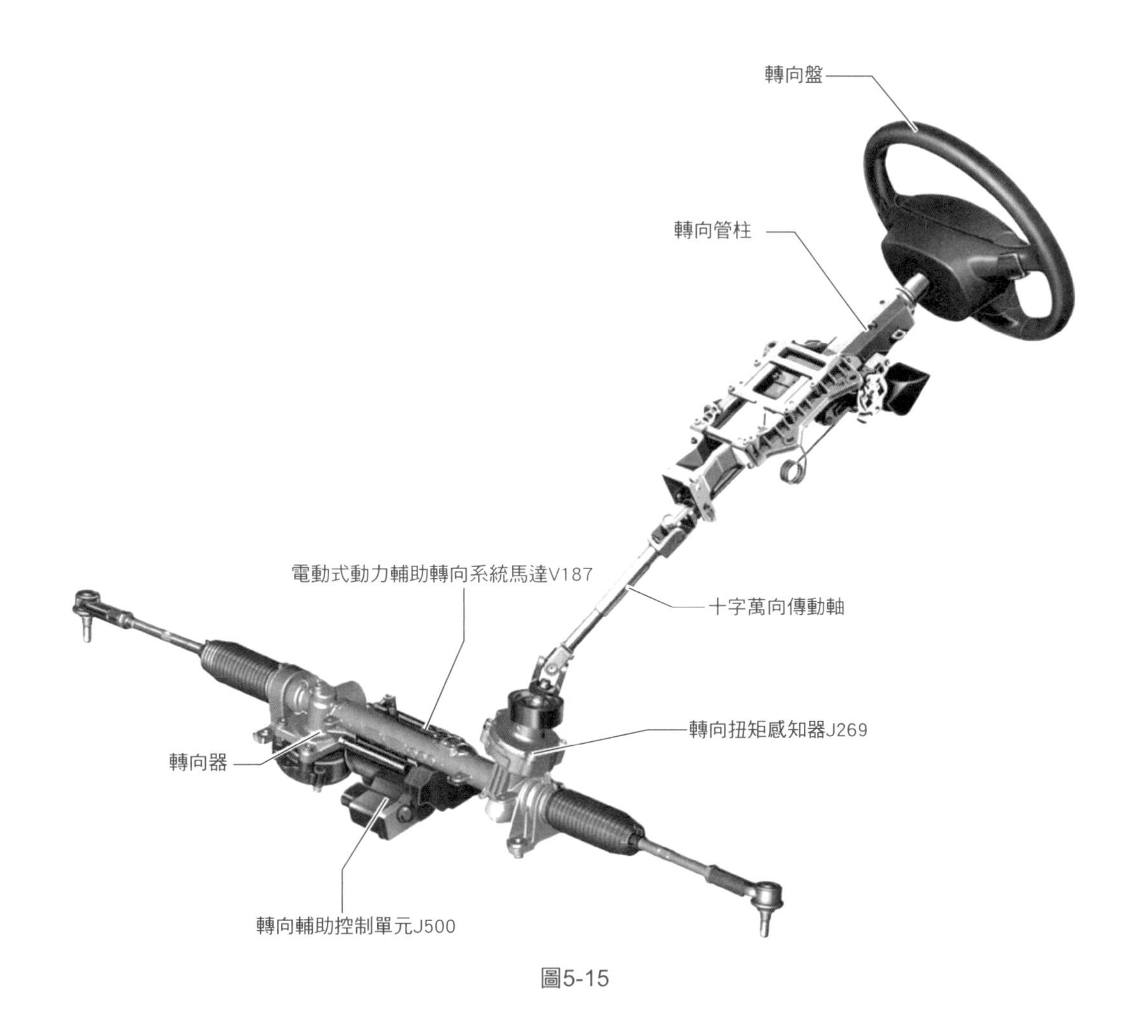

圖5-15

原理解說 （圖5-16）

車輛啟動後系統開始工作，當車速低於一定速度（如80km/h），這些信號輸送到控制模組，控制模組依據方向盤的扭矩、轉動方向和車速等數據向伺服馬達發出控制指令，使伺服馬達輸出相應大小及方向的扭矩以產生輔助力，當不轉向時，電控單元不向伺服馬達發送扭矩信號，伺服馬達的電流趨向於零。因此，在直行駕駛而無需操作方向盤時，將不會消耗任何引擎的動力，降低了燃油消耗。本系統提供的轉向輔助力與車速成反比，當車速在一定速度（如80km/h）或以上時，伺服馬達的電流也趨向於零，所以車速越高輔助力越小。因此，無論在高速、低速行駛操作過程中汽車具有更高的穩定性，駕駛本身可保持均衡不變的轉向力度。

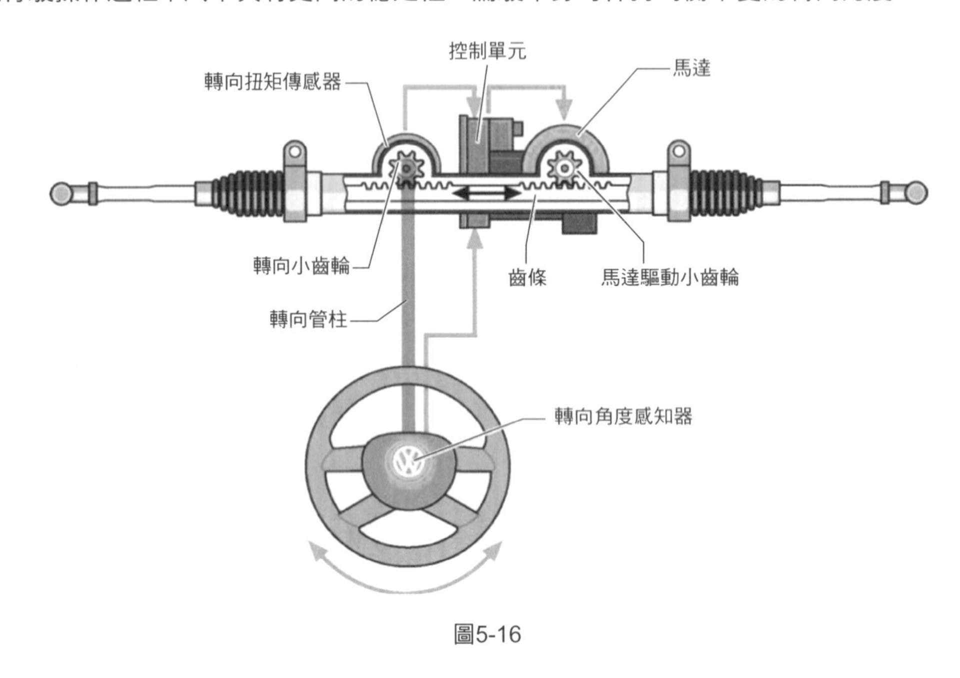

圖5-16

構造解說 （圖5-17）

（1）雙小齒輪

雙小齒輪電動式動力輔助轉向系統中，由轉向小齒輪和馬達驅動小齒輪將必需的轉向力傳遞給齒條。駕駛施加的扭矩通過轉向小齒輪來傳遞，而馬達驅動小齒輪則通過蝸桿傳動裝置傳遞電動輔助轉向系統所需的輔助扭矩。

（2）轉向器

轉向器由轉向扭矩感知器、扭轉桿、轉向小齒輪、馬達驅動小齒輪、蝸桿傳動裝置以及帶控制單元的機構。

（3）馬達及控制單元

用於輔助轉向支持的馬達帶有控制單元和感知器元件，它安裝在第二個小齒輪上。這樣就建立了方向盤和齒條之間的機械連接。因此，當伺服馬達失靈時，車輛仍可以通過機械傳動進行轉向。

（4）轉向角度感知器

轉向角度感知器位於安全氣囊復位器後側，復位器上帶有一個安全氣囊滑環（游絲）。轉向角度感知器通過CAN數據總線將信號傳遞到轉向管柱電子控制單元J527，由此控制單元獲悉了轉向角度的大小。轉向管柱電子控制單元中的電子裝置分析這個信號。

（5）轉向扭矩感知器

感知器根據磁阻原理進行工作。為了確保最高的安全性，它採用了雙重結構，感知器除了可以得到方向盤扭力訊號，也可直接將扭力傳遞給轉向小齒輪。

轉向管柱連接在扭矩感知器上，轉向器通過扭轉桿連接在扭矩感知器上。連接轉向管柱的元件上有一個磁極轉子，在這個轉子中不同磁極的24個區域輪流交替。每次使用兩個磁極來進行扭矩分析。

（6）馬達轉速感知器

馬達轉速感知器是電動輔助轉向系統馬達的組成部分。無法從外部接觸到馬達轉速感知器。

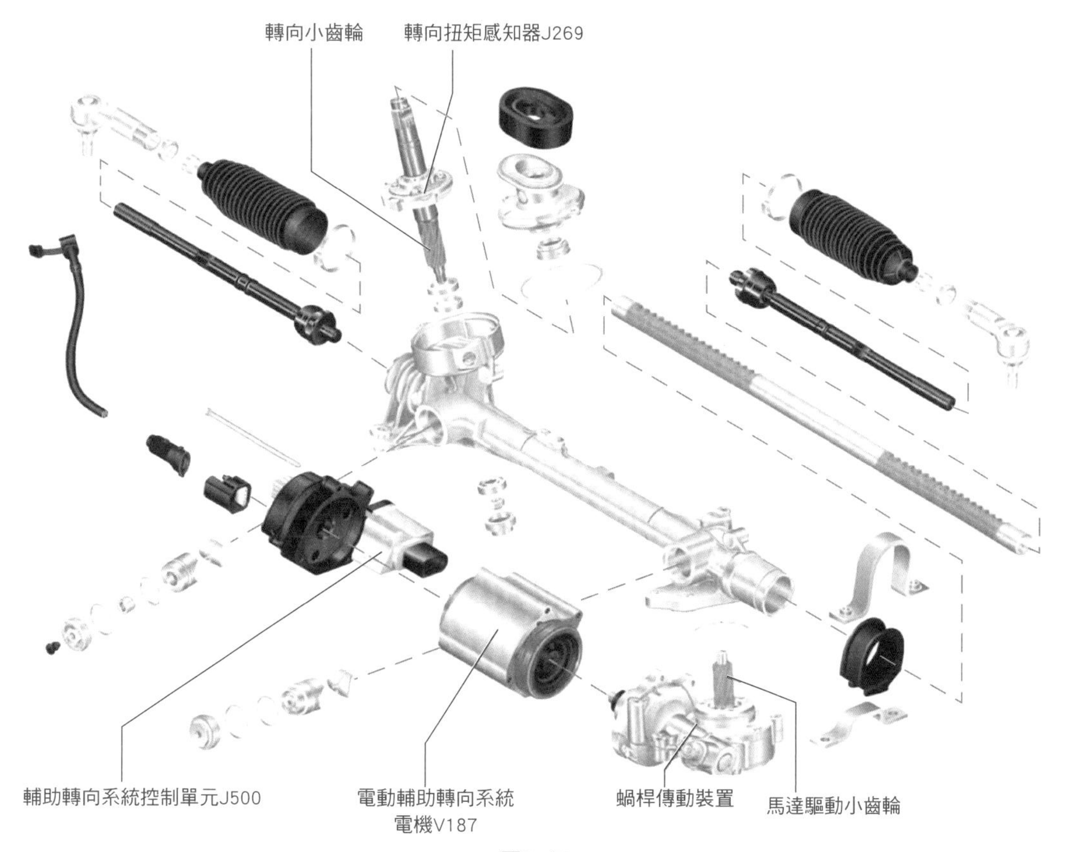

圖5-17

一般情況下的轉向過程如圖5-18所示。

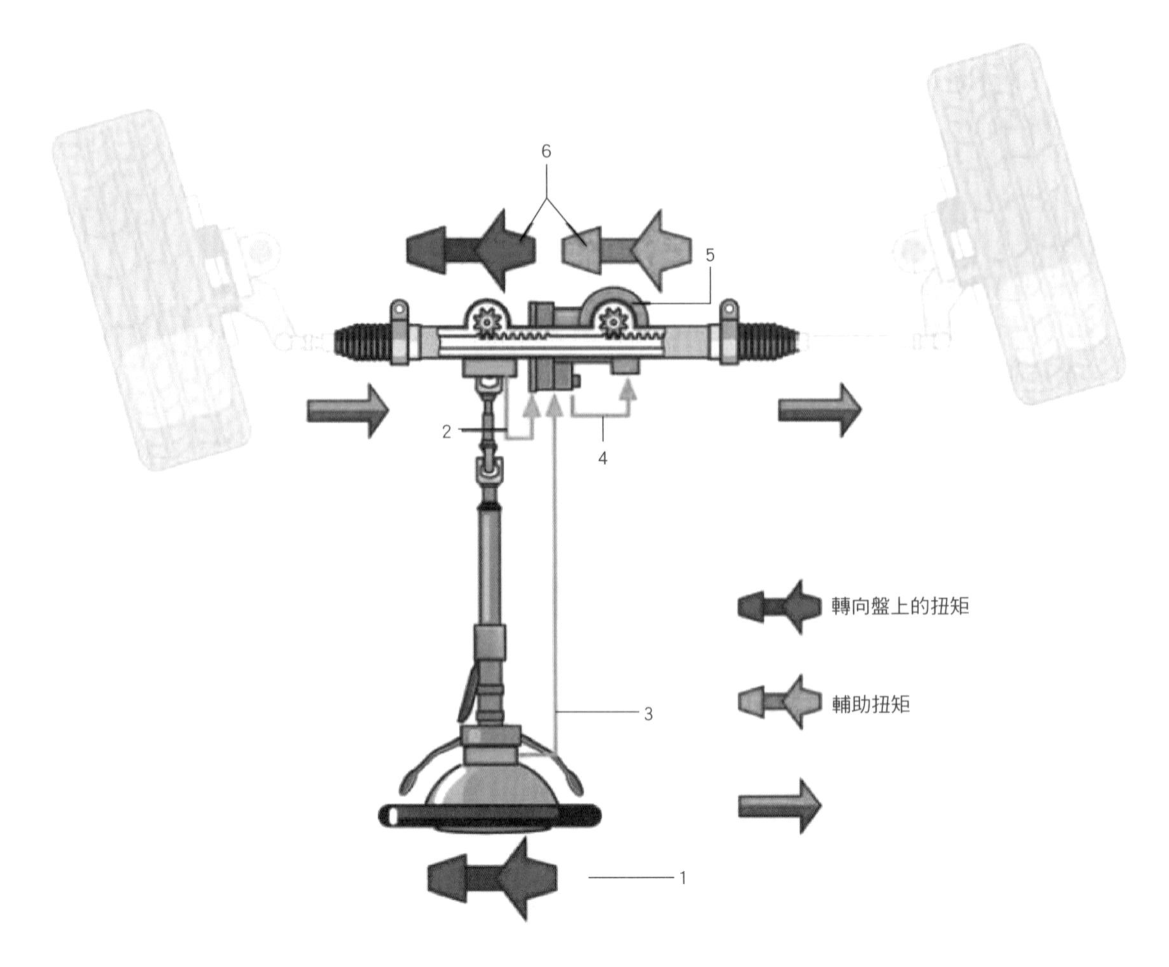

圖5-18

1—駕駛轉動方向盤時，轉向輔助開始；2—由於方向盤上扭矩的作用，轉向器中的扭矩桿轉動。轉向扭矩感知器J269測得扭矩桿的轉動，並將探測到的轉向扭矩傳遞給控制單元；3—轉向角度感知器通知目前轉向角度，而馬達轉速感知器通知當前轉向速度；4—控制單元根據轉向扭矩、車速、引擎轉速、轉向角度、轉向速度和控制單元中的特性曲線計算出必需的輔助扭矩，並啟動馬達；5—由第二個平行作用於齒條的馬達驅動齒輪來進行轉向輔助，小齒輪的驅動由馬達來進行，馬達通過一個蝸桿傳動裝置和一個驅動小齒輪將轉向輔助力傳遞到齒條上；6—方向盤上的扭矩和輔助扭矩的總和就是轉向器上的有效扭矩，由該扭矩來帶動齒條

高速公路行駛時的轉向過程如圖5-19所示。

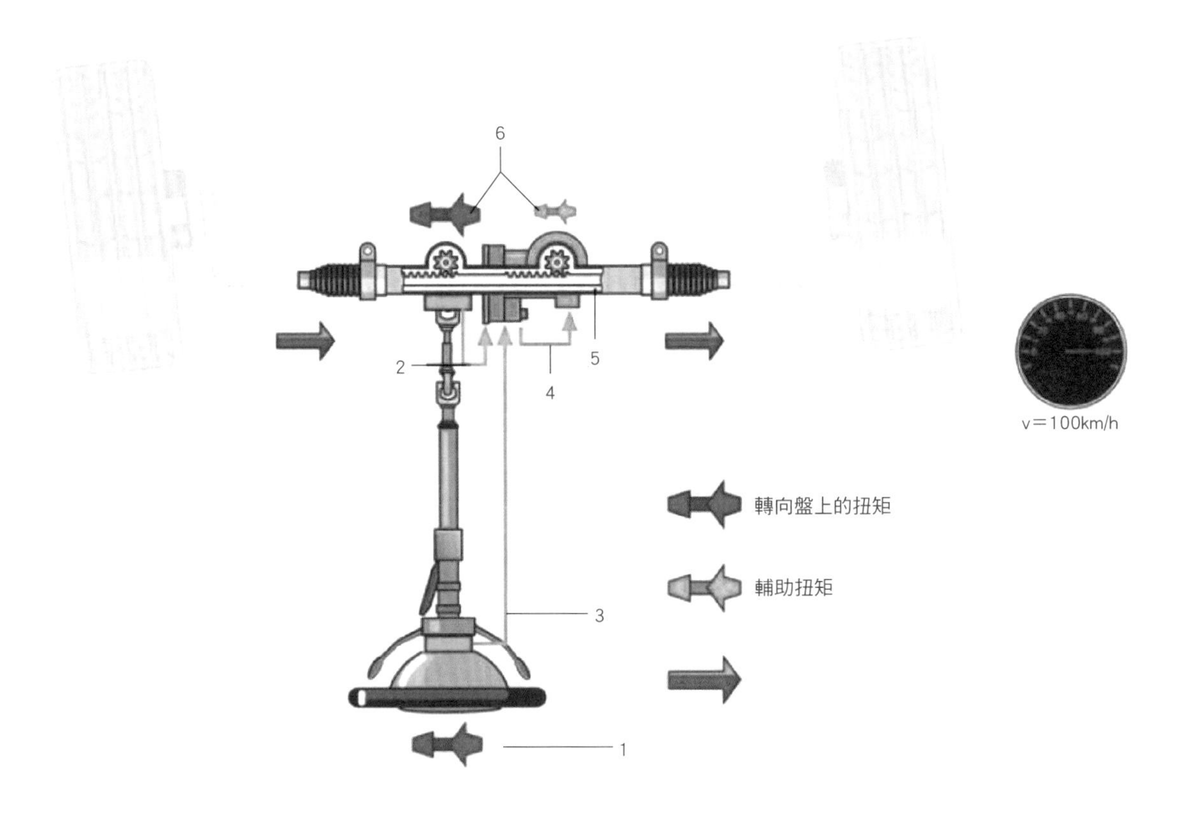

圖5-19

1—換車道時，駕駛輕打方向盤；2—扭轉桿因此轉動，轉向扭矩感知器獲悉扭轉桿轉動並通知控制單元，方向盤上有一個小的扭矩；3—轉向角度感知器通知小轉向角度，而馬達轉速感知器通知當前轉向速度；4—根據一個小的轉向扭矩、100km/h的車速、引擎轉速、小的轉向角度、轉向速度及控制單元中的特性曲線（100km/h車速的特性曲線），控制單元獲悉必須有一個小的輔助扭矩或無需輔助扭矩，繼而啟動馬達；5—高速公路行駛時，由第二個平行作用於齒條的馬達驅動齒輪來進行一個小的轉向輔助，或者不進行轉向輔助；6—方向盤上扭矩加上最小輔助扭矩就是換車道時的有效扭矩，由該扭矩來帶動齒條

Chapter 06

第六章
汽車煞車系統

Chapter 06 第六章 汽車煞車系統

第一節　液壓煞車系統

構造解說 （圖6-1）

行車煞車器採用液壓煞車系統。行車煞車器由以下部件構成：帶有煞車踏板的踏板機構；帶有總泵的煞車真空輔助增壓器液壓迴路，帶有液壓調節控制單元；傳輸煞車力的煞車油管和煞車油貯油筒；四個車輪煞車器，帶有煞車鉗夾、煞車塊（煞車皮；來令皮）煞車碟盤。

行車煞車器必須採用雙迴路設計，其中一個煞車迴路失靈時，允許可達到的減速度降低，但是必須確保車輛仍能安全停穩。

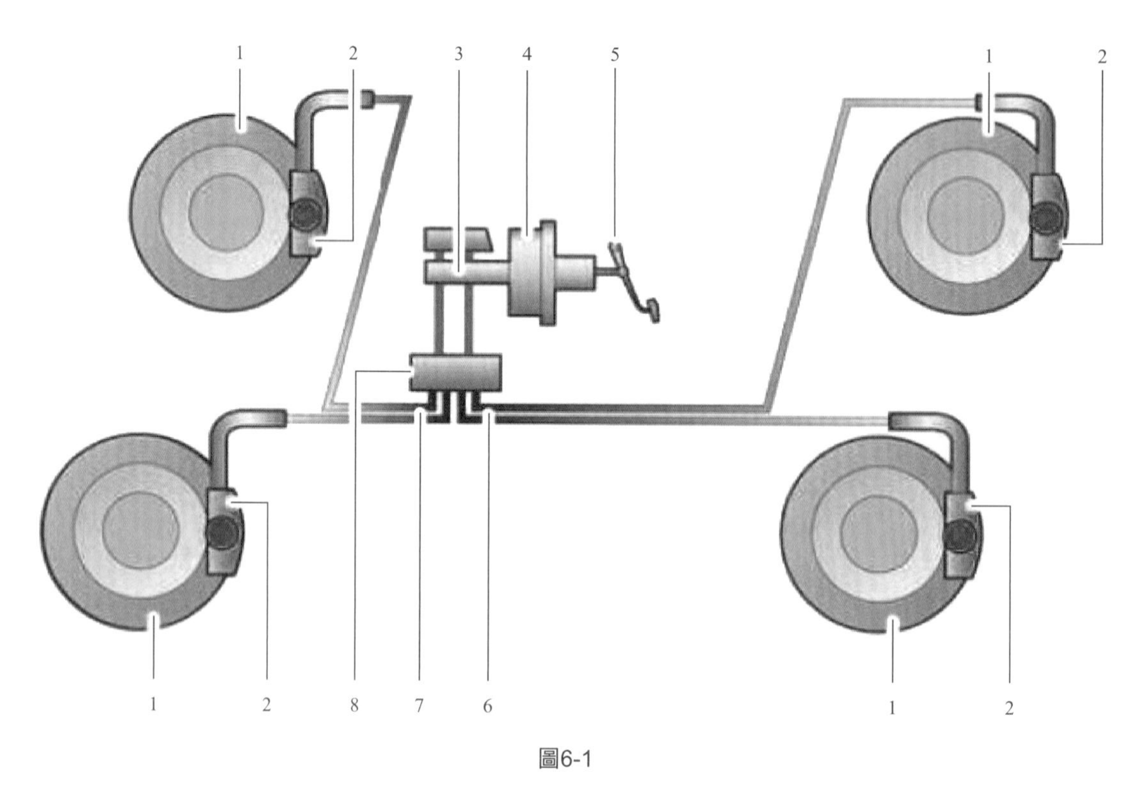

圖6-1

1—煞車碟盤；2—煞車鉗夾；3—煞車總缸；4—煞車真空輔助增壓器；5—煞車踏板；

6—後煞車迴路；7—前煞車迴路；8—液壓調節控制單元

原理解說

巴斯噶原理是使一個液壓管路系統內的壓力保持恆定。
駕駛通過踩踏煞車踏板作動行車煞車器。這樣可以隨時控制煞車強度。

一、煞車真空輔助增壓器和串聯煞車總泵

構造解說

串聯式真空輔助增壓器和串聯式煞車總泵如圖6-2所示，煞車油貯油筒也是一個單獨的部件，它安裝在煞車總泵上。

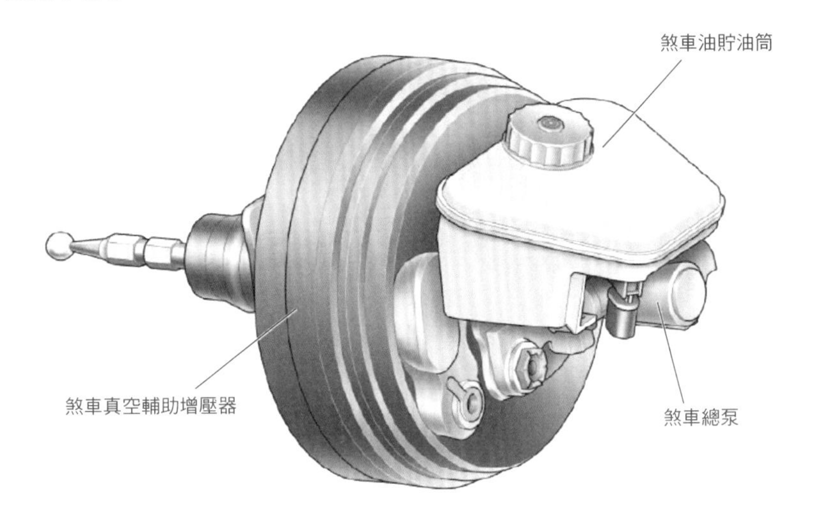

圖6-2

原理解說

煞車真空輔助增壓器以氣壓方式將駕駛通過煞車踏板施加的作用力增大。在煞車真空輔助增壓器輸出端裝有一個壓桿。該壓桿操縱總泵（主缸）內的兩個活塞（分別用於兩個煞車迴路）並由此產生液壓系統內的壓力。由於帶有兩個活塞，因此又稱為串聯式煞車總泵（主缸）。

煞車總泵將駕駛踩踏板的力轉換成液壓，然後液壓作用在前、後輪的碟式煞車鉗夾上並傳給鼓式煞車器的煞車分泵。

二、碟式煞車

構造解說 （圖6-3）

碟式煞車也稱碟煞，主要由煞車碟盤、煞車鉗夾、煞車塊（煞車皮；來令片）、分泵、油管等部分構成。碟式煞車中的煞車碟盤是一直與車輪一起轉動的金屬盤（也有陶瓷的），有實心式煞車碟盤（用一單盤轉子製成）和通風式煞車碟盤（內部空心）之分。

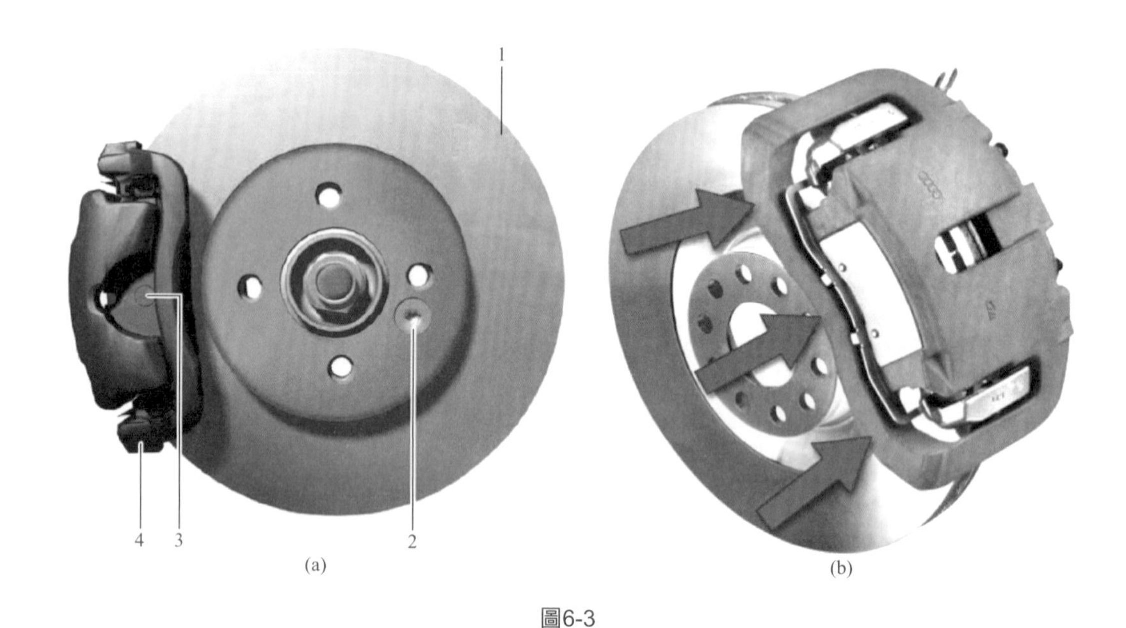

圖6-3

1—煞車碟盤；2—煞車碟盤的固定螺栓；3—煞車塊；4—煞車鉗夾

原理解說 （圖6-4）

碟式煞車通過液壓系統把液壓施加到煞車鉗夾上，使煞車塊與隨車輪轉動的煞車碟盤發生摩擦，從而達到煞車的目的。

在煞車鉗夾上帶有煞車油管接口。踩下煞車踏板時，煞車油管內的液壓就會作用到煞車鉗夾內的活塞上，所產生的壓力F將煞車塊壓到煞車碟盤上，通過該壓力使煞車塊與煞車碟盤之間產生摩擦，隨即產生的摩擦力阻止車輪移動並對其進行煞車。車輪或整個車輛的動能通過摩擦轉化為熱能。在緊急、反復減速過程中可能會達到極高溫度，甚至會使煞車碟盤變得熾熱。

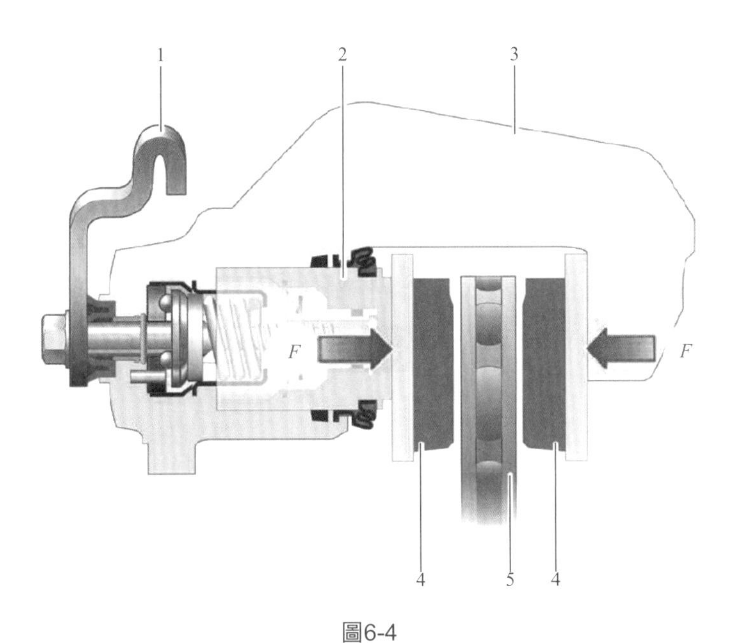

圖6-4

1—駐車煞車作動臂；2—活塞；3—煞車鉗夾體；4—煞車塊（煞車皮；來令片）；5—煞車碟盤

三、鼓式煞車

構造解說 （圖6-5）

鼓式煞車主要包括煞車分泵、煞車蹄片、煞車鼓、來令片、回位彈簧等部分，主要是通過來令片與隨車輪轉動的煞車鼓內側面發生摩擦，從而起到煞車的效果。

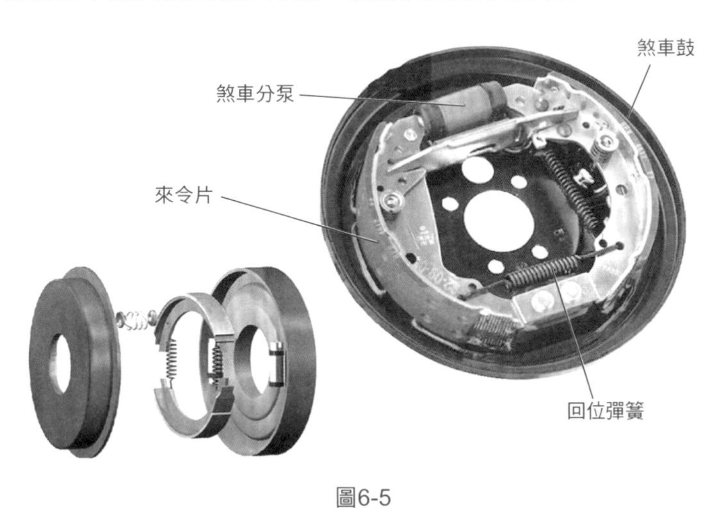

圖6-5

原理解說 （圖6-6）

在踩下煞車踏板時，系統油路中產生很大的壓力，這樣，鼓式煞車分泵的活塞推動煞車蹄片向外運動，進而使來令片與煞車鼓發生摩擦，從而產生煞車力。

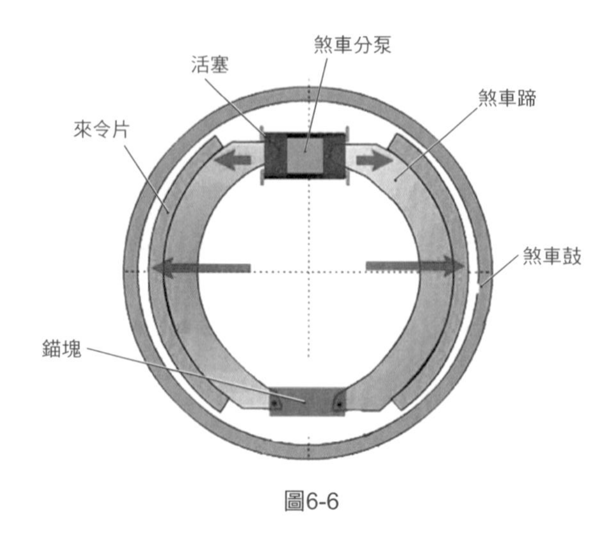

圖6-6

第二節　駐車煞車器

構造解說

駐車煞車器俗稱手剎車，如圖6-7所示。

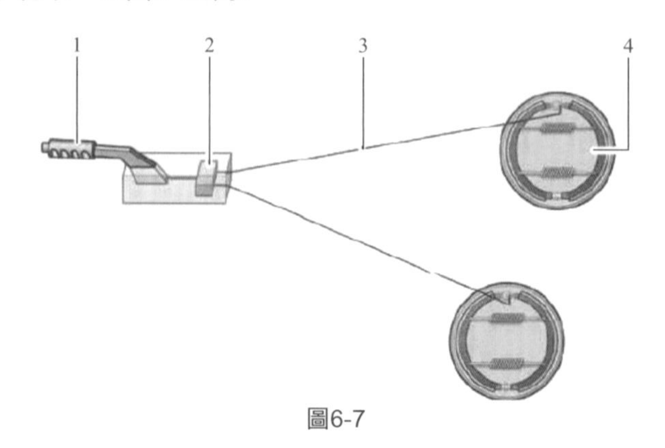

圖6-7

1—駐車煞車手拉桿；2—中繼調整座；3—煞車拉索；4—煞車器

原理解說

駐車煞車器的結構和工作原理在某些方面與行車煞車器有很大不同。通過手拉桿（踏板）以機械方式操作駐車煞車器。煞車拉索的作用力施加到煞車蹄撐開裝置上，將兩個煞車來令片向外壓到鼓上。該壓力使煞車來令片與煞車鼓之間產生與駐車煞車力相等的摩擦力。

第三節　電子輔助煞車系統

一、煞車防鎖死系統

構造解說 （圖6-8）

煞車防鎖死系統（ABS）是在普通煞車系統的基礎上加裝輪速感知器、ABS電控單元、煞車壓力調節閥及煞車控制電路等組成。

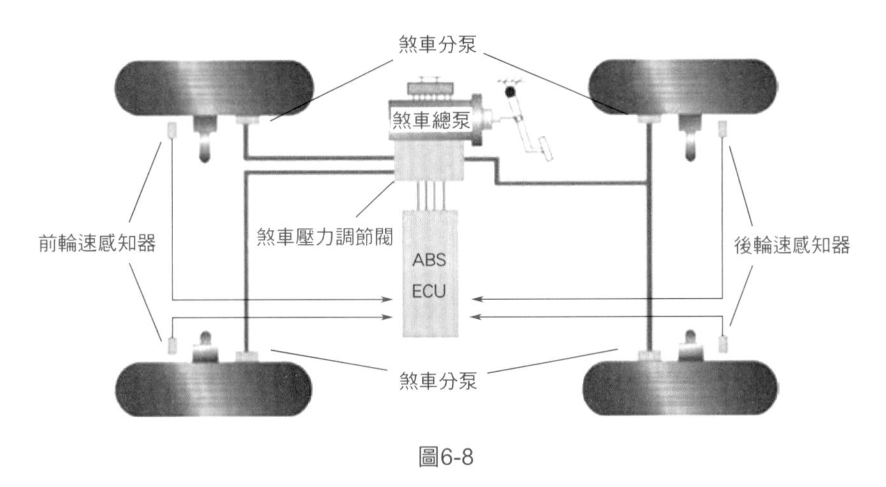

圖6-8

原理解說 （圖6-9）

駕駛操作煞車踏板，經過電子控制單元干涉，在電磁閥關閉和完全打開之間的任何位置，煞車壓力可根據要求來改變，這是車輛實現舒適煞車的一個前提條件。

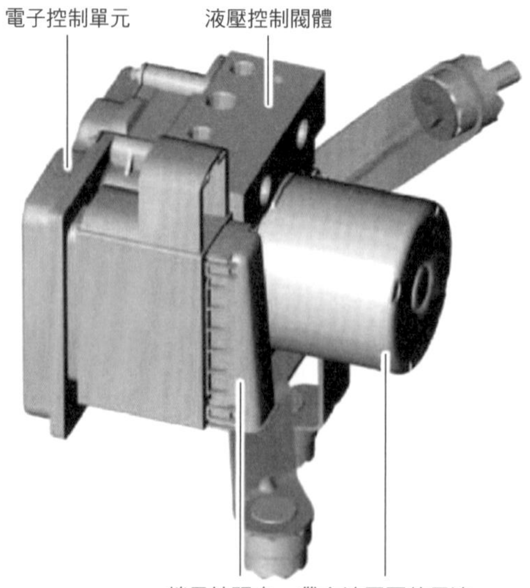

(a)

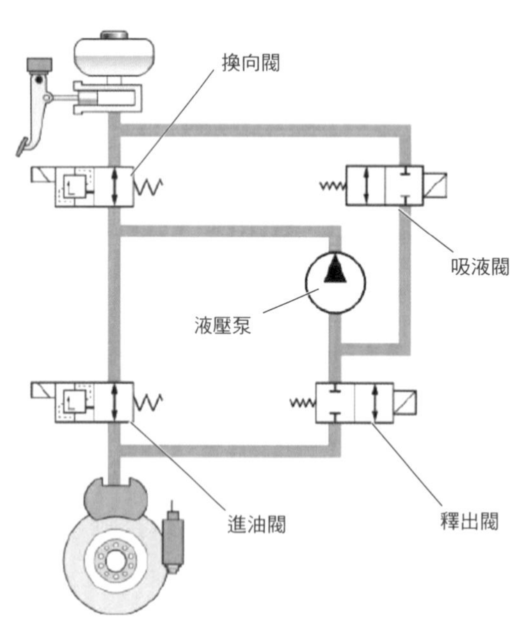

無ECD請求：電磁閥都未通電，駕駛可通過打開的換向閥和進油閥來調整煞車壓力

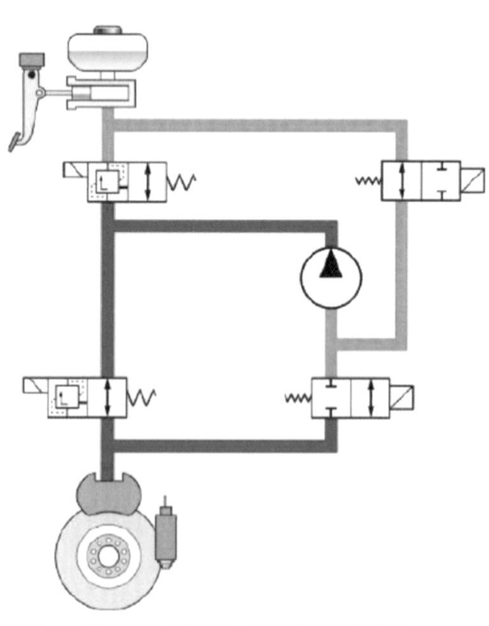

通過ECD請求建立起油壓：換向閥和進油閥被通上了電，液壓泵通過打開的吸液閥吸取煞車油並調節煞車壓力

(b)

圖6-9

原理解說 （圖6-10）

車輛在乾燥道路上突然施加煞車或在濕滑道路上正常施加煞車，煞車力過大會嚴重影響車輪正常轉向，這樣車輪可能會鎖死。當前輪鎖死時轉向系統不能控制車輛，當後輪鎖死時車輛將進入甩尾的情況。為了防止這種情況，車輛需裝備ABS系統。

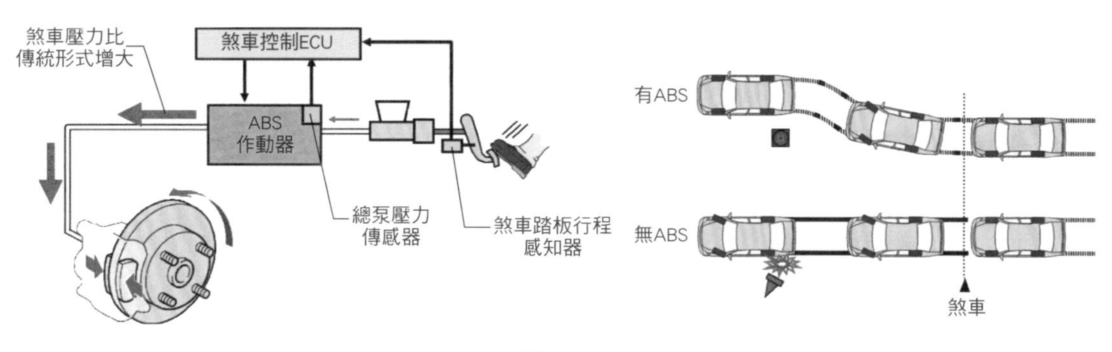

圖6-10

原理解說

循跡防滑系統TCS，如果和ABS相互配合使用，將進一步增強汽車的安全性能。TCS和ABS可共用車軸上的輪速感知器，並與行車電腦連接，不斷監視各輪轉速，當在低速發現打滑時，TCS會立刻通知ABS動作來減少此車輪的打滑。若在高速發現打滑時，TCS立即向行車電腦發出指令，指揮引擎降速或變速箱降檔，使打滑車輪不再打滑，防止車輛失控甩尾。TCS循跡防滑系統、ABS、ASR、EBV、MSR、EDS、ESP和ECD基本工作原理都是一樣的。圖6-11所示為控制煞車力及引擎輸出示意。

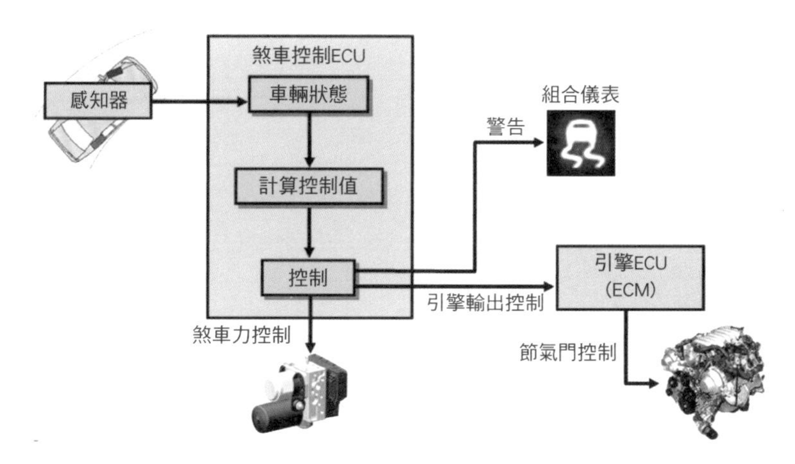

圖6-11

二、電子駐車系統

構造解說 （圖6-12）

電子駐車煞車系統EPB代替了傳統的系統，使駐車煞車可通過簡單的開關操作來實現。

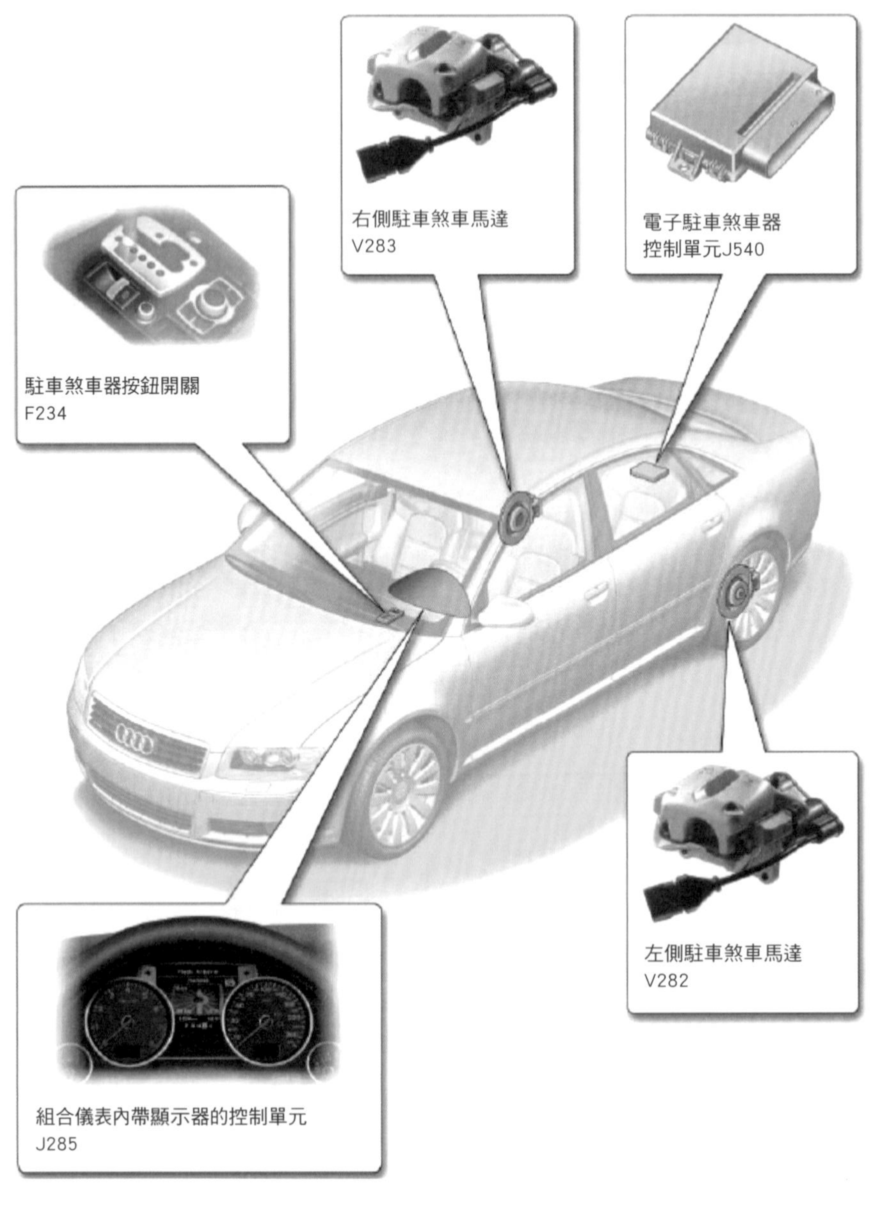

圖6-12

構造解說　（圖6-13）

煞車塊的收緊是通過一根螺桿的帶動來實現的，這根螺桿上的螺紋是可以自鎖的，它是由斜軸輪盤機構來驅動的。斜軸輪盤機構是由一個直流馬達來驅動的，它和直流馬達通過凸緣片固定在煞車鉗上。

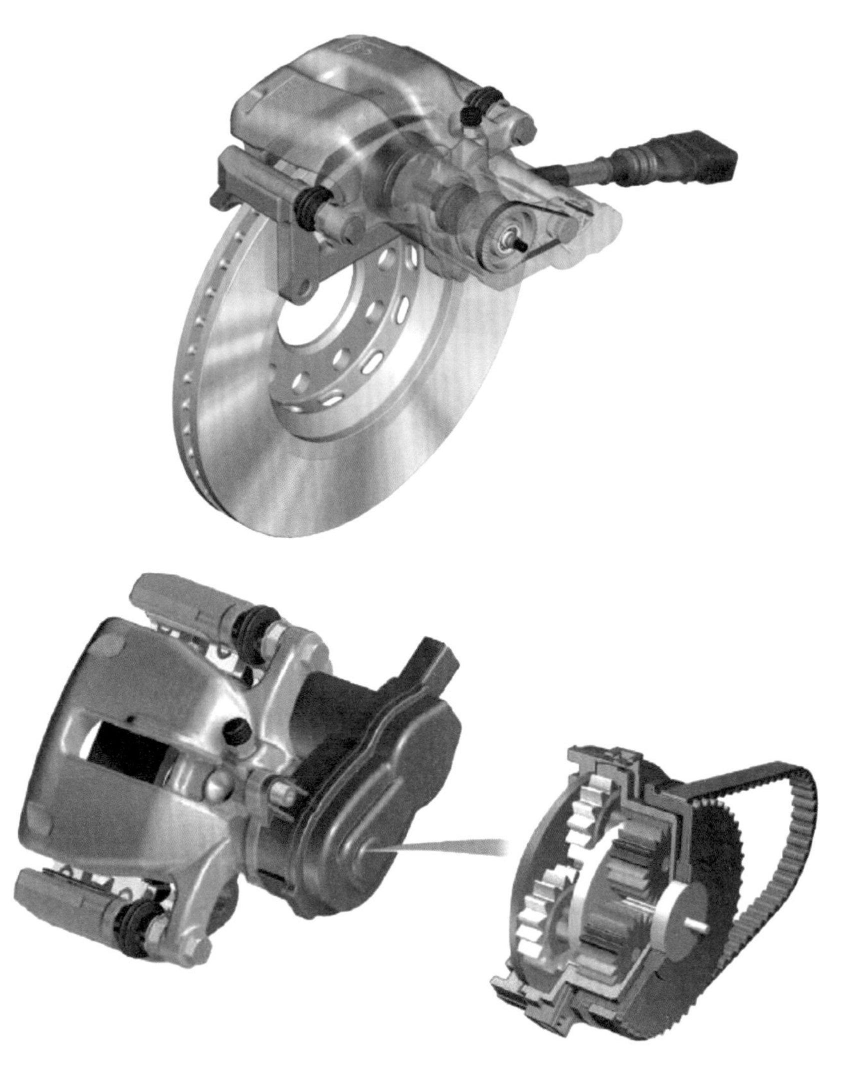

圖6-13

原理解說 （圖6-14）

EPB電子駐車煞車系統由裝有行星齒輪減速機構和馬達的左、右後煞車鉗夾和電控單元組成，該系統電控單元與整車控制器區域網（CAN）通信，對左、右後煞車鉗夾上的馬達進行控制。當需要馬達煞車時，EPB按鈕被按下，按鈕操作信號反饋給電控單元，由電控單元控制馬達和行星減速齒輪機構工作，對左、右後煞車鉗實施煞車。常用的自動控制功能有兩種：一種是系統在引擎熄火後，通過整車CAN與該系統電控單元聯合控制馬達對左、右後煞車鉗夾實施煞車。另一種是斜坡起步輔助，在坡上，車輛起步時，EPB電控單元控制左、右後輪煞車鉗夾，使其自動鬆開，車輛自動駛離。EPB系統還可以與車身動態穩定系統（ESP）聯合工作。

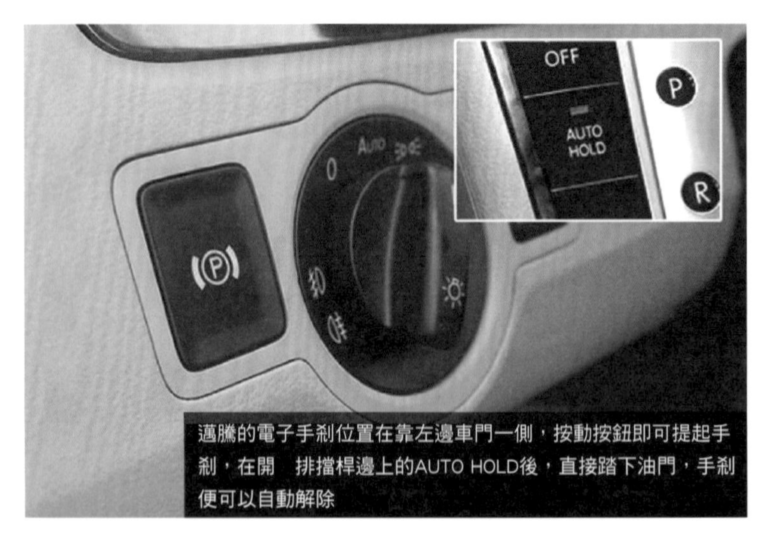

圖6-14

原理解說

EPB的功能如下。

（1）靜態停車煞車

EPB的基本靜態駐車煞車功能與傳統駐車相同。

（2）動態緊急煞車

在行駛過程中，按下EPB開關，EPB控制單元接收到開關信號後通過數據總線要求ESP系統控制行車煞車，如果行車煞車系統或ESP系統有故障，由EPB控制單元直接控制駐車煞車系統工作（僅限於後輪）來應對這種緊急突發情況。

（3）自動車輛駐車（AVH）

由ESP系統實現該功能的控制，主要是為了應對車輛由於路面交通信號使車輛在D檔停止時對車輪進行液壓煞車的控制，也同時是為了保證車輛在上坡起步時不會後移。

（4）煞車間隙自動調整

EPB控制單元通過執行馬達內的拉力感知器或霍爾感知器測得煞車間隙的變化，然後執行馬達驅動相關部件，自動調整間隙。

（5）緊急釋放

當EPB系統出現故障時，可以使用專用工具，插入到預留的緊急釋放孔內鬆開煞車蹄片或煞車鉗夾，以解除後輪的駐車煞車功能。

（6）系統自診斷

EPB控制單元通過C-CAN數據總線與其他控制單元實現數據交換，可以使用診斷儀對系統進行自診斷、數據流的讀取及系統的一些功能設置。

Chapter 07

第七章
汽車電氣系統

Chapter 07 第七章 汽車電氣系統

第一節　起動馬達

構造解說 （圖7-1）

起動馬達由直流電動機、驅動機構、控制裝置（電磁開關）組成。

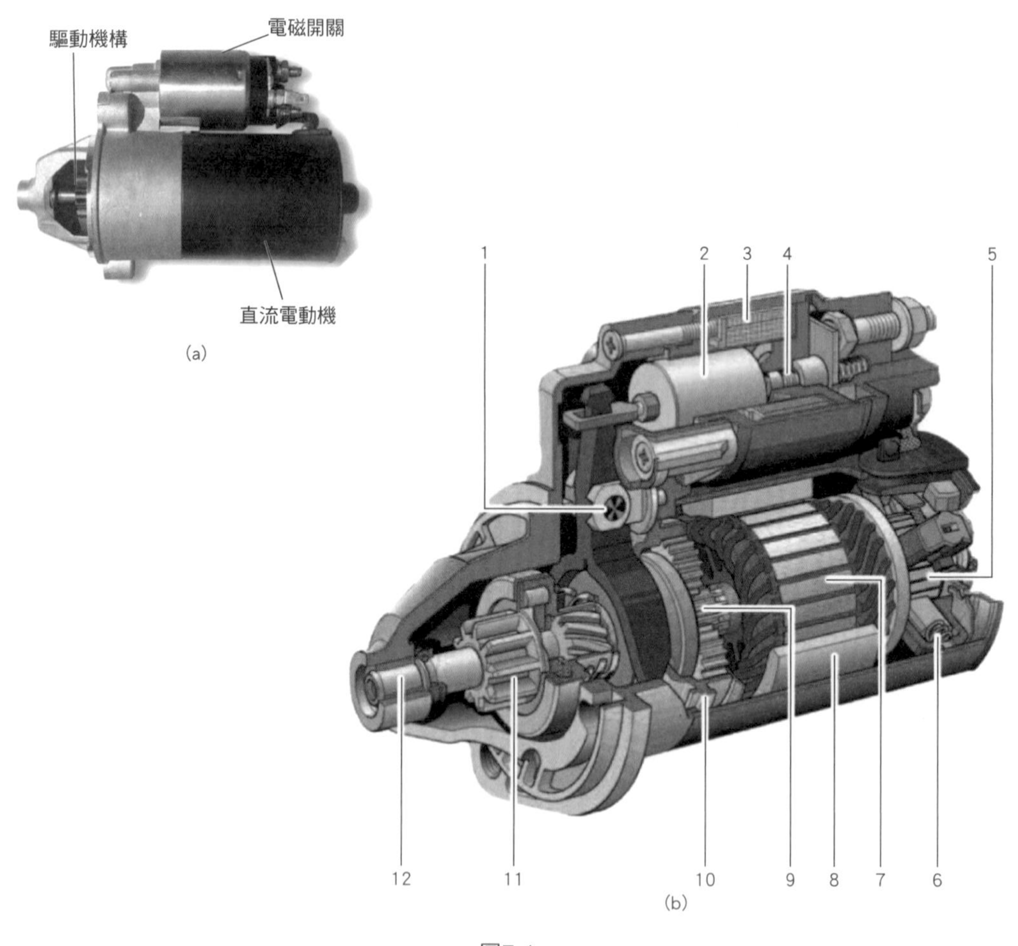

圖7-1

1—小齒輪嚙合撥叉軸；2—雙線圈電磁開關電樞；3—雙線圈電磁開關線圈；4—雙線圈電磁開關彈簧；5—整流子；6—碳刷；7—電樞；8—永久磁鐵；9—行星齒輪箱；10—帶有減震裝置的燒結齒圈；11—小齒輪；12—驅動機構軸承

構造解說 （圖7-2）

起動馬達與小齒輪之間裝有作為中間減速機構的行星齒輪箱。行星齒輪箱的任務是降低較高的起動馬達轉速，同時提高小齒輪上的扭力。因為起動馬達軸輸出功率與轉速成正比，所以可以由此提高起動馬達功率，或在相同功率下減小尺寸。

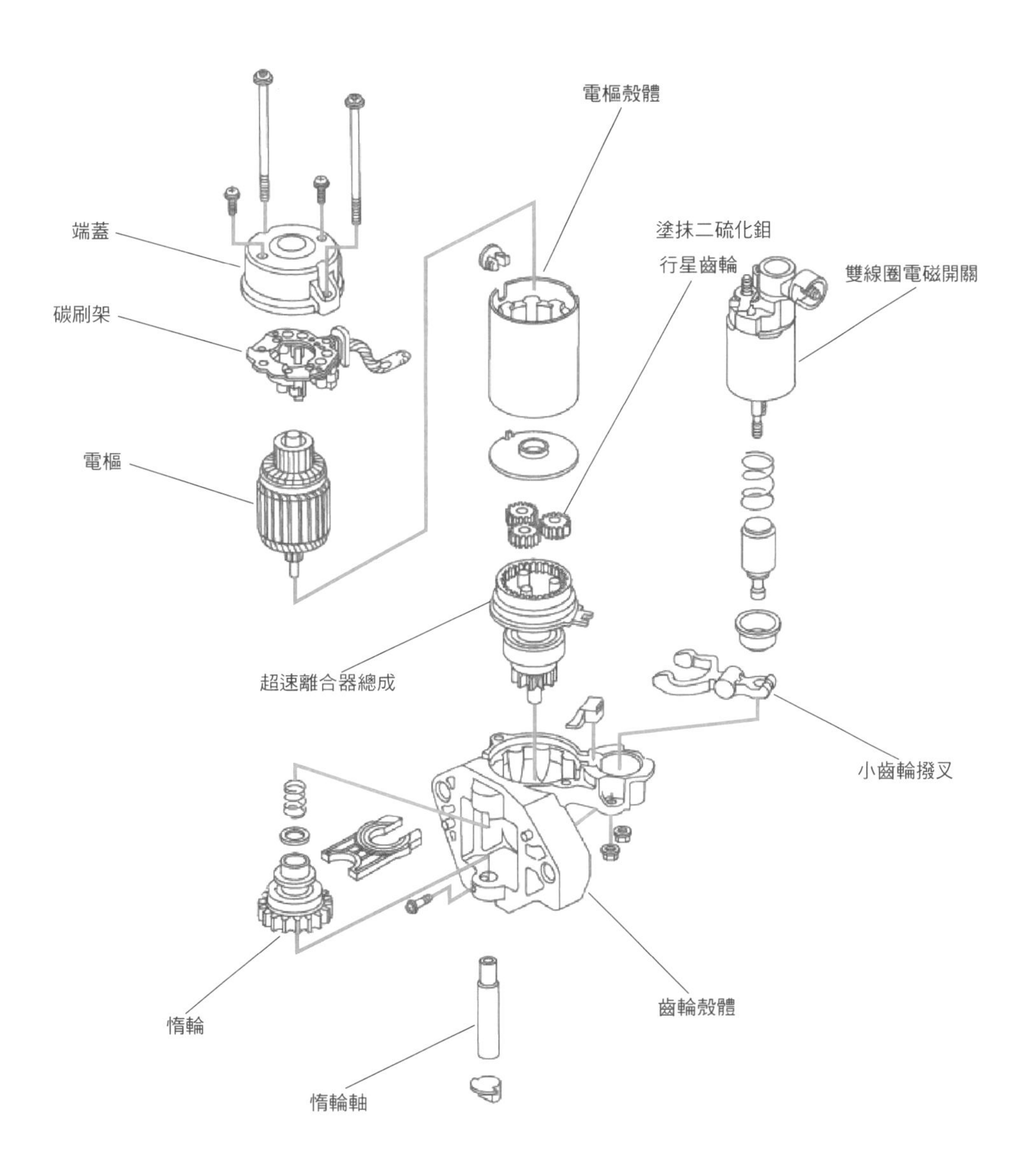

圖7-2

構造解說 （圖7-3）

操作起動鑰匙開關後通過雙線圈電磁開關使嚙合撥叉移動。此時小齒輪通過彈簧向前移動並在大螺距螺紋作用下轉動。小齒輪的某個輪齒位於齒隙前時立即接合。如果小齒輪輪齒碰到飛輪的輪齒，則壓回小齒輪側的彈簧，直到雙線圈電磁開關接通大電流。電樞轉動使小齒輪繼續移向飛輪齒圈的端面，直到小齒輪可以嚙合。

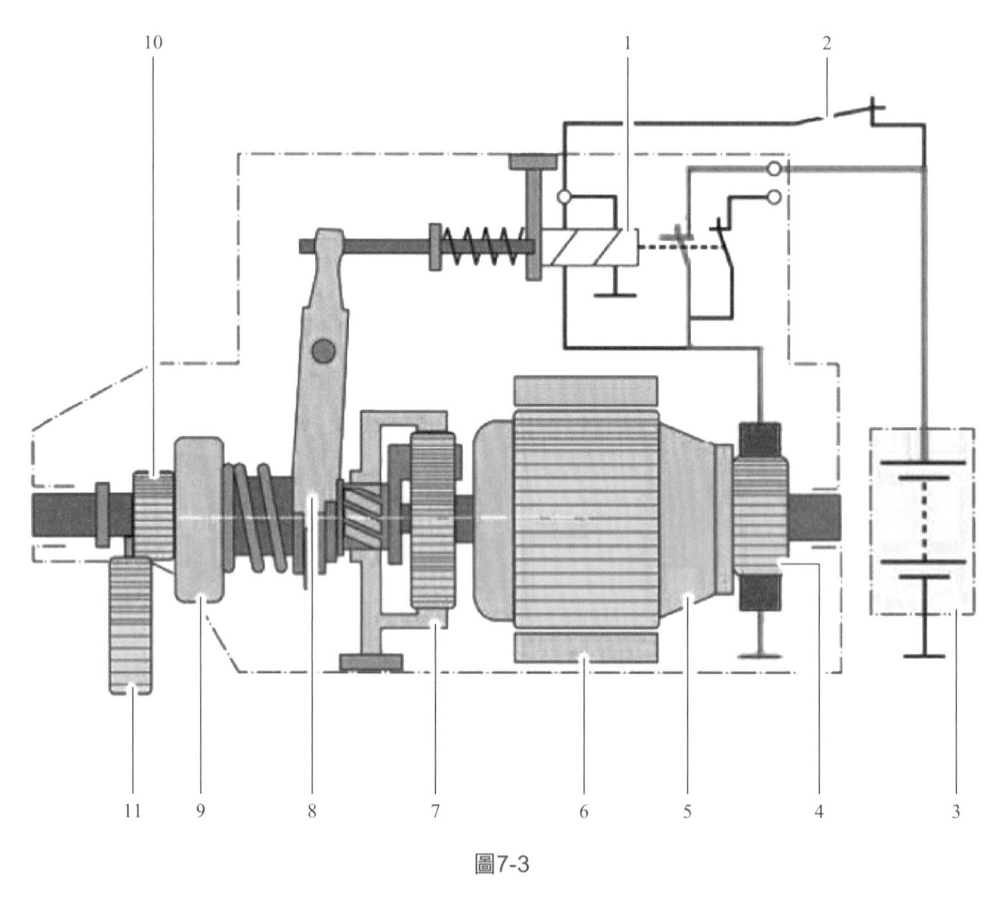

圖7-3

1—雙線圈電磁開關；2—起動鑰匙開關；3—電瓶；4—整流子；5—電樞；6—磁場線圈；7—行星齒輪箱；8—小齒輪嚙合撥叉；9—超速離合器；10—小齒輪；11—飛輪齒圈

原理解說 （圖7-4）

從電瓶正極接線柱出發的一根導線經過起動鑰匙開關，接在雙線圈電磁開關的S端。這個導線是用來操縱電磁開關的。起動鑰匙開關接通和切斷電路，並控制電磁開關的動作。另一根導線直接連接在電磁開關的B端。導線具有優良的導電性能，因為將有強電流流過，以便使馬達轉起來。另一根導電性良好的導線連接在馬達電磁開關的M端。馬達內部換向機構的觸點接通B端和M端後，電流就從電瓶流向馬達，馬達開始轉動。

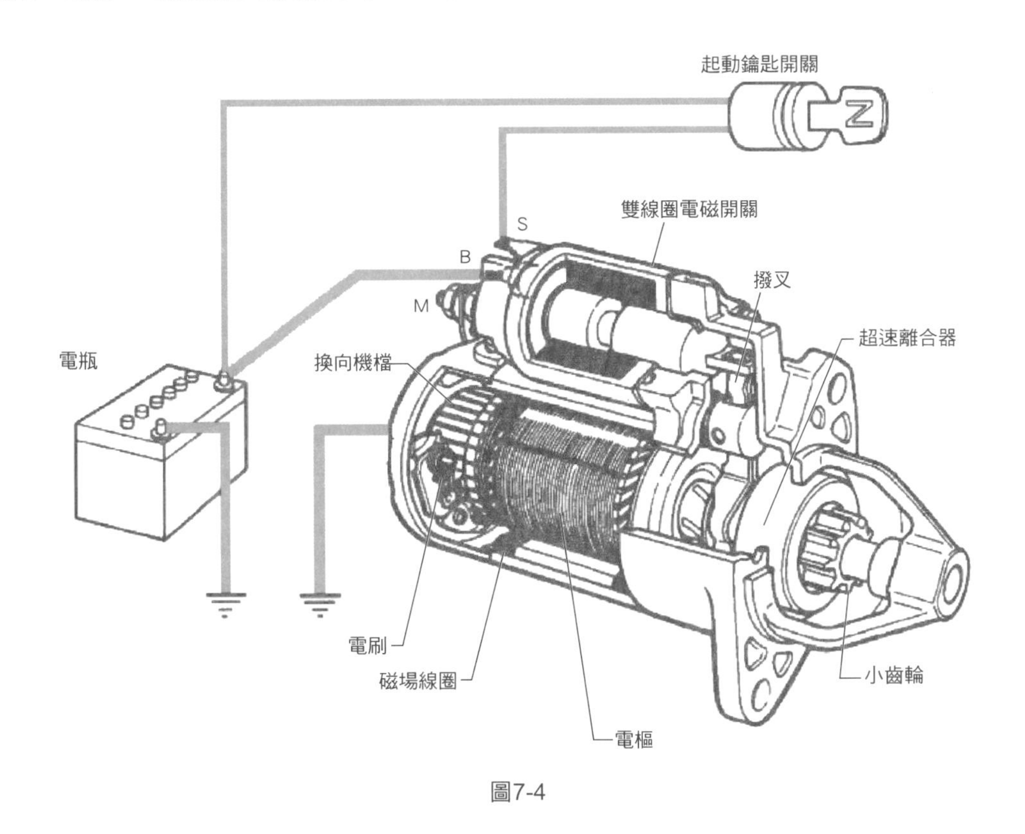

圖7-4

原理解說　（圖7-5）

起動繼電器控制起動機馬達功能，起動鑰匙開關操作起動繼電器。通過引擎連接盒（EJB）保險絲給起動鑰匙開關提供電瓶電壓。起動鑰匙開關調至位置III，給起動繼電器線圈供給電瓶電壓。通過動力控制模組（PCM）的搭鐵迴路完成起動繼電器線圈迴路。當PCM從被動防盜系統（PATS）接收到正確信號時，搭鐵迴路才可用。

當起動繼電器線圈導通，起動繼電器白金端緊密接觸，通過EJB保險絲給起動馬達線圈迴路供給電瓶電壓。通過起動馬達外殼搭鐵迴路完成起動馬達線圈迴路。

起動馬達電磁開關雙線圈有兩個功能：第一是給起動馬達提供一個大電流控制開關，介於電瓶正極端子和起動馬達之間；第二是作為起動馬達驅動齒輪與飛輪齒圈之間的機械離合器。

保險絲給起動馬達線圈提供電瓶電壓。使用起動馬達機殼和引擎/變速箱搭鐵線完成迴路。

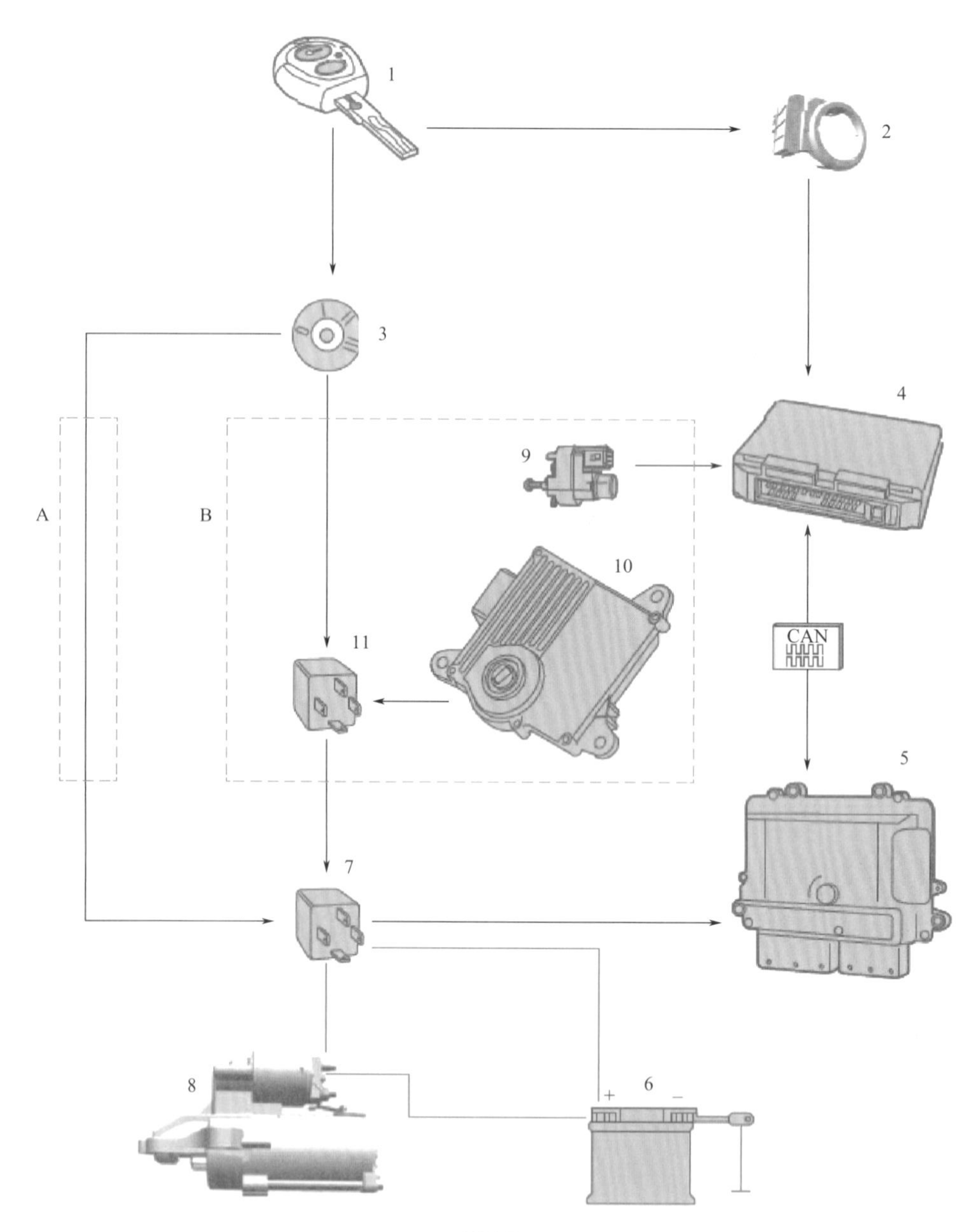

圖7-5

1—起動鑰匙，配備接收器的PATS（被動防盜系統）；2—PATS；3—起動鑰匙鎖頭；
4—GEM（通用電子模組）；5—PCM（動力系統控制模組）；6—電瓶；
7—起動馬達繼電器；8—起動馬達；9—煞車燈開關；10—TCM（變速箱控制模組）；
11—起動抑制繼電器（安裝有自動變速箱的車輛）；
A—安裝有手排變速箱的車輛；B—安裝有自動變速箱的車輛

第二節　發電機

構造解說　（圖7-6）

普通交流發電機一般由轉子、靜子、整流器、前端蓋和後端蓋及帶輪等組成。發電機是汽車主要電源，由汽車引擎驅動，在引擎正常工作時，發電機對除起動馬達以外所有用電設備供電，並向電瓶充電以補充電瓶在使用中所消耗的電能。

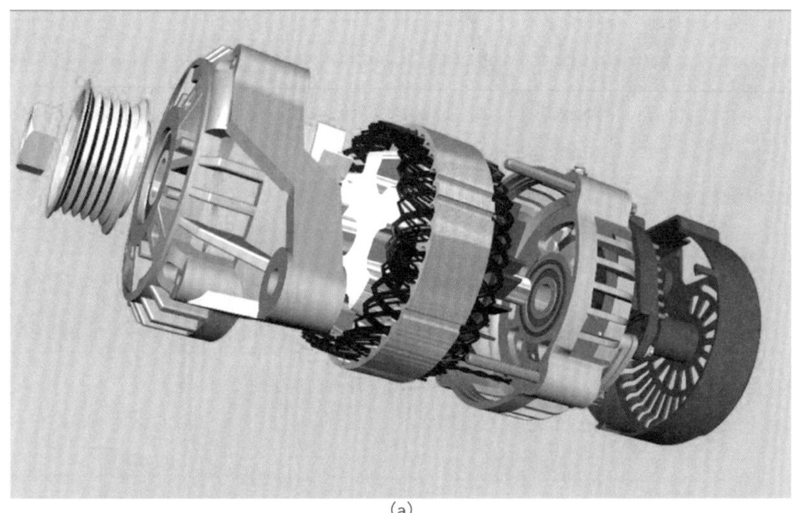

(a)

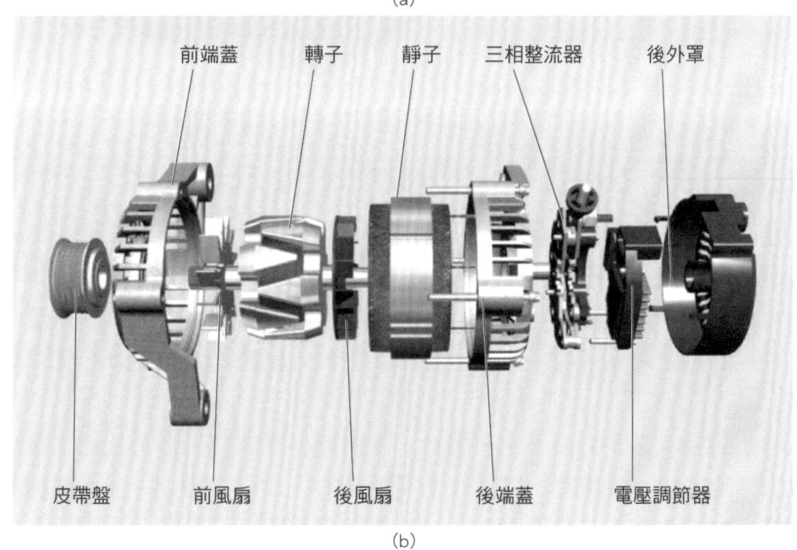

(b)

圖7-6

原理解說

目前汽車採用三相交流發電機，內部帶有二極體整流電路，將交流電整流為直流電，所以，汽車交流發電機輸出的是直流電。交流發電機必須裝配電壓調節器，電壓調節器對發電機的輸出電壓進行控制，使其保持基本恆定，以滿足汽車用電設備的需求。

當外電路通過電刷使激磁繞組通電時，便產生磁場，使爪極被磁化為N極和S極。當轉子旋轉時，磁通交替地在靜子繞組中磁場切割線圈繞組，根據電磁感應原理可知，靜子的三相繞組中便產生交變的感應電動勢。這就是交流發電機的發電原理（圖7-7）。

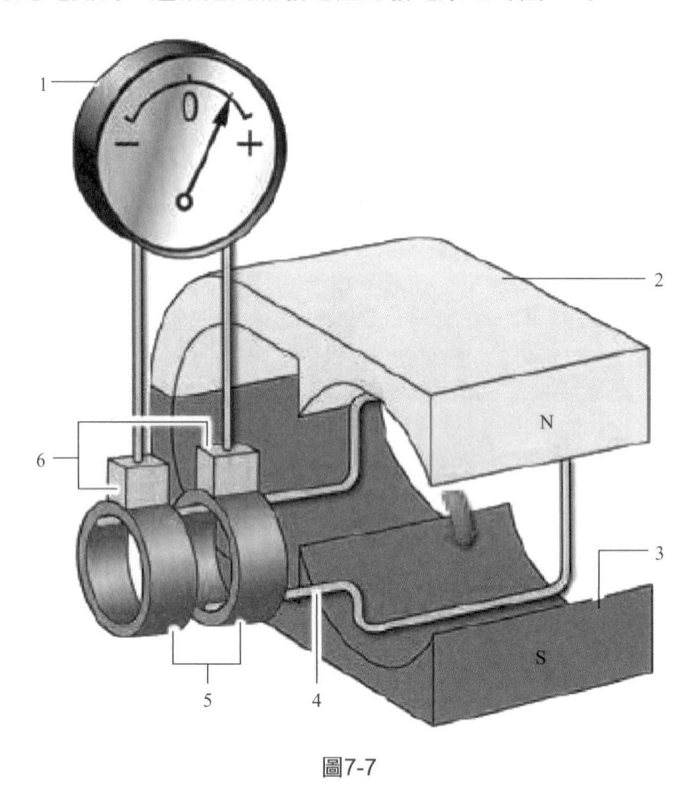

圖7-7

1—電壓表；2—N極；3—S極；4—導體迴路；5—滑環；6—碳刷

交流發電機結構如圖7-8所示。

靜子內有三個以Ｙ形方式連接的線圈。線圈的起始點分別標有字母U、V、W，Ｙ形交叉點以字母N標出。線圈接頭與整流器電路連接。發電機轉子（電磁鐵）轉動時，每個靜子線圈內都產生交流電壓。直流電流在轉子繞組內產生強度和方向固定磁場。這個轉子被引擎帶動形成一個旋轉磁場。

靜子線圈被轉子的旋轉磁場切割感應三個交流電壓彼此錯開120°。然後由九個二極體組成的電路將交流電壓整流形成直流電壓。這個直流電壓還取決於引擎轉速。怠速運轉時電壓較低，全負荷時電壓較高。因此，安裝一個調節器以使電壓保持恆定。調節器不斷將車載網絡電壓與發電機電壓進行比較。

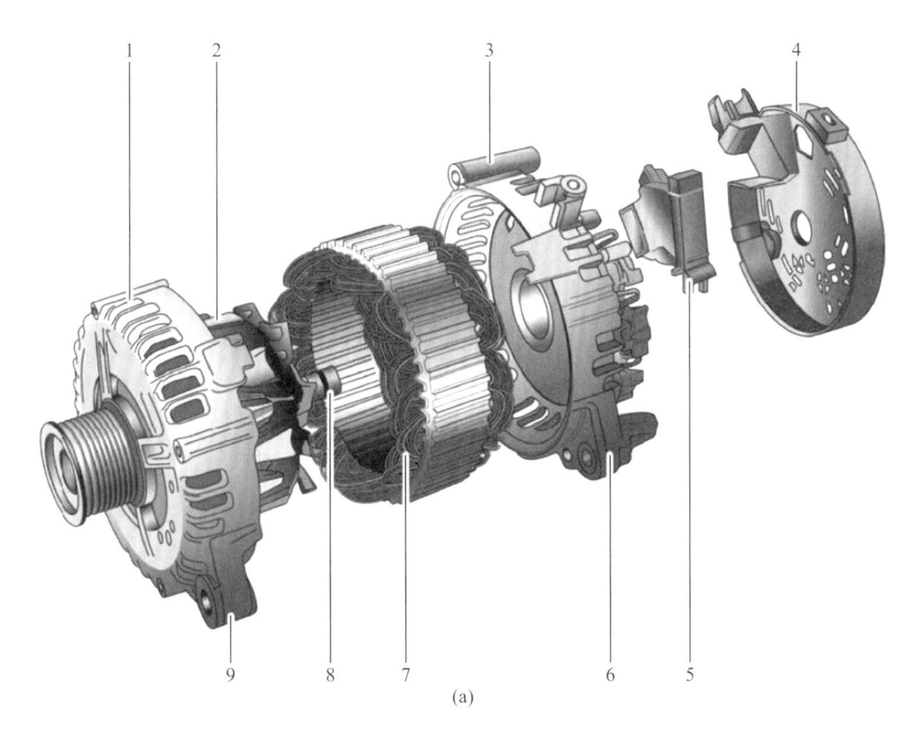

(a)

1—前部軸承蓋；2—轉子；3、9—固定裝置；4—罩蓋；5—電壓調節器；
6—後部軸承蓋；7—靜子繞組；8—滑環

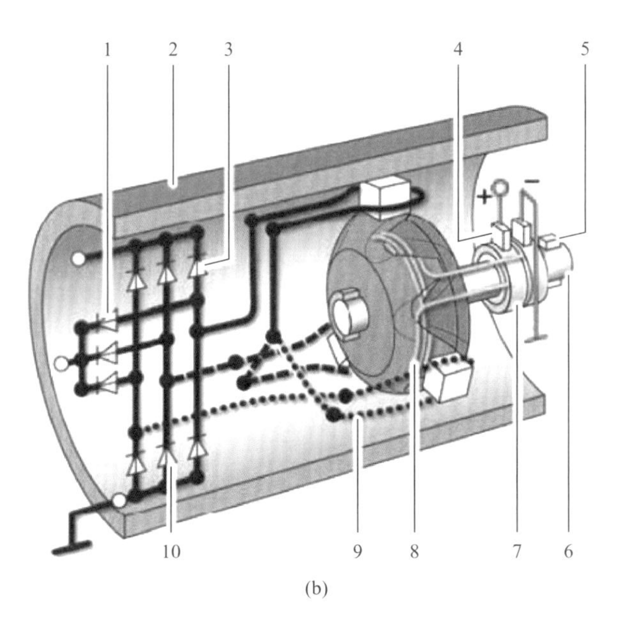

(b)

1—激磁二極體；2—殼體；3—正極二極體；4—碳刷；5—軸承；6—軸；
7—滑環；8—轉子；9—靜子線圈；10—負極二極體

圖7-8

第三節　汽車空調系統

汽車空調系統用於調節車室內空氣溫度、濕度、流速、流向和空氣清潔度，為駕駛、乘客創造一個比較舒適的車內環境。按照功能分為五個子系統：製冷系統、暖風系統、通風系統、控制控制系統和空氣淨化系統。

一、空調製冷系統

構造解說 （圖7-9）

汽車空調製冷系統的主要部件有壓縮機、儲液乾燥器、蒸發器和冷凝器以及空調硬管、軟管等。其基本原理就是利用冷媒由液態轉變為氣態或氣態轉變為液態的過程，吸收或釋放熱量。

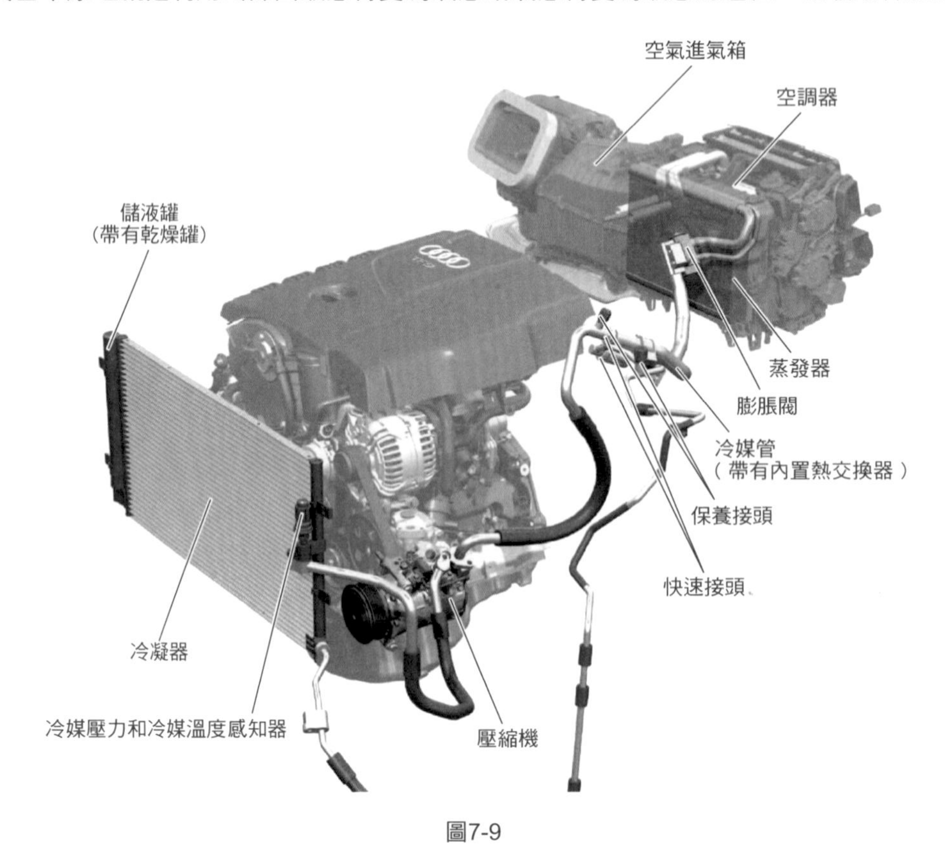

圖7-9

原理解說（圖7-10）

冷媒循環迴路分為四個部分：低壓，氣態形式；高壓，氣態形式；高壓，液態形式；低壓，液態形式。空調冷媒在管道內也可以分為兩種不同的物質狀態——氣態與液態。一種物質在三態變化時，將伴隨著吸收或釋放熱量。液態變為氣態（蒸發）時吸收熱量；氣態變為液態（冷凝）時釋放熱量。汽車空調系統的製冷原理就是利用冷媒由液態轉變為氣態或由氣態轉變為液態的過程吸收或釋放熱量。汽車空調製冷循環具體過程由以下四個部分組成。.

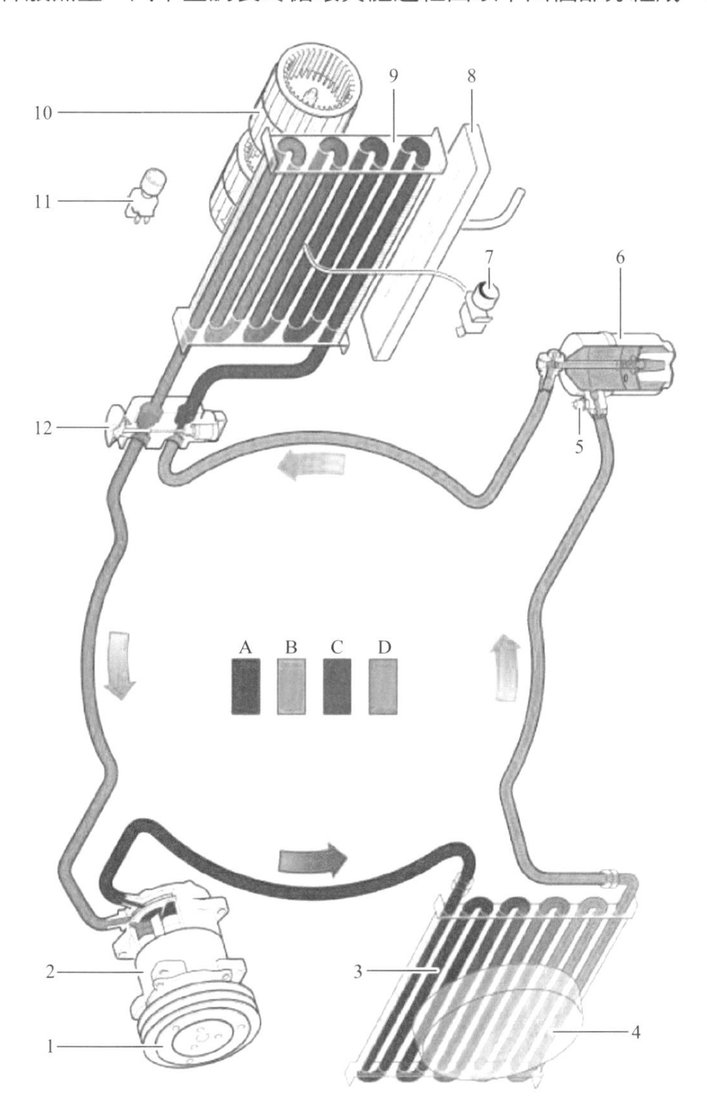

圖7-10

1—電磁離合器；2—壓縮機；3—冷凝器；4—冷凝器輔助風扇；5—壓力感知器；6—儲液器；7—蒸發器溫度感知器；8—蒸發器凝結水排水槽；9—蒸發器；10—蒸發器鼓風機；11—鼓風機開關；12—膨脹閥；A—高壓，氣態形式；B—高壓，液態形式；C—低壓，液態形式；D—低壓，氣態形式

（1）壓縮過程

低溫低壓的氣態冷媒被壓縮機吸入，並壓縮成高溫高壓的冷媒氣體。該過程的主要作用是壓縮增壓，這一過程是會消耗引擎功率。在壓縮過程中，冷媒狀態不發生變化，而溫度、壓力不斷上升，形成過熱氣體。

（2）冷凝過程

冷媒氣體由壓縮機排出後進入冷凝器。此過程的特點是冷媒的狀態發生改變，即在壓力和溫度不變的情況下，由氣態逐漸轉變液態。冷凝後的冷媒液體呈高溫高壓狀態。

（3）節流膨脹過程

高溫高壓的冷媒液體經膨脹閥節流降壓後進入蒸發器。該過程的作用是冷媒降溫降壓、調節流量、控制冷房能力。其特點是冷媒經過膨脹閥時，壓力、溫度急劇下降，由高溫高壓液體變成低溫低壓液體。

（4）蒸發過程

冷媒液體經過膨脹閥降溫降壓後進入蒸發器，吸熱製冷後從蒸發器出口被壓縮機吸入。此過程的特點是冷媒狀態由液態變化成氣態，此時壓力不變。節流後，低溫低壓液態冷媒在蒸發器中不斷吸收蒸發潛熱，即吸收車內的熱量又變成低溫低壓的氣體，該氣體又被壓縮機吸入再進行壓縮。

特別注意

進入壓縮機內的冷媒必須是氣態的，不然會損壞壓縮機。

1.空調壓縮機

斜板式壓縮機是目前汽車空調的主要機型，經過不斷的技術改進，該壓縮機已具有尺寸小、重量輕和功耗小等優點，斜板式壓縮機是軸向往復活塞式的，活塞的往復直線運動是依靠主軸帶動斜板或滑塊轉動時產生位置變化而產生的，它的活塞作用是雙向作用，因此斜板式壓縮機的往復慣性力能完全自然地得到平衡，往復慣性力矩也能得到平衡。

構造解說 （圖7-11）

可變容積式壓縮機帶有控制單元可連續控制壓縮機內的調節閥。系統根據通風溫度、車外溫度、車內溫度以及蒸發器規定溫度和實際溫度，通過脈衝寬度調節電壓信號改變壓縮機搖板室內的壓力比例。搖板的傾斜位置隨之改變，因此確定了排量和製冷功率。即使空調系統已關閉，多楔帶也會帶動壓縮機繼續轉動。因此，可以在最小（0～2%）至最大（100%）之間調節壓縮機功率和輸送能力。

例如，如果需要較高的製冷功率，控制單元就會控制調節閥。脈衝寬度調節電壓信號使調節閥內的柱塞移動。電壓供給的持續時間確定了調節行程。通過調節可以改變高壓與搖板室內壓力之間的調節閥開啟截面積。

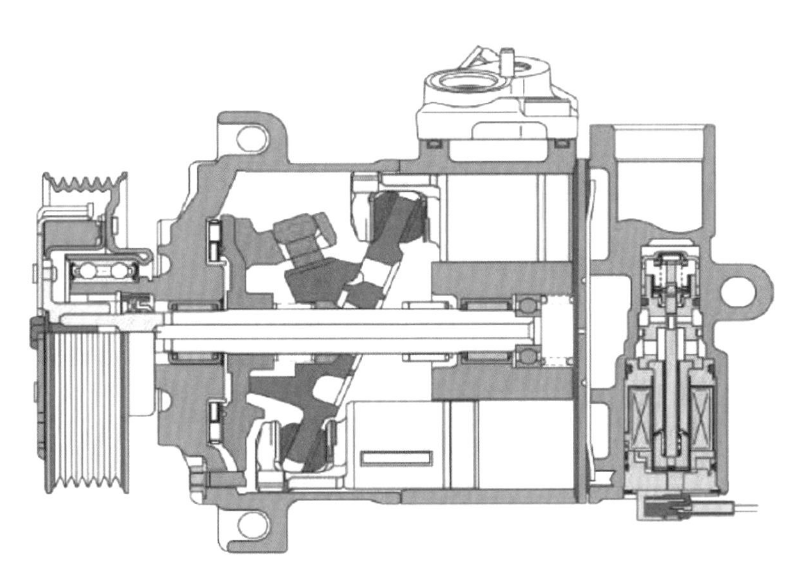

圖7-11

原理解說　（圖7-12）

車廂溫度較低時，吸入與排出側冷媒壓力（ps）減小，調節閥的橡膠防塵套伸長，調節閥開啟。因此，搖板升高的高壓壓力（pd）使搖板室內壓力（pc）升高。

搖板室內壓力（pc）×7（個缸）＋搖板左側彈簧的作用力＋作用在7個缸內活塞左側的驅動盤反作用力之和，大於作用在7個活塞右側的壓力。下部活塞向右移動，從而減小搖板的傾斜角度。因此，活塞行程減小，壓縮機以最小行程運行。

搖板左側彈簧使7個活塞向右移動並減小搖板角度，因此這個彈簧還具有起動彈簧的功能，以約5%的最小排量開始啟動。此時控制單元關閉電磁閥的供電，該閥門開啟。

原理解說　（圖7-13）

車廂溫度較高時，控制單元通過蒸發器溫度感知器偵測到溫度較高並立即控制電磁閥。閥體向左移動，閥門關閉。吸入與排出側冷媒壓力（ps）也較高，調節閥的橡膠防塵套壓到一起並使閥體向左移動，從而關閉閥門，因此會減小高壓壓力（pd）作用，搖板室內壓力（pc）下降到接近吸入與排出側冷媒壓力（ps）。壓力平衡通過一個限流孔（氣流）實現。因此，搖板室內壓力（pc）×7（個缸）＋搖板左側彈簧的作用力＋作用在7個缸內活塞左側的驅動盤反作用力之和，小於作用在7個活塞右側的壓力。因此下部活塞向左移動，從而增大搖板的傾斜角度。其結果是活塞行程提高，壓縮機以最高100%的功率運行。

如果蒸發器溫度降低，則會通過蒸發器溫度感知器偵測到。控制單元隨即控制電磁閥並將其略微打開，以便通過這種方式降低壓力並借此減小搖板角度。

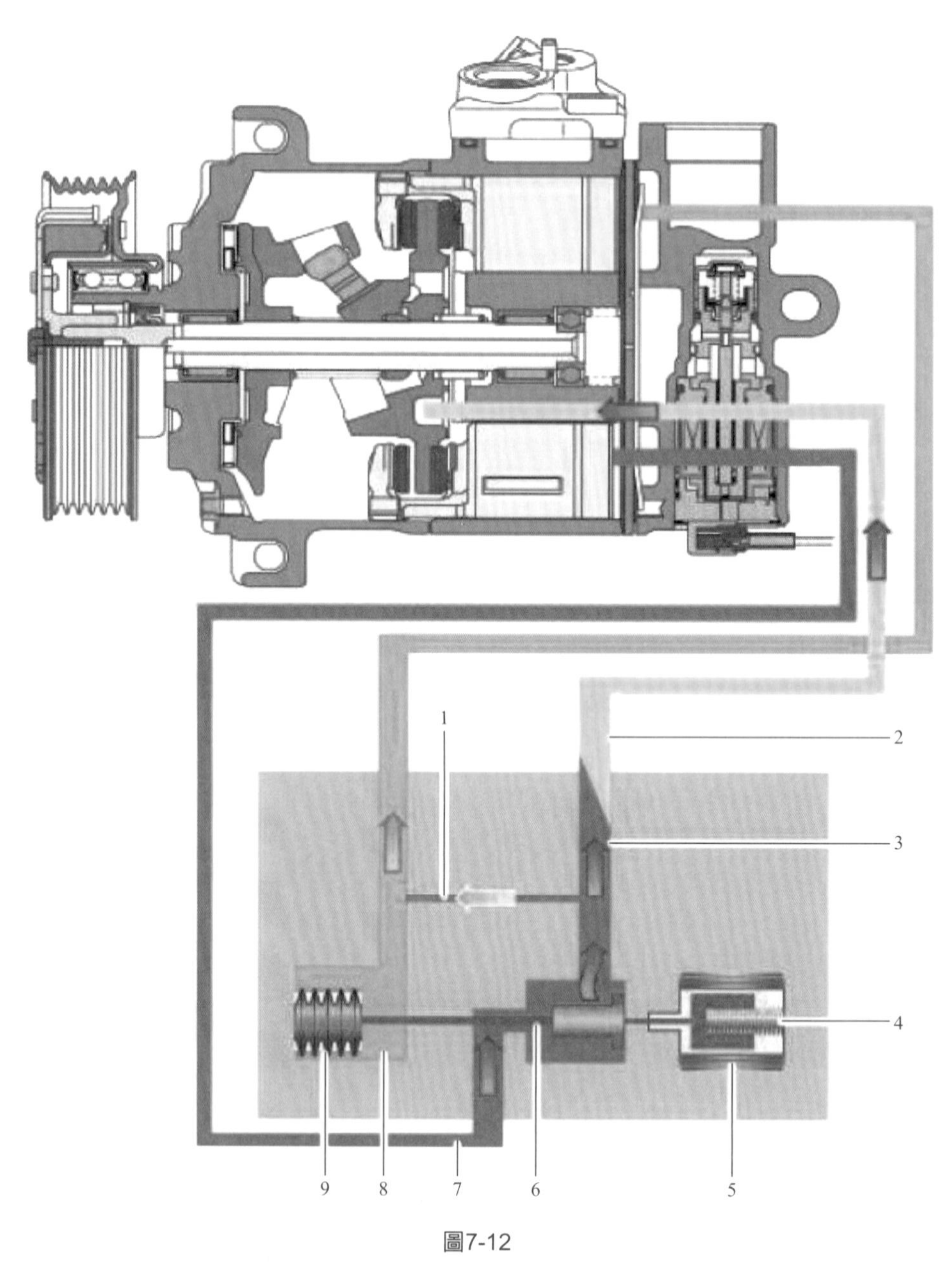

圖7-12

1—p_c與p_s之間的限流孔；2—搖板室內壓力p_c；3—氣流；4—彈簧；5—線圈（電磁閥）；6—電磁閥柱塞；7—高壓壓力p_d；8—吸入與排出側冷媒p_s；9—帶彈簧的橡膠防塵套

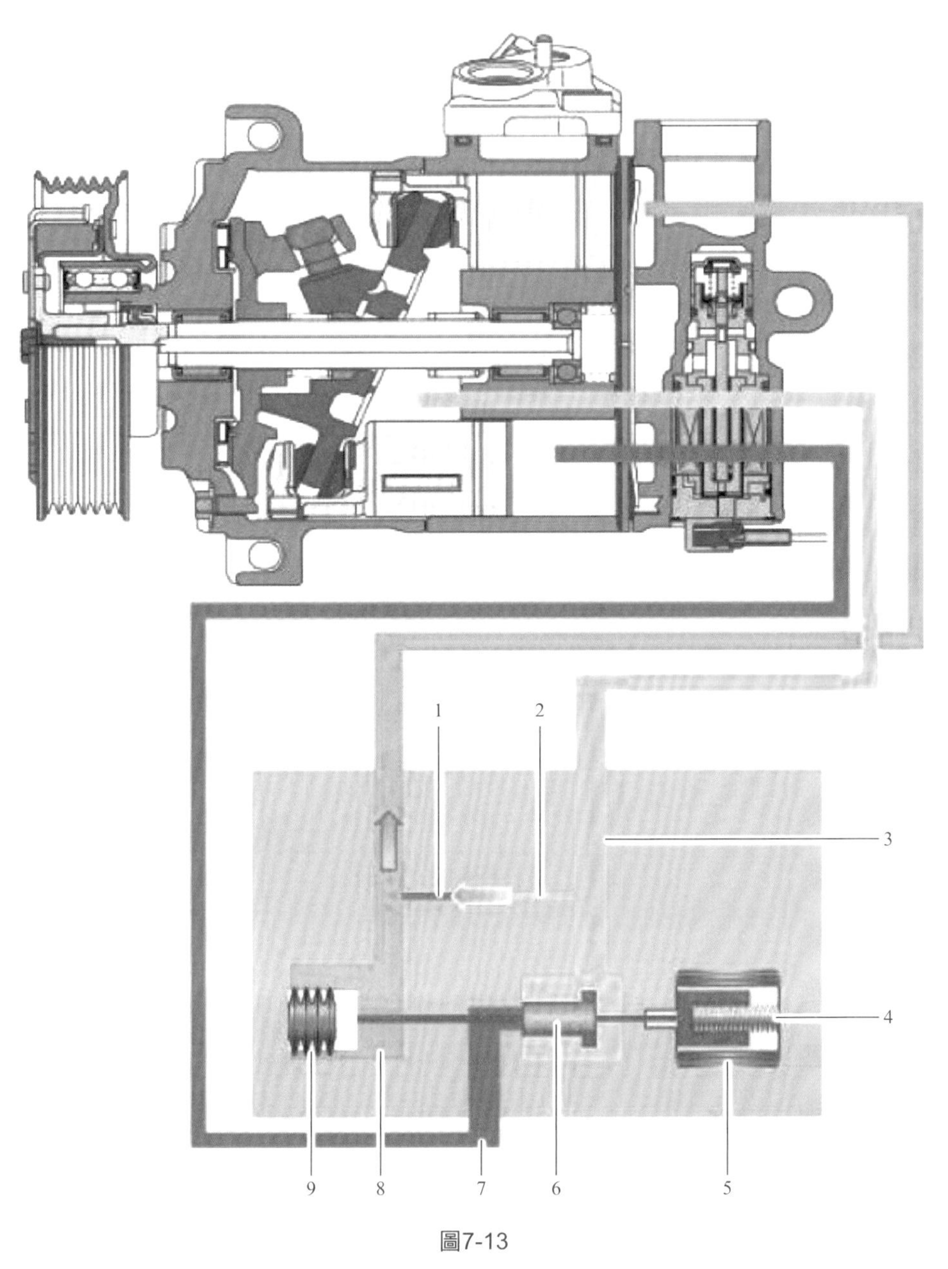

圖7-13

1—p_c與p_s之間的限流孔；2—氣流；3—搖板室內壓力p_c；4—彈簧；5—線圈（電磁閥）；6—電磁閥柱塞；7—高壓壓力p_d；8—吸入與排出側冷媒p_s；9—帶彈簧的橡膠防塵套

2.冷凝器

構造解說 （圖7-14）

冷凝器由蛇形管和鰭片組成，鰭片與管固定連接，因此熱交換面積大且熱傳遞效果好。

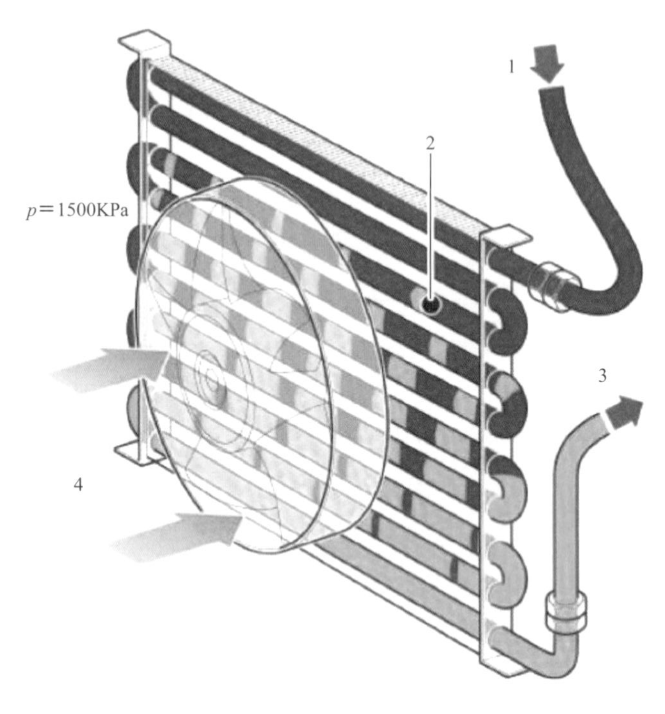

圖7-14

1—入口處冷媒溫度（80℃）；2—露點（55℃）；
3—出口處冷媒溫度（約為45℃）；4—車外空氣（30℃）

原理解說

冷凝器的任務是將冷媒在壓縮機內壓縮過程中吸收的能量通過散熱片以熱量的形式散發到車外空氣中去，從而使氣態形式的冷媒重新變為液態形式。在此過程中必須使能量釋放出去，以便在冷媒重新注入蒸發器時能夠再次從待冷卻的空氣中吸收熱量。

冷凝器的工作過程如下。

第一階段：來自壓縮機的壓力為1000～2500KPa、溫度為60～120℃的氣態高溫冷媒將其高熱能釋放到車外空氣中。

第二階段：冷媒冷凝下來，在此冷媒釋放出較多的能量，以便液化為液體。

第三階段：液態的冷媒繼續釋放出能量，這種狀態稱為冷媒過度冷卻，這也可以防止在至膨脹閥的通道上形成氣泡。

通過過度冷卻可使冷媒釋放出的熱量大於液化時所需要的能量。過度冷卻的冷媒可以在蒸發器內吸收較多的能量，因此提高了系統的冷房能力。冷媒在冷凝器內過度冷卻程度越大，空調系統的冷房能力越高。緊靠冷凝器前面安裝的輔助散熱風扇可以提供更多的冷空氣。冷媒在冷凝器內保持高壓狀態（1000～2500KPa）。80%～90%的冷凝器功率消耗在實際冷凝過程中，此時溫度下降30～40℃。

3.外部儲液器和乾燥器

構造解說　（圖7-15）

儲液器作為冷媒的膨脹容器和儲罐使用。由於運行條件不同，如蒸發器和冷凝器上的熱負荷以及壓縮機轉速等，泵入循環迴路內的冷媒量也不同。為了補償這種冷媒用量波動，空調系統安裝了一個儲液器。來自冷凝器的液態冷媒收集在儲液器內，蒸發器內冷卻空氣所需要的冷媒繼續流動。

乾燥劑與少量的水發生化學反應並借此將水從循環迴路中清除。根據具體型號，乾燥劑可以吸收6～12g水。吸收量取決於溫度。溫度降低時吸收量提高。例如，如果溫度為40℃時乾燥器飽和，那麼60℃時水會再次析出。

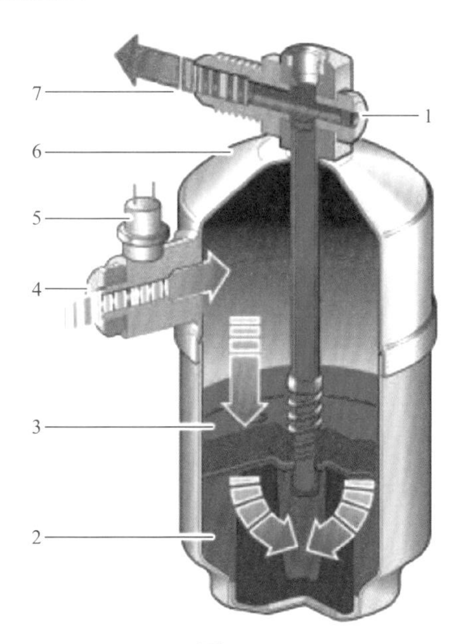

圖7-15

1—安全閥；2—過濾乾燥器；3—濾網；4—輸入接口（自冷凝器）；
5—壓力感知器；6—殼體；7—連接膨脹閥的輸出接口

乾燥器還可以過濾掉壓縮機磨損產生的顆粒、安裝時的污物或類似物質。

冷媒從上面進入儲液器內並沿著殼體內側向下流動，然後必須經過過濾乾燥器以清除水分。冷媒向上流動。乾燥器上方有一個濾網，借此可過濾可能存在的污物。濾芯與能夠吸水的海綿相似。分子濾網和硅膠吸附水分，除了水分外活性氧化鋁還可以吸附酸。有些車輛空調系統中，乾燥器結合在冷凝器內，因為有些車輛沒有單獨儲液器設計。

原理解說

壓力感知器安裝在儲液器上，該感知器根據空調系統內的高壓壓力輸出一個電壓信號。信號傳輸給數字式引擎電子系統模組。此後引擎電子系統模組輸出用於冷凝器散熱輔助風扇的控制電壓，從而控制輔助風扇。

4.膨脹閥

構造解說 （圖7-16）

膨脹閥根據蒸發器出口處冷媒蒸氣的過熱參數來調節至蒸發器的冷媒流量。這些在當時運行條件下能夠蒸發的冷媒通過膨脹閥輸送到蒸發器中。這樣可最佳地利用整個熱交換面積。

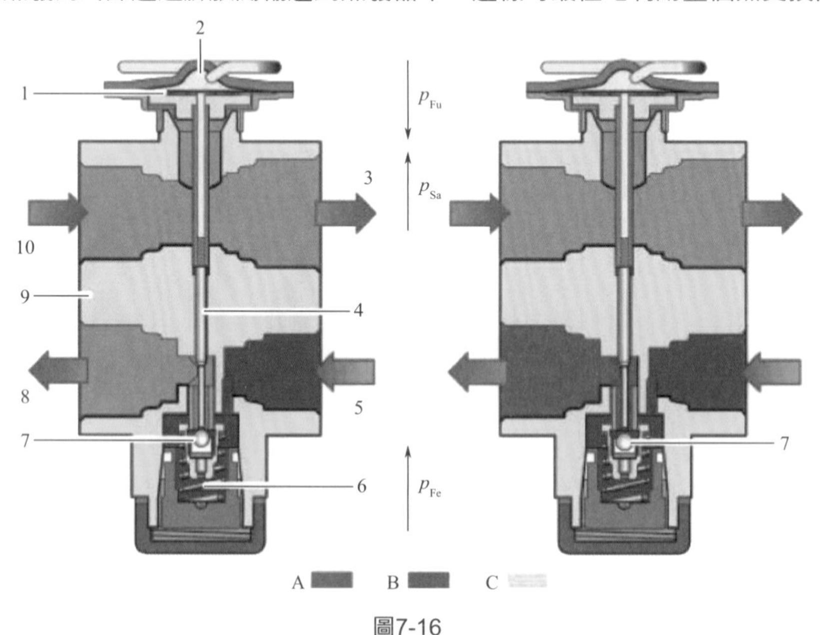

圖7-16

1—隔膜；2—探測用氣體冷媒；3—至壓縮機；4—針閥；5—自冷凝器；6—彈簧；7—鋼球；8—至蒸發器；9—殼體；10—自蒸發器；A—高壓；B—低壓；C—探測用氣體冷媒壓力；p_{Fu}—感溫裝置管路內的壓力（感溫裝置）；p_{Sa}—蒸發器壓力（低壓）；p_{Fe}—調節彈簧力

膨脹閥作為冷媒循環迴路中高壓和低壓部分的一個分隔點安裝在蒸發器前。為了使蒸發器達到最佳製冷能力，系統根據溫度和壓力調節經過膨脹閥的冷媒流量。

原理解說

壓力和溫度通過蒸發器出口處冷媒流過膨脹閥來測量。在膨脹閥頭部感溫裝置測量所吸入冷媒的溫度，冷媒壓力作用在隔膜低側。

打開閥門時閥針克服彈簧力向下移動，因此液態冷媒流入蒸發器內。冷媒蒸發，壓力和溫度降低。蒸發器出口處氣態冷媒的壓力和溫度用於通過一個隔膜打開和關閉閥門。

如果蒸發器出口處的溫度降低，感溫裝置的隔膜室內探測氣體收縮，閥針向上移動並減少至蒸發器的冷媒流量。

如果蒸發器出口處的溫度升高，則這個流量增加。蒸發器出口處壓力升高時將為關閉閥門提供支持，壓力降低時將為打開閥門提供支持。只要空調系統處於運行狀態，這個調節過程就會不斷進行。

5.蒸發器

構造解說　（圖7-17）

蒸發器由帶有壓上式鰭片的蛇形管組成。冷媒流過蛇形管。風扇將待冷卻的空氣吹過這些鰭片。為改善熱傳導效果，鰭片具有較大的表面積。

為了使液態冷媒盡可能均勻地分布在蒸發器的整個面積上，冷媒噴入蒸發器內後分為多個大小相同的支流。

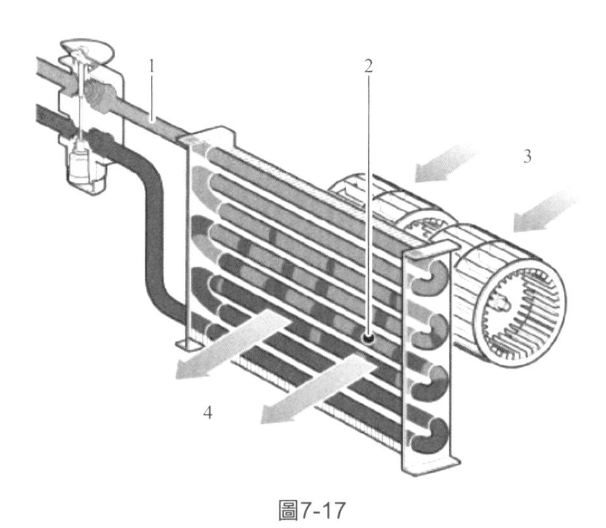

圖7-17

1—低壓；2—沸點；3—進氣；4—出氣

採用這種結構方式可以提高蒸發器的效率。各冷媒支流在蛇形管端部匯集在一起，然後由壓縮機再次吸入。

原理解說

蒸發器從外側吸收空氣中的熱能並將其向內側傳到冷媒上，因此蒸發器以熱交換器方式工作。在此最重要的因素是通過冷媒從液態變成氣態時，透過潛熱吸收能量。這個過程需要較多的熱能，熱能從有空氣流過的鰭片中吸收過來。

在低壓下以及在鼓風機輸送車內熱量的情況下，冷媒蒸發。在此冷媒變得很冷。在噴入過程中壓力從1000～2000KPa降低到約200KPa。

二、暖風系統

暖風系統又稱採暖系統，其主要功用是在冬季為車內提供暖氣以及為風窗玻璃除霜、除霧。

三、通風系統

通風系統的功用是淨化車內空氣，保持車內空氣新鮮。汽車通風分為自然通風和強制通風兩種形式。自然通風是利用汽車行駛時，在汽車內、外產生的風壓來實現的換氣通風。強制通風是利用鼓風機將車外空氣強制送入車內來實現的換氣通風。

四、控制系統

控制系統的功用是控制空調系統工作，實現製冷、採暖和通風。控制系統主要由電氣部件、真空管路、操縱機構和控制開關等組成。控制系統一方面要對製冷和採暖系統的溫度、壓力進行控制，另一方面要對車內空氣的溫度、風量、流向進行操縱控制，從而實現空調系統的各項功能。

第四節　電氣網絡系統佈局

構造解說

福斯Golf轎車上的標準化路徑鋪設和安裝位置如圖7-18所示。

圖7-18

構造解說 （圖7-19）

車載網絡形式多種多樣，目前應用最為廣泛的是CAN總線系統。CAN總線是最初汽車業開發的一種具有很高保密性，有效支持分布式控制或即時控制的串行數據通信總線。汽車上各個控制系統對網絡信息的傳輸延遲比較敏感，如引擎控制、變速箱控制、安全氣囊控制、ASR/ABS/ESP控制、循跡控制等對網絡信息傳輸的實時性要求較高，需要採用高速CAN總線。

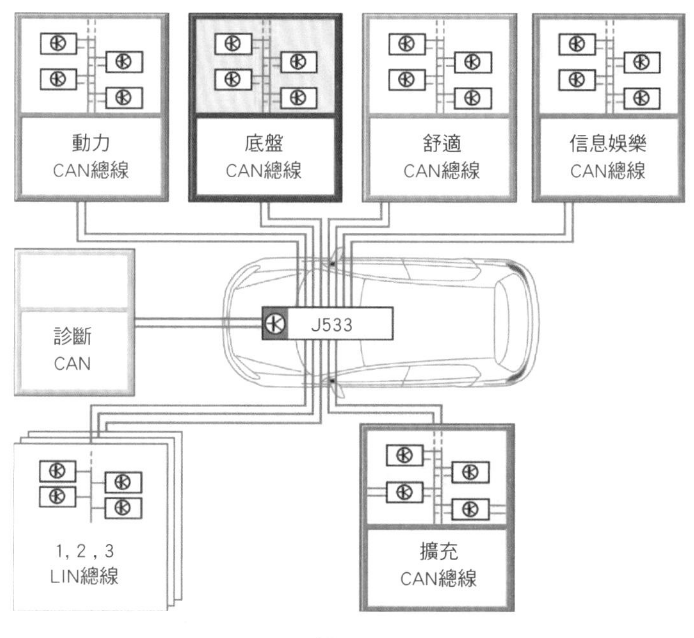

圖7-19

Chapter 08

第八章
汽車車身系統

Chapter 08 第八章
汽車車身系統

一、車身尺寸

構造解說 （圖8-1）

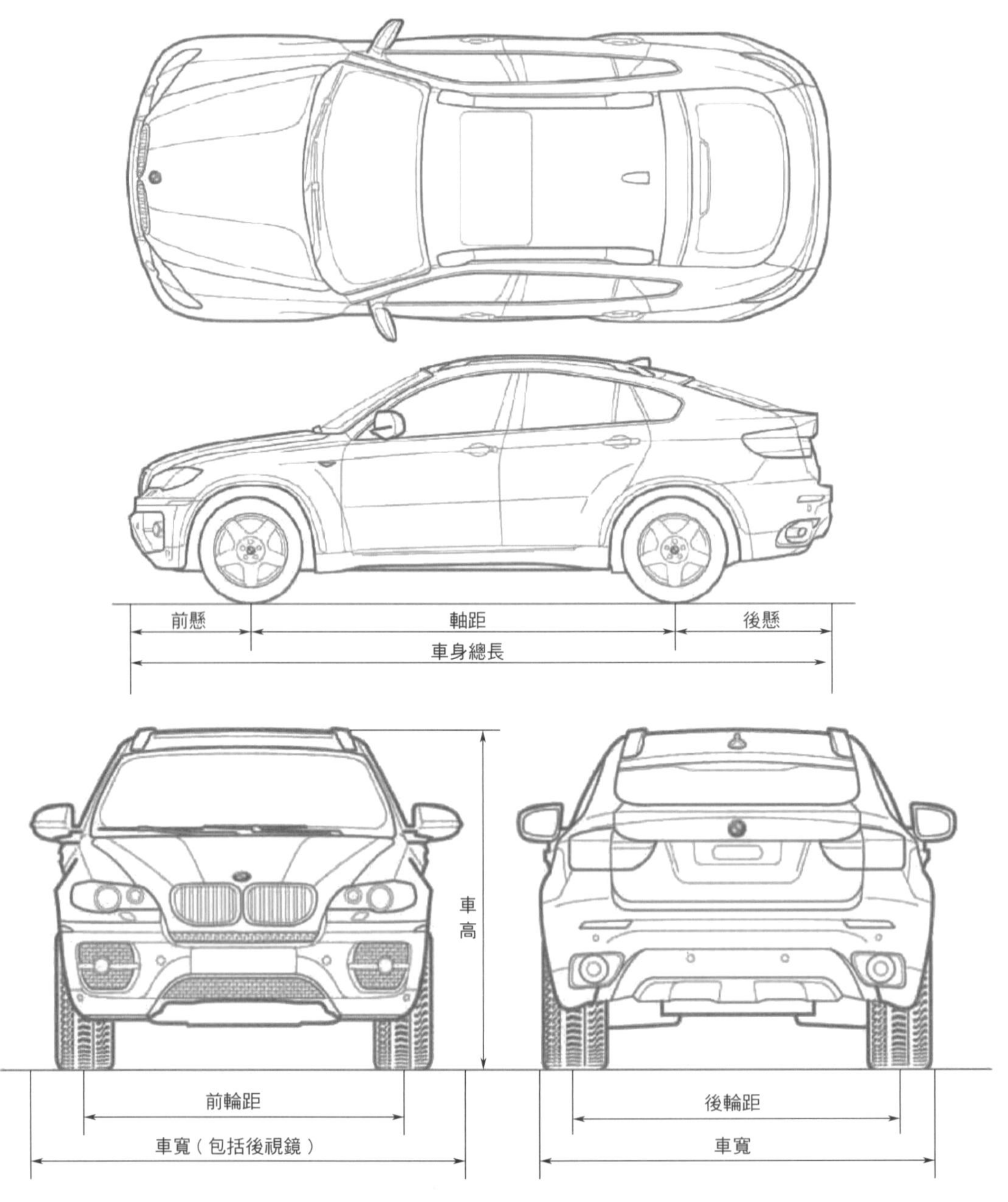

圖8-1

二、車身結構和材料

構造解說 （圖8-2和圖8-3）

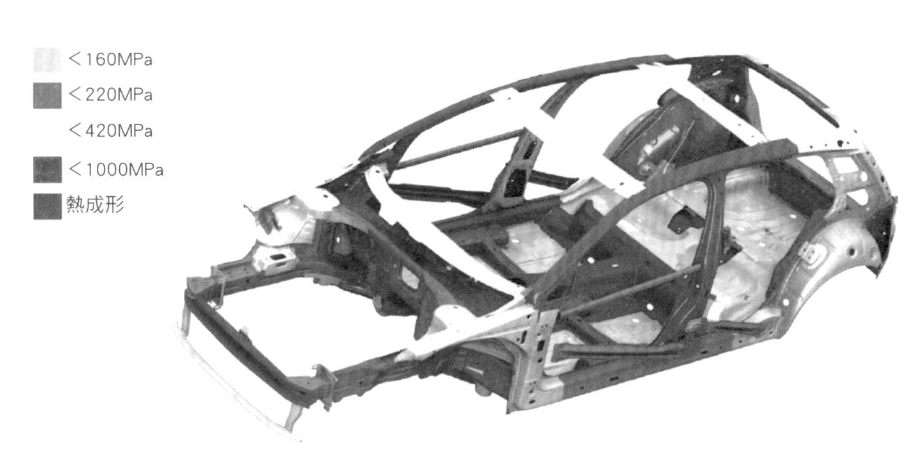

圖8-2

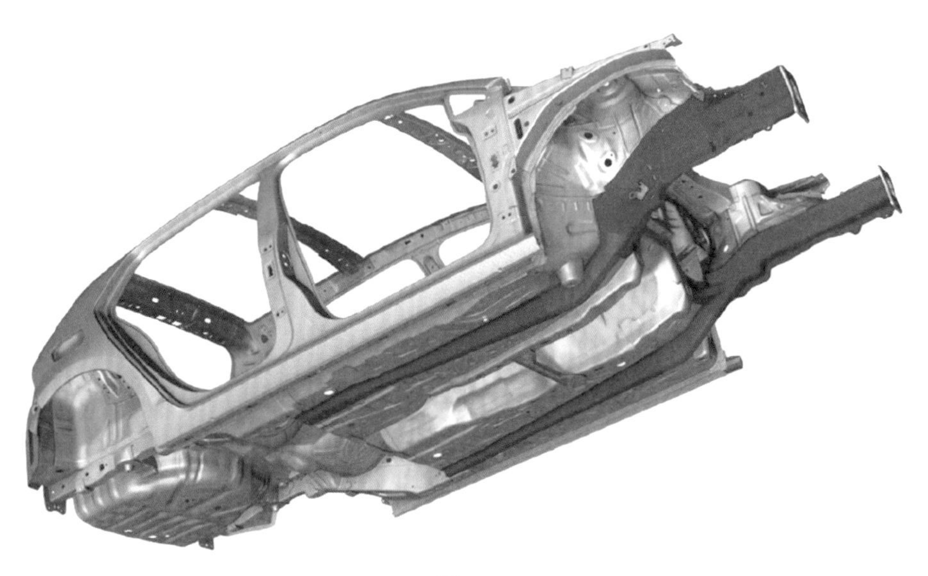

圖8-3

構造解說 （圖8-4和圖8-5）

在車輛前端、B柱和尾部與車輛安全相關的區域內使用新類型鋼板製成的眾多車身加強件，與傳統類型的鋼板相比，這些新類型鋼板大大提高了負荷能力。借此可使碰撞變形盡可能小，與乘客保護系統配合在最大程度上確保乘客的安全。

碰撞時產生的能量由車身結構承受，然後通過負荷路徑吸收或有針對性地繼續傳遞。

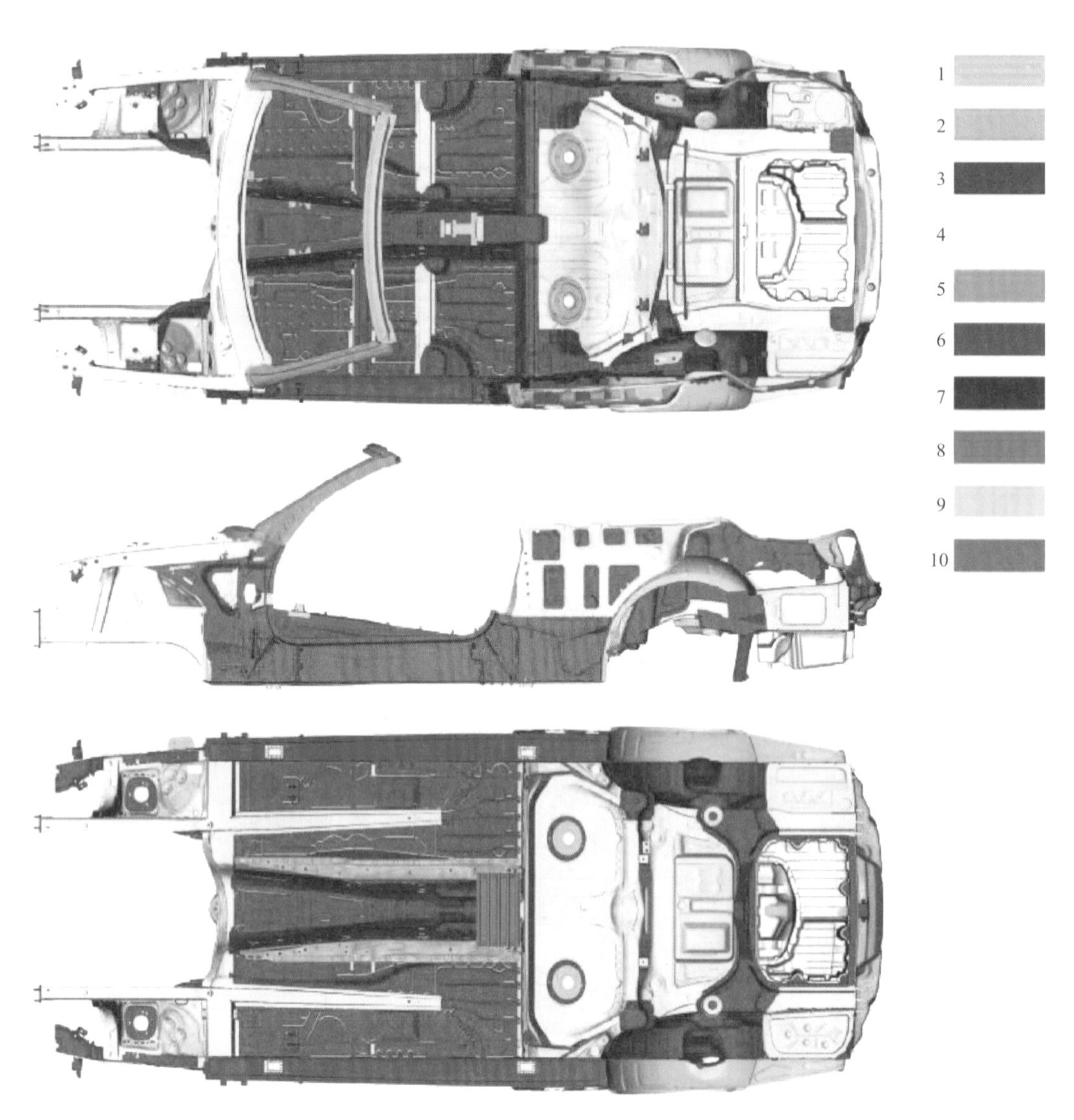

圖8-4

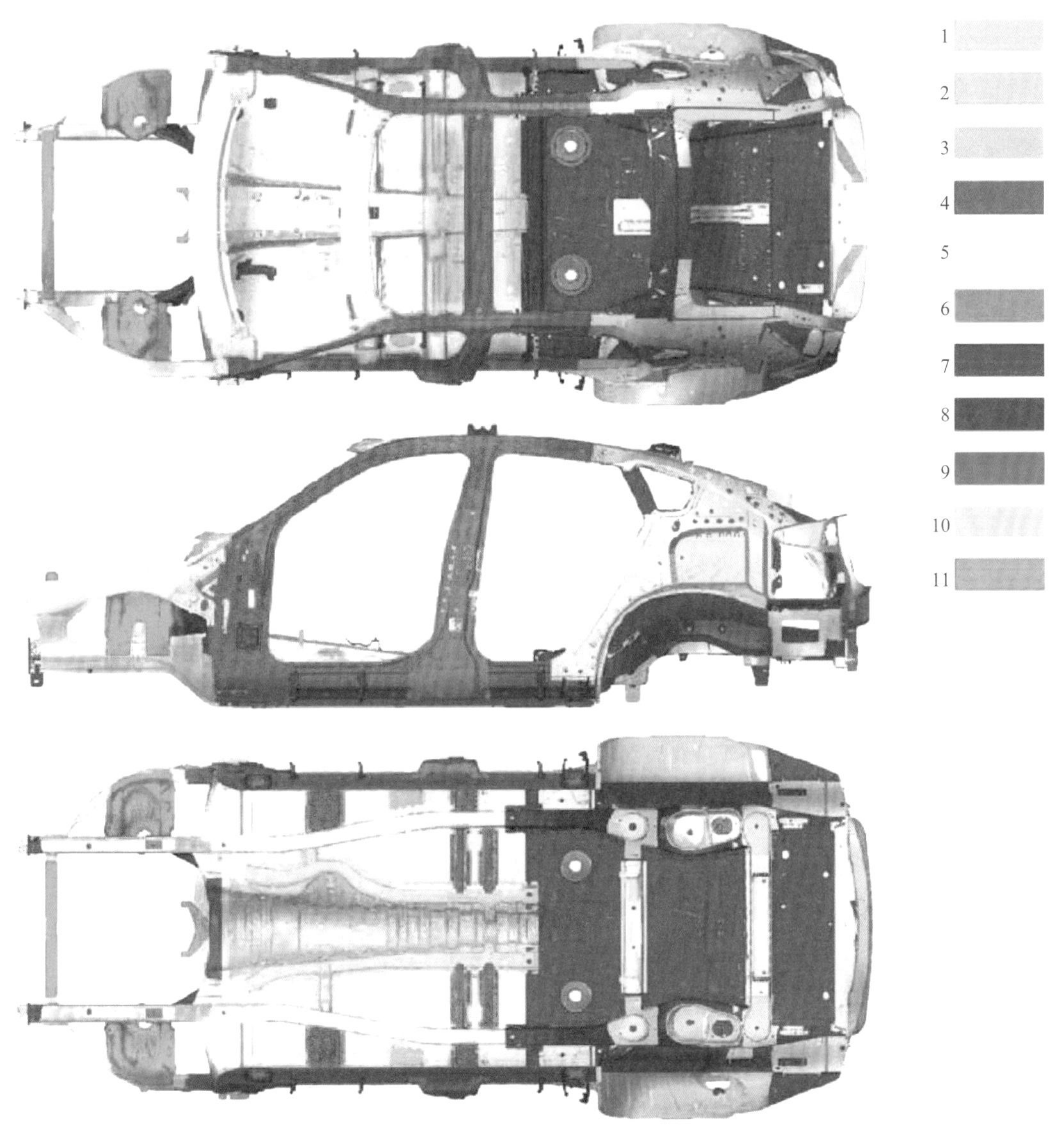

圖8-5

原理解說 （圖8-6）

針對被動安全性主要要求乘客區非常穩定堅固，即在發生高速碰撞事故時乘客區為乘客提供最高等級的保護。所採用的設計方案是通過多個負荷路徑使傳遞到車身結構上的作用力經過引擎支架和底盤分布到乘客區上，從而確保各承載結構承受較小的負荷峰值。具體來說就是協調利用從車輪到車門檻的負荷路徑，將引擎支架負荷分布到A柱、車門檻和貫穿式縱梁結構上。

無論發生哪種類型的正面碰撞事故，都會促使車輪沿直線方向向後移向車門檻。因此產生了一個主負荷路徑，該路徑從障礙物/事故對方經過車輪至車門檻，為承受碰撞負荷，車門檻帶有一個堅固的附加成形件（側面縱梁附屬件）。

引擎支架負荷從前圍板前部經過前圍板下部支撐梁傳遞至兩個A柱內和車輛另一側。此外，還通過中間通道上的連接板在背面支撐前圍板下部支撐梁。引擎支架與變速箱支架托架之間的連接構成了另一個負荷路徑。通過這種方式使所需要的各種成形件最佳融入滿足和提高功能的要求中。

為了盡量減小前圍板負荷和前圍板向內擠壓的高度，設計引擎支架時要求其按指定方式向外彎曲並形成相應的變形路徑。經過車輪罩支撐梁傳遞至白車身（指完成焊接但未塗裝且不包括車門、引擎蓋之車身）的負荷分布在A柱上，經過車輪罩支撐梁加強件傳遞的負荷分布在車門檻內。這樣可以降低A柱承受的負荷並使A柱後移程度降至最低。這種設計方案一方面可確保承受高碰撞負荷後車門仍然可以打開，另一方面可防止車門因碰撞負荷過高而自動打開。

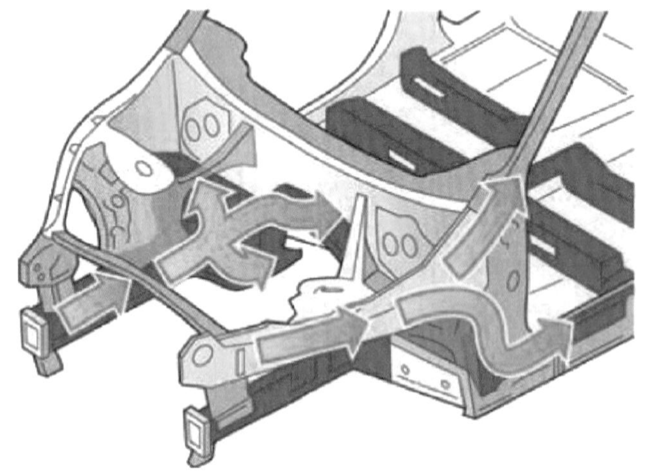

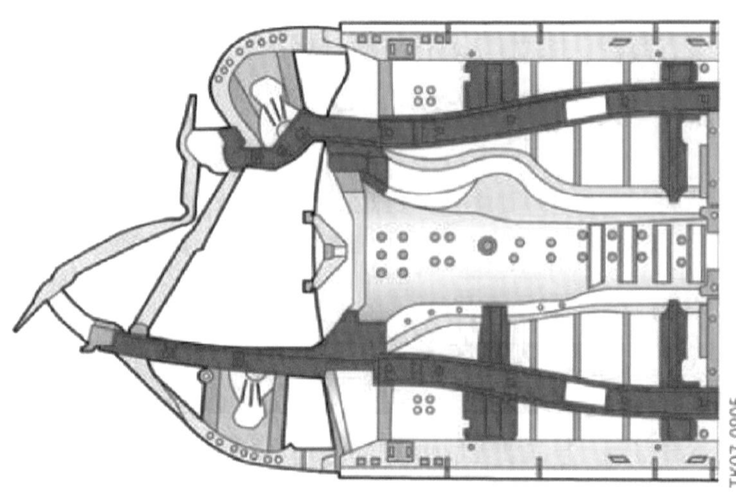

圖8-6

原理解說 （圖8-7）

發生側面碰撞時，白車身也有助於盡可能防止乘客受傷。為此應準確協調鋼板結構與乘客保護系統的相關特性。例如有些車型，採用的設計方案是，使B柱在任何測試負荷條件下都盡可能保持直立狀態並以整體方式擠向車內。B柱中部承受的碰撞負荷最高。為了正確對待這種情況且保留輕型結構方案，在此採用了由一種最高強度材料製造、對碰撞性能有決定性影響的B柱加強件，即通過軋制方式使B柱中間區域的壁厚明顯大於頂端和底端區域。

通過這個設計原則能夠以最佳方式調整B柱變形特性以承受負荷。此後負荷通過車輛的橫梁結構繼續分布。因此地板上方出現的負荷通過座椅橫梁傳遞到車輛未受碰撞的一側。地板下方也有不同的橫梁結構執行這項功能。在車頂區域內由剛性連接的車頂框架執行這項功能，在全景天窗車型上則由帶有高剛度縱梁和橫梁結構的車頂系統負責。

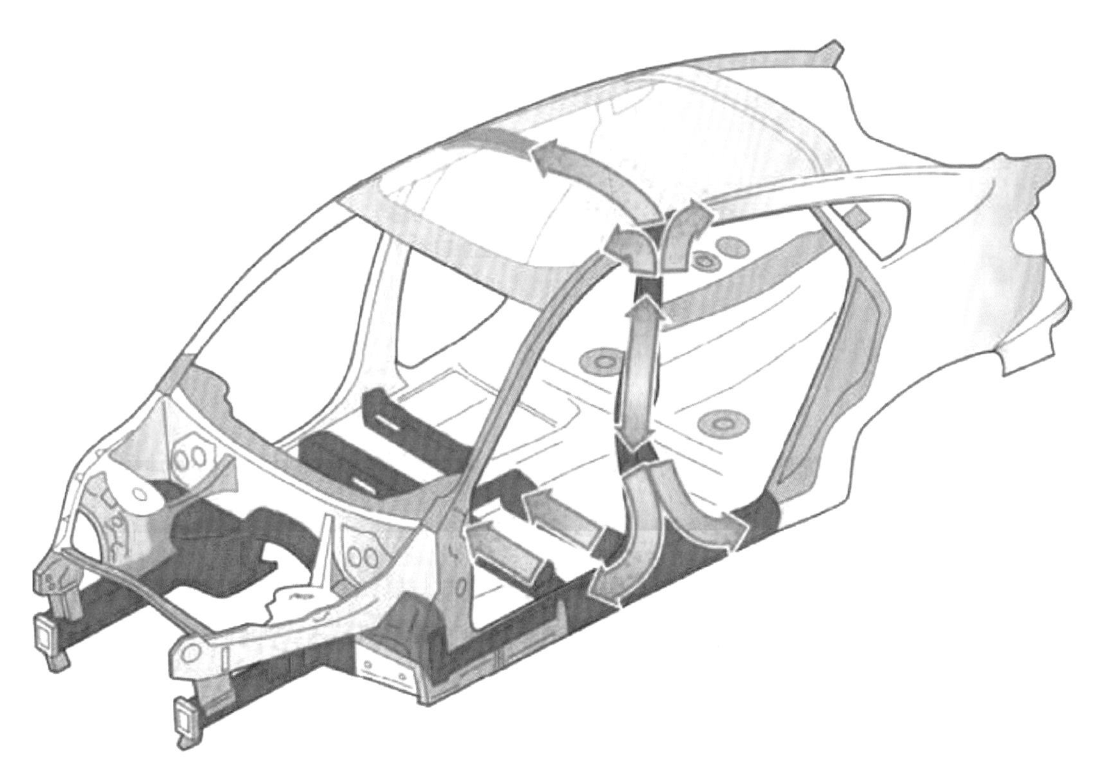

圖8-7

三、車內裝置

構造解說 （圖8-8）

前部座椅裝有電動調節裝置，可對座椅進行調節，只需將座椅調節開關向所需方向移動。座椅最多有八個調節方向。

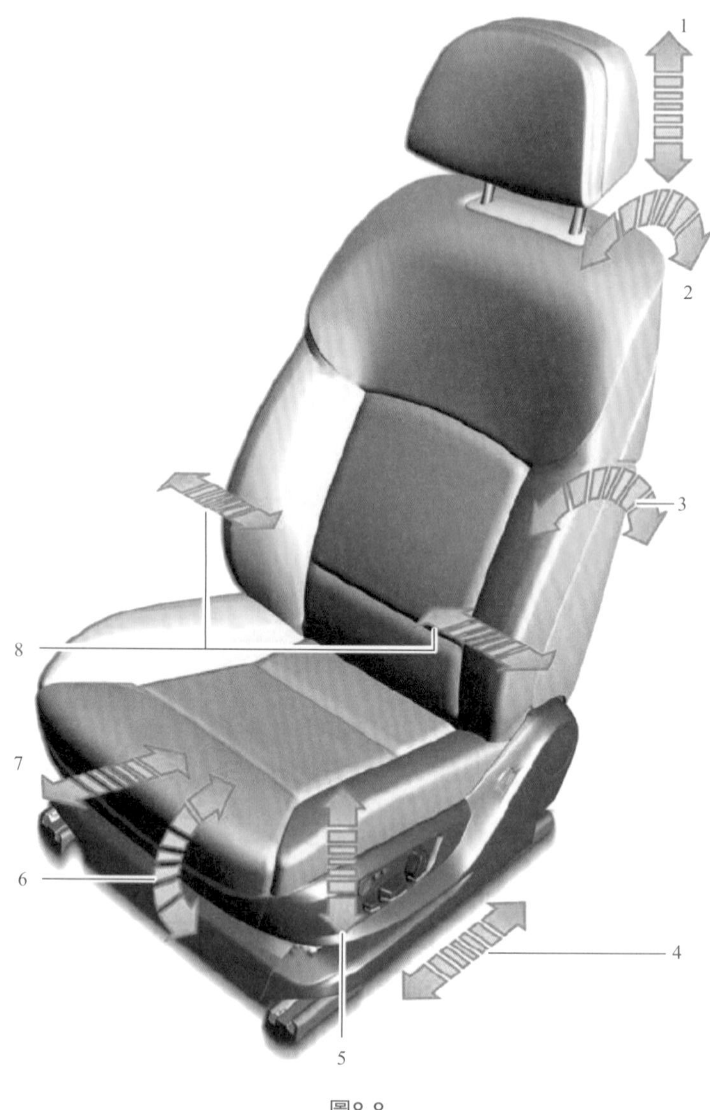

圖8-8

1—頭枕高度調節；2—靠背上部調節；3—靠背傾斜度調節；4—座椅縱向調節；5—座椅高度調節；6—座椅傾斜度調節；7—座墊前後調節；8—靠背寬度調節

構造解說　（圖8-9）

座椅可通過座椅調節開關來操縱座椅調節裝置。

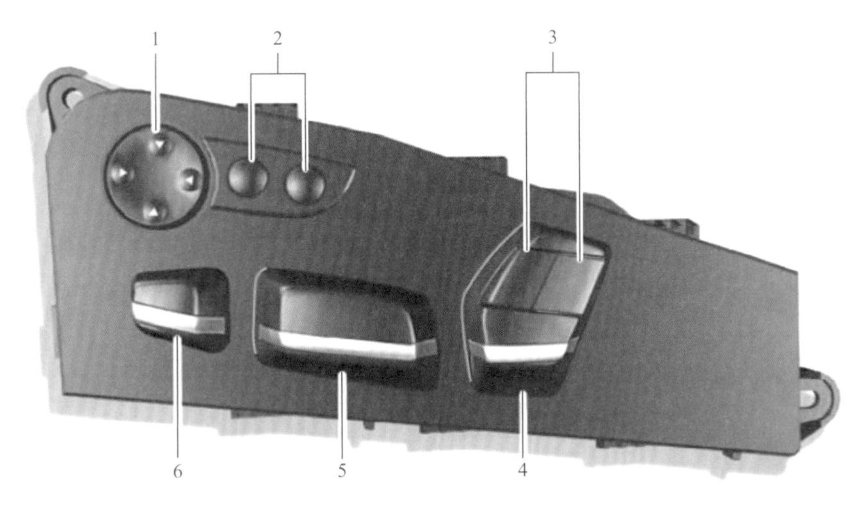

圖8-9

1—腰部支撐調節；2—靠背寬度調節；3—靠背上部調節；4—靠背傾斜度和頭枕高度調節；5—座椅縱向、座椅高度和座椅傾斜度調節；6—座墊前後調節

構造解說　（圖8-10）

座椅加熱裝置操作按鈕結合在後座區自動空調的操作面板上。後座區自動空調分析按鈕信號並將所選加熱檔信息傳輸給接線盒電子裝置。

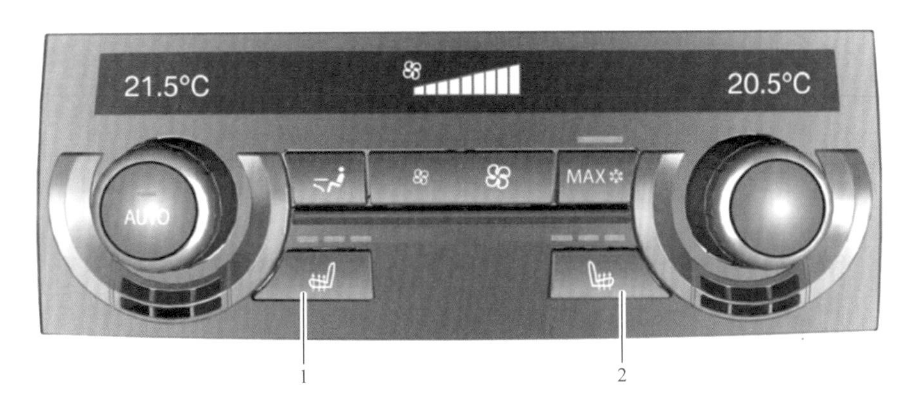

圖8-10

1—駕駛側後部座椅加熱裝置按鈕；2—副駕側後部座椅加熱裝置按鈕

構造解說 （圖8-11）

空調座椅墊在座椅表面和靠背表面上都有相應開口。吸入的空氣可通過這些開口調節座椅套溫度。配合主動式座椅通風裝置需使用特殊座椅套。座椅套上必須帶有極小的出風口。由風扇吸入的空氣可流過這些出風口，以此冷卻座椅套並確保座椅套溫度始終舒適。

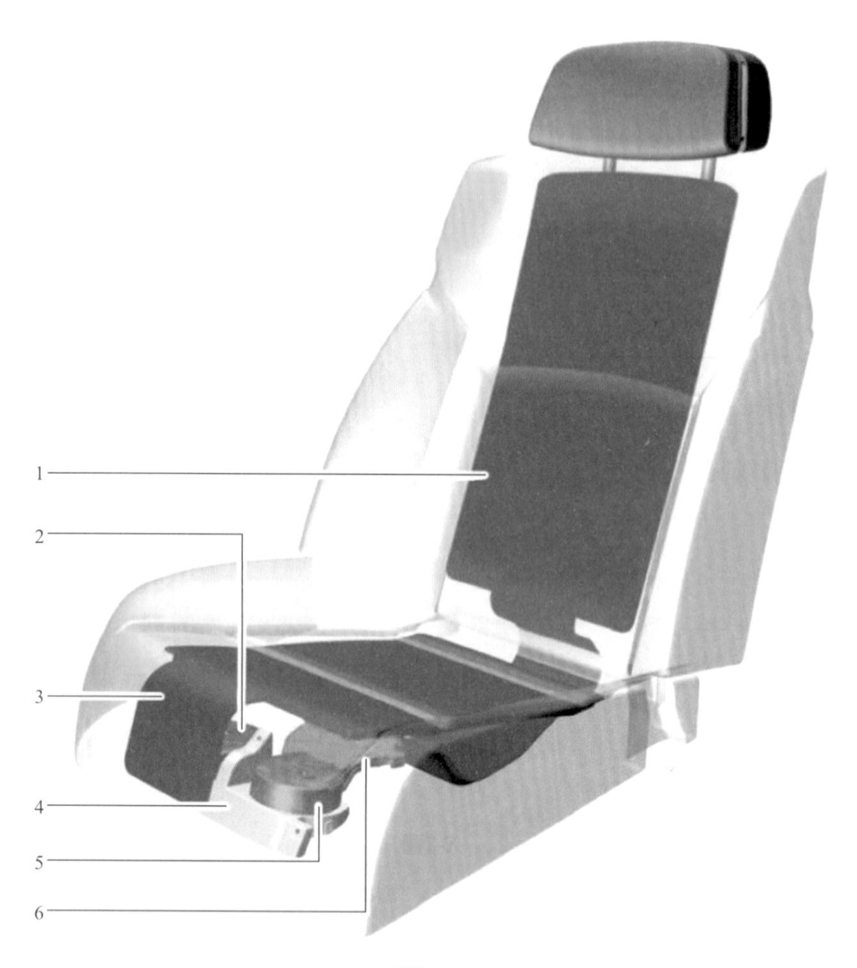

圖8-11

1—靠背表面空調墊；2—座椅通風風扇；3—座椅表面空調墊；
4—用於降低噪聲的噪聲吸收裝置；5—靠背通風風扇；
6—靠背表面空調墊適配器

參考文獻

[1] [日]御崛直嗣著. 汽車是怎樣跑起來的[M]. 盧楊譯. 北京：人民郵電出版社，2013.

[2] http://price.pcauto.com.cn/cars/pic.html太平洋汽車網.

圖解汽車構造與原理百日通
本書由化學工業出版社有限公司經大前文化股份有限公司正式授權中文繁體字版權予
楓葉社文化事業有限公司出版
Copyright © Chemical Industry Press Co., Ltd.
Original Simplified Chinese edition published by Chemical Industry Press Co., Ltd.
Complex Chinese translation rights arranged with Chemical Industry Press Co., Ltd.,
through LEE's Literary Agency.

圖解汽車原理與構造 快速入門

出　　版／楓葉社文化事業有限公司
地　　址／新北市板橋區信義路163巷3號10樓
郵政劃撥／19907596 楓書坊文化出版社
網　　址／www.maplebook.com.tw
電　　話／02-2957-6096
傳　　真／02-2957-6435
編　　著／周曉飛
審　　定／黃國淵
企劃編輯／陳依萱
校　　對／周佳薇
港澳經銷／泛華發行代理有限公司
定　　價／380元
二版日期／2024年6月

國家圖書館出版品預行編目資料

圖解汽車原理與構造 快速入門 / 周曉飛編著 -- 初版. -- 新北市 : 楓葉社文化事業有限公司, 2021.11 面； 公分

ISBN 978-986-370-340-2（平裝）

1. 汽車工程

447.1 110016466